Norbert Kleinz

UR-OBST®
Wurzelecht und pflegeleicht
200 Sorten

Gesund und aromatisch!

Bilder von
Christoph Weinrich

Leopold Stocker Verlag
Graz – Stuttgart

Umschlaggestaltung: Werbeagentur Rypka GmbH, A-8143 Dobl, www.rypka.at
Bildnachweis: Leif Blomqvist: 'Süße Strauchweichsel', S. 74; Pflaume 'Sinikka', S. 82; Krieche 'Himberg', S. 85; Gerold Baring Liegnitz (14 Bilder), Christoph Schallert (5 Bilder) und Tillmann Nickel (2 Bilder). Alle übrigen Bilder stammen von Christoph Weinrich.

Bibliografische Information der Deutschen Nationalbibliothek
Die Deutsche Nationalbibliothek verzeichnet diese Publikation in der Deutschen Nationalbibliografie; detaillierte bibliografische Daten sind im Internet über http://dnb.d-nb.de abrufbar.

Auf Wunsch senden wir Ihnen gerne kostenlos unser Verlagsverzeichnis zu:
Leopold Stocker Verlag GmbH
Hofgasse 5/Postfach 438
A-8011 Graz
Tel.: +43 (0)316/82 16 36
Fax: +43 (0)316/83 56 12
E-Mail: stocker-verlag@stocker-verlag.com
www.stocker-verlag.com

ISBN 978-3-7020-1591-6

Layout und Repro: Werbeagentur Rypka GmbH, A-8143 Dobl, www.rypka.at
Druck: Finidr, s.r.o., Český Těšín

INHALT

DANK

Die Ur-Obst®-Forschung und damit auch dieses Buch hat sich auf völliges Neuland begeben und vieles angestoßen, was von den meisten Fachleuten für schier unmöglich gehalten wurde. Es ist deshalb nicht verwunderlich, daß die freundliche und selbstlose Hilfe und der Rat vieler Menschen zum Gelingen entscheidend beigetragen haben. Bereitwillig haben sie ihre Zeit, ihr Wissen und ihre Pflanzenschätze mit uns geteilt. Die nachfolgend aufgeführten Namen stehen stellvertretend für andere ungenannte. Die Reihenfolge ist zufällig.

Dr. Marc Lateur, Centre Wallon de Recherches Agronomiques, Gembloux/Belgien;

Janis Lepsis, Versuchsanstalt für Gartenbau, Pure/Lettland;

Dr. Andrejs Svilans, Staatliche Botanische Gärten Salaspils/Lettland;

Laila Ikase und Mitarbeiterinnen, Staatliches Lettisches Obstbauinstitut, Dobeln/Dobele/Lettland;

Prof. Vojtech Řezníček, Gartenbaufakultät der Mendel-Universität, Brünn und Eisgrub/Tschechische Republik;

Rita Krieg, Bundessortenamt Wurzen/Sachsen;

Karl-Ludwig Geisenhahn, Winzer und Weinbaufachberater, Reinsdorf/Sachsen-Anhalt;

Mitarbeiterinnen und Mitarbeiter der *Genbank Obst Dresden-Pillnitz/Sachsen*;

Martin Frei, ProSpecieRara, Basel/Schweiz;

Franz Praskac, Baumschulbesitzer, Tulln/Österreich;

Georg Schramayr, Wölbling/Österreich;

Herr Eccher, Istituto Sperimentale per la Frutticoltura, Sezione di Trento, Pergine Valsugana/Italien.

Dr. Norbert Kleinz

Ur-Obst® ist eine eingetragene und geschützte Marke. Markeninhaber ist die Ahornblatt GmbH.

DIE ENTDECKUNG DES UR-OBSTES®

Die Obstnutzung hat eine lange Geschichte in Europa. Schon in der Steinzeit wurden fruchttragende Pflanzen genutzt und vielleicht auch schon gezielt in Siedlungsnähe angepflanzt. Die ältesten bekannten Funde von Kernen urtümlicher Pflaumen wie der Krieche (*Prunus insititia*) in Deutschland sind ungefähr 6000 Jahre alt.

Obst gab es also in Mitteleuropa eindeutig schon vor Ankunft der Römer. Diese brachten nur die eine oder andere neue Obstart mit sowie neue, gezüchtete Sorten hier schon bekannter Obstarten, wie zum Beispiel Apfel, Birne und Kirsche. Es sieht so aus, als hätten die Römer auch die Technik der „Veredelung" von Obstsorten auf eine fremde Unterlage eingeführt. Das ist der Beginn einer stark von Bedürfnissen und Eingriffen des Menschen geprägten Kultur der fruchttragenden Pflanzen. Hier beginnt eine zwiespältige Entwicklung, die in der Neuzeit ihren Höhepunkt erreicht. Die Eingriffe des Menschen bringen einerseits größere, oft auch süßere oder mildere Früchte sowie die genetische Fixierung eines bestimmten besonders nützlich erscheinenden Pflanzenklons, andererseits aber auch eine zunehmende Entfernung von den natürlichen Grundlagen und Erscheinungsformen der genutzten Pflanzenarten. Diese Entfernung bringt erhebliche Nachteile mit sich. Dazu gehören die höhere Pflegebedürftigkeit der Obstpflanzen, eine gestiegene Anfälligkeit für „Schädlinge" und

Natürliches Urobstgewüchs

Streuobstwiese

Krankheiten und die Wegzüchtung von Inhaltsstoffen, die für die Gesundheit des Menschen wichtig oder sogar notwendig sind.

Bis in die Neuzeit hinein gibt es in der Obstkultur ein Nebeneinander gezüchteter, veredelter Sorten und urtümlicher, extensiv gehaltener Formen, die oft auch aus Samen vermehrt wurden und deswegen keine starr fixierten Klone waren.

Bis vor etwa 60 bis 80 Jahren ist über Jahrhunderte die große Zeit der Streuobstwiesen, die eine zwiefache Bewirtschaftung erlaubten, nämlich Obstgewinnung und Viehwirtschaft. Die Streuobstsorten gelten allgemein als klassische „alte Sorten", was aber nur sehr bedingt richtig ist. Es handelt sich nämlich fast durchweg um veredelte Bäume, und die Varietäten sind nicht wirklich urtümlich, sondern sind meist fixierte Klone der letzten zwei, drei Jahrhunderte.

Insgesamt sind die Streuobstwiesen mit ihren veredelten schnittbedürftigen Hochstämmen eine verhältnismäßig pflegeaufwendige und, zumindest was die Obstpflanzen selbst betrifft, schon recht naturentfernte Anbauform. (Das ist jetzt freilich kein Urteil über den zweifellos vorhandenen ökologischen Nutzen dieser Streuobstwiesen vor allem für die Tierwelt.) Diese Ausgangslage stellte die Naturgärtner in eine gewisse Zwickmühle. Wie kann die doch recht menschenabhängige Kulturform des Obstanbaus in das Konzept des naturnahen Gartens eingebaut werden, das menschliche Eingriffe auf ein Mindestmaß absenkt?

Manche Naturgärtner fügten einfach die Obstveredelungen in die Gärten ein und nahmen den höheren und anders gearteten Pflegeaufwand in Kauf. In unserem Baumschul- und Gartenbaubetrieb in Mainz empfanden wir eine solche Lösung als sehr unbefriedigend. Wir legten schon immer großen Wert auf ein folgerichtiges Naturgartenkonzept, das neben der Verwendung standortgerechter heimischer Pflanzen eine nachhaltige Bewirtschaftung mit möglichst wenigen menschlichen Eingriffen enthält. Das bedeutet unter anderem den weitestgehenden Verzicht auf Wässern, Düngen,

Neutümliche Monokultur

„Pflanzenschutz" und auch Rückschnitte. Die vorläufige „Lösung" bestand darin, Nutzpflanzen wie das Obst in abgetrennten Bereichen anzupflanzen, die anders bewirtschaftet wurden als der naturnahe Wildpflanzen-Ziergarten. Dabei war uns klar, daß eine befriedigende Lösung die Integration der Obstpflanzen in das Gesamtkonzept des nachhaltigen naturnahen Gartens leisten mußte.

Das aber war mit den vorhandenen Obstpflanzen nicht zu machen, denn das waren ja veredelte Klone, die meistens Pflege brauchten und von ihrer botanischen Herkunft her nicht mehr allzuviel mit den entsprechenden heimischen Wildarten zu tun hatten. Der Gedanke, Obstpflanzen gesund und mit gutem Ertrag ohne Pflege und Schnitt im Garten zu ziehen, wurde (und wird noch immer) von den Angehörigen der Zunft entschieden zurückgewiesen.

Aber genau solche Obstpflanzen brauchten wir. Das heißt: Am Anfang stand eine Vision oder Utopie. Gibt es Obstpflanzen mit hochwertigem Ertrag, die wie Wildpflanzen behandelt werden können, also genau wie die anderen Gewächse des naturnahen Gartens, und die dementsprechend mit den anderen Pflanzen frei vergesellschaftet werden können?

„Maschinengerechte", ausgeräumte Landschaft

Das war die Problemstellung. Die Antwort fanden wir auf unseren zahlreichen Exkursionen in die Landschaften und Gärten Mitteleuropas. Dort fielen uns besonders alte Hecken, Dorffluren mit reichem Wildwuchs und lichte

Urobstreiche, naturnahe Dorfflur (Zeneggen/Oberwallis)

Urobstflur Visperterminen/Oberwallis

Buschwälder in Siedlungsnähe auf. (Das sind übrigens alles Landschaftsbestandteile, die heute aufs Höchste bedroht sind und mit ihnen die einmaligen, oft bis in die Steinzeit zurückweisenden Halbkulturpflanzen, die dort noch wachsen.) Es fiel uns auf, daß dort wildwachsende, wurzelechte Obstpflanzen zu finden waren, die nie gepflegt wurden und dennoch gesund waren und einen reichen Behang köstlich schmeckender Früchte aufwiesen. Oft bemerkten wir auch, wie wohl wir uns nach dem Genuß solcher Früchte fühlten und daß leichte gesundheitliche Beschwerden schnell verschwanden.

Eine Fahrt in den Schweizer Kanton Wallis brachte entscheidende Eindrücke. Wie Schweiz-Reisende vielleicht schon beobachtet haben, ist in diesem Land die Landschaft weitgehend ausgeräumt, so daß die meisten dörflichen Fluren nur noch aus kurzgemähten strauchlosen Wiesenflächen bestehen, die an ihrem Rand unvermittelt an die nackten Stämme des Hochwaldes stoßen. Da ist sie, die heckenfreie, maschinengerechte Landschaft, die von weitem aussieht wie die Dekoration einer Spielzeug-Eisenbahn. Gott sei Dank gibt es aber vereinzelt auch noch Gemarkungen mit buntem und vielfältigem Leben.

Eine solche Flur ist die beispielhafte Gemarkung des Dorfes Zeneggen, das in 1600 m Höhe auf der Hochebene von Törbel oberhalb des Vispertales liegt. Dort wächst ungestört auf den Wiesen der sanften Terrassen und Hänge eine Fülle verwilderter und damit wurzelechter Äpfel, Pflaumen und anderer Obstarten, vergesellschaftet mit verschiedensten Wildrosen und anderen Wildgehölzen. Es vereinen sich Harmonie und Anmut des Geländes mit verlockenden Früchten und vielfältigen Anblicken und Düften. Die Bezeichnung „eßbare Landschaften" hat in dieser Gegend geradezu Gestalt angenommen. Man wandelt wie in einem vorweggenommenen Paradies-Garten und kann sich an den verschiedensten Früchten gütlich tun. Die wachsen an Bäumen und Sträuchern, die von Menschenhand unberührt scheinen.

Dort und in ähnlichen Fluren kann man auch sehen, wie ein Obstbaum wächst, wenn man ihn in Ruhe läßt und er kann, wie er will. Die Apfel- und Pflaumenbäume zum Beispiel wachsen unter diesen Umständen eben nicht als Hochstämme, sondern zunächst und lange Zeit als Sträucher, schließlich dann als Buschbäume mit einem kurzen Stamm. Erstaunlich war dabei, daß diese Obstpflanzen fast alle sehr gesund wirkten und reich trugen. Die Früchte wiesen so gut wie keinen Schädlingsbefall auf und waren auch nicht etwa besonders klein. Diese Beobachtungen, später bestätigt durch zahllose weitere, widerlegten die oft gehörte Behauptung, unbeschnittene Obstbäume trügen kaum oder doch deutlich weniger Früchte.

Von da ab fielen uns bei Exkursionen in verschiedenen Gebieten Mitteleuropas immer wieder solche selbwüchsigen Obstfluren auf.

Reichtragender Birnenwildsämling in der Rhön

Immer wieder auch zeigte sich das gleiche Bild: Der Fruchtbehang war üppig, die Früchte häufig sehr wohlschmeckend und besonders gewürzt und aromatisch – und, von besonderer Bedeutung, die Pflanzen ohne jede menschliche Behandlung auffällig gesund. Dazu nur zwei Beispiele aus Sachsen-Anhalt, wo zumindest in den zehn Jahren nach der Wende noch viele wenig zerstörte Landschaften mit frei wachsenden wilden oder verwilderten Gehölzen vorhanden waren. Im Gebiet des Süßen Sees westlich von Halle fanden wir inmitten mit dem Scharka-Virus durchseuchter Pflaumen- und Aprikosenbestände vereinzelte Sträucher der Krieche genannten Urpflaume (*Prunus insititia*), die nicht die geringsten Spuren dieses Virus aufwiesen. In dem alten Kirschanbaugebiet bei Querfurt entdeckten wir an einer aufgegebenen Bahnstrecke eine dort gekeimte schon ältere Kirsche, die, abgesehen von ihrem reichen Behang von köstlichen Früchten, einen gesunden Wuchs und befallsfreie Blätter und Kirschen aufwies. Wir ließen Proben des Strauches beim Pflanzenschutzamt untersuchen, und die Pflanze erwies sich zu unserer Freude und Überraschung als vollständig virusfrei, was in einem Kirschanbaugebiet nicht gerade erwartet werden kann.

Zu den Entdeckungen in freier Landschaft kamen noch aufschlußreiche Funde im Schrifttum, zum Teil auch archäologischem, das sich mit der Erforschung der Kulturpflanzen und der Ernährungsgewohnheiten des Mittelalters, des Altertums, ja sogar der Steinzeit beschäftigt. Großes Interesse weckten bei mir zum Beispiel die sogenannten Bauernkirschen, von denen für Österreich und Süddeutschland berichtet wird. Das sind Kirschen, die zwischen kultivierten Süßkirschen und wilden Vogelkirschen stehen und ohne besondere Pflege in Siedlungsnähe gehegt und auch beerntet werden. Beispiele dafür, in der Regel offensichtlich erbfest (d. h. mit fixierten genetischen Eigenschaften), konnten wir in der Südschweiz und in Südtirol sehen. Zweifellos gibt es solche urtümlichen Extensiv-Formen auch bei anderen Obstarten. Man denke nur an die 'Gartenschlehe' der heiligen Hildegard von Bingen.

Auf diese Weise hatten wir zwei entscheidende Entdeckungen gemacht, die uns zum Ziel führten:

1. Wir wußten jetzt, daß es die Obstpflanzen gibt, die wir für unser Naturgartenkonzept brauchten, Pflanzen, die unter Naturbedingungen ohne menschliche Pflege gedeihen und dabei schmackhafte, gesunde Früchte hervorbringen; und wir wußten, in welcher Richtung wir sie suchen mußten.

2. Wir hatten gesehen, wie diese Pflanzen aussehen müssen, was ihr natürliches Wuchsverhalten ist. Kern- und Steinobst wächst ungestört eben nicht als Hochstamm, mit kahlem Stamm und oben ansetzender Krone, sondern als Strauch bis kurzstämmiger Buschbaum (mit gewissen Ausnahmen bei den Süßkirschen). Es leuchtete ein, daß diese natürliche Wuchsform für die Pflanze die artgemäße und auch günstigste ist, sonst hätte sie sie nicht entwickelt.

Natürlich gewachsene Mirabelle mit reichem Ertrag

Pflanzen, die sich an ihren natürlichen Wuchsorten wie Wildgehölze verhalten, lassen sich im Garten logischerweise auch wie Wildgehölze halten. Jetzt war es klar, daß diese Obstgewächse im Naturgarten ihren Platz hatten, in freiwachsenden Hecken oder auch als Einzelsträucher und neben und zwischen Wildrosen, Weißdornen, Sauerdornen, mit denen sie auch an ihren ursprünglichen Wuchsorten gedeihen.

Hauptanwärter dieses naturgartengeeigneten Obstes waren künftig Pflanzen, die bewiesen hatten, daß sie unter Naturbedingungen gut gedeihen und fruchten, also solche von extensiven Dorffluren, aus Hecken und Gebüschgesellschaften oder am Rande vom Menschen geprägter Bereiche. Dazu traten bald alte und urtümliche Obstsorten, die sich irgendwo in Kultur gehalten hatten, in einem Garten oder einer kleinen Baumschule zum Beispiel, oder neue Züchtungen mit solchen Sorten als Eltern bzw. eigene Auslesen.

Es war klar, daß wir einen entscheidenden Schritt auf völliges obstbauliches Neuland gewagt hatten. Da die vorhandenen Bezeichnungen wie Wildobst, alte Obstsorten und ähnliche nicht paßten, mußte ein neuer Begriff her. So entstand die Bezeichnung „Ur-Obst®", die uns auf sprechende Weise geeignet schien, dieses neuartige Konzept von Obst und Obstanbau wiederzugeben.

Da wir jetzt wußten, wonach und wo wir suchen mußten, begann eine umfangreiche Sammeltätigkeit, und seitdem kann nach entsprechender Sichtung das Ur-Obst®-Angebot jedes Jahr erweitert werden.

DER HINTERGRUND: GRUNDSÄTZE DES NACHHALTIGEN NATURNAHEN GARTENS

Um das Ur-Obst®-Konzept verstehen und anwenden zu können, muß man dessen Hintergrund und Zusammenhang kennen. Es sind dies die Grundsätze des nachhaltigen naturnahen Gartenbaus. Es geht dabei um Wildgewächse, Zierpflanzen und eben Ur-Obst®. Das heißt, ausgeklammert sind der klassische Nutzgarten und der Gemüseanbau.

Zunächst müssen wir dem Problem ins Auge sehen, daß der Begriff „naturnaher Garten" nicht geschützt ist. Jeder Gärtner kann also behaupten, er lege naturnahe Gärten an, und jeder Verfasser kann seine Vorstellung von Garten als „naturnah" bezeichnen.

Es ist also ganz unerläßlich, klar und begründet zu definieren, was unter naturnahem Gartenbau verstanden wird. Ein solcher klarer Ansatz ist nötig, damit der Anwender wirklich den gewünschten nachhaltigen, ansprechenden und lebensfreundlichen Garten erzielen kann. Andernfalls sind schwere Enttäuschungen unvermeidlich.

Es sind zuvörderst **zwei Grund-Säulen**, auf denen der nachhaltige naturnahe Garten ruht:

1. Es werden **standortgerechte heimische Pflanzenarten** verwendet. Unter „heimisch" verstehen wir dabei Pflanzenarten, die ohne absichtliches Zutun des Menschen in Mitteleuropa wild vorkommen, also keine eingeführten exotischen Arten, auch wenn sie sich mittlerweile hier wild fortpflanzen und ausbreiten. Hierunter fallen folgerichtig Arten wie die Robinie, die Buddleja oder die Kartoffelrose (*Rosa rugosa*). Solche Arten haben in einem echten naturnahen Garten nichts zu suchen. Mit „standortgerecht" sagen wir zusätzlich aus, daß die heimischen Pflanzen an Standorten im Garten eingesetzt werden, die ihnen

Strauchkirsche 'Rotes Wunder' am Fundort

Fachgerecht angelegter Naturgarten

Lebensbedingungen bieten, die sie von Natur aus brauchen. So gehört etwa ein Sonnenröschen an einen kargen, trockenen Standort und ein Schwarzer Holunder an einen nährstoffreichen Platz.

2. Die Pflege des Gartens beschränkt sich auf ein **behutsames Steuern natürlicher Vorgänge**. Eingegriffen wird nur, wo es unumgänglich ist. Der Gärtner begleitet einen solchen Garten, aber zwingt ihm nicht ständig seinen Willen auf.

Das Ziel ist, daß ein beständiges Lebensgefüge aus Pflanzen, (Klein-)Tieren und Kleinlebewesen entsteht, das ohne ständige Pflegeeingriffe aus sich heraus lebensfähig ist. Dazu gehören ein selbständiger Nährstoffkreislauf mit verrottenden Pflanzenteilen, ein gesundes Bodenleben, das Gleichgewicht der Pflanzen untereinander sowie der Tiere und Pflanzen und der verschiedenen anderen Organismen, auch der als „schädlich" bezeichneten. Der Gärtner bzw. die Gärtnerin muß lernen, sich auch als Beobachtenden und Lernenden zu sehen, und nicht vordergründig als „Macher". Die Faustregel schlechthin des nachhaltigen naturnahen Gartens ist: „Im Zweifelsfall eher dulden statt eingreifen!"

Diese Haltung darf nicht mit Untätigkeit verwechselt werden, genausowenig wie der naturnahe Garten selbst mit einer strukturlosen Wildnis. Die Entfernung gewisser Gehölz-, vor allem Baum-Sämlinge zum Beispiel wird immer nötig sein, weil die natürliche Sukzession sonst in einem lichten Wald gipfeln würde.

Es leuchtet ein, daß dieser Ansatz ein völliges Umdenken erfordert. Oft sind das Verhalten oder die Maßnahmen des Gärtners das genaue Gegenteil im Vergleich zur konventionellen Vorgehensweise. Das zieht eine Kette von Konsequenzen für die Pflege und Betreuung auch des Ur-Obstes® nach sich, die dann im Abschnitt 3 näher erläutert werden.

WAS IST UR-OBST®?

Aus dem oben Gesagten ergibt sich als praktische Grundvoraussetzung, daß Ur-Obst®-Pflanzen grundsätzlich in der Lage sein müssen, unter Wildbedingungen, das heißt ohne menschliche Pflege zu überleben und zu fruchten. Sie fügen sich nahtlos ein in Anpflanzungen heimischer Wildgehölze.

An dieser Stelle taucht eine Schwierigkeit auf. Ein großer Teil der bei uns angebauten Obstarten geht auf botanische Species zurück, die ursprünglich nicht in Mitteleuropa beheimatet sind, also als letztlich nichtheimisch anzusprechen sind. Etliche dieser Obstarten sind aber seit Jahrhunderten, manche gar seit Jahrtausenden in unseren Gärten zu finden und aus der Obstnutzung nicht wegzudenken.

Wir müssen deshalb unsere bei den wilden Zierpflanzen vorgenommene Eingrenzung auf ursprünglich heimische Arten bei den Nutzpflanzen des Ur-Obstes® (und nur hier) erweitern auf die Begriffsbestimmung „Arten, die entweder in Mitteleuropa ursprünglich heimisch sind oder die hier unter Wildbedingungen wachsen oder die hier sogar eigene angepaßte genetische Formen gebildet haben".

Auf diese Weise können zahlreiche fruchttragende Arten berücksichtigt werden, die bereits bewiesen haben, daß sie in Mitteleuropa ökologisch angepaßt und selbständig überlebensfähig sind. Gute Beispiele hierfür sind der Weinbergspfirsich, von dem es vor allem im Rhein- und Donaugebiet zahllose gut angepaßte samenechte Rassen gibt, und die Weichseln (Sauerkirschen).

In diesem Zusammenhang ist es wichtig, zwischen dem kleinräumigen und dem großräumigen ökologischen Wert eines Pflanzentyps zu unterscheiden:

- Der **kleinräumige ökologische Wert** bezieht sich auf das Zusammenwirken der Pflanze mit den anderen Organismen im Garten, woraus sich auch ihre Widerstandsfähigkeit ergibt.

Pfirsich am natürlichen Standort …

… mit schönen Früchten

- Der **großräumige ökologische Wert** meint das Sich-Einfügen der Pflanze in Landschaft, Pflanzen- und Tierwelt. Das schließt beispielsweise folgende Fragestellungen ein: Bietet diese Pflanze eine Lebensgrundlage für heimische Tiere? Fügt sie sich in das Mosaik der heimischen Pflanzenwelt ein, ohne etwa invasiv zu werden und andere Arten zu bedrängen oder gar zu verdrängen?

Aus dieser Überlegung heraus haben wir zum Beispiel bisher davon abgesehen, eine großfrüchtige und wohlschmeckende Form der aus Amerika stammenden Spätblühenden Traubenkirsche (*Prunus serotina*), die wir in Südhessen gefunden haben, in den Handel zu bringen. Die Spätblühende Traubenkirsche hat nämlich ein beachtliches Invasionspotential.

Wegen der Berücksichtigung des großräumigen ökologischen Wertes halten wir auch die Ansicht mancher Permakultur-Vertreter für kurzschlüssig, es sei gleichgültig, ob eine Permakultur-Pflanze heimisch sei oder nicht; es komme nur auf ihre Eignung für den Garten an. Wir sind aber sehr wohl dafür mitverantwortlich, was jenseits unseres Gartenzaunes geschieht.

Wem jetzt die Verwendung heimischer bzw. angepaßter Arten beim Ur-Obst® einleuchtet, muß sich nun noch einer besonderen Schwierigkeit stellen, von der nur sehr wenige Menschen auch nur die blasseste Ahnung haben: Viele der heute unter vertrauten Artnamen angebotenen Obstsorten haben mit den gleichnamigen heimischen Arten kaum noch etwas zu tun.

Viele Menschen wundern sich etwa, daß die gekauften Himbeeren, Stachelbeeren oder Brombeeren im Geschmack weit entfernt sind von denen aus dem Wald oder Omas Garten. Oft enttäuschen die zwar stattlichen Früchte durch säuerlichen, faden Geschmack oder Dickschaligkeit. Der Grund dafür ist ganz einfach. Die botanischen Arten der angebauten

Spätblühende Traubenkirsche

Früchte wurden im Laufe der letzten 100 Jahre mehr oder minder heimlich ausgetauscht. Auf diese Weise hat die Brombeere aus dem Gartencenter mit der heimischen Waldbrombeere nichts mehr zu tun. Sie stammt eben nicht etwa von einer der weit über 300 mitteleuropäischen Brombeerarten ab, sondern von nordamerikanischen Arten, die einleuchtenderweise anders schmecken. Ähnliches gilt zum Beispiel auch für Haselnüsse, Weinreben, Himbeeren, Stachelbeeren oder Erdbeeren.

Ja, der Trend dazu nimmt sogar weiter zu. Schon kreuzen experimentierfreudige Züchter nichtheimische Wildarten in Äpfel, Birnen, Pflaumen, Johannisbeeren, ja sogar Eßkastanien. Kleinräumig bedeutet das, wir bekommen Fruchtgeschmäcker, an die wir nicht gewöhnt sind und die uns oft genug auch nicht zusagen. Großräumig ökologisch aber ist die Folge, daß sich exotische Arten unter Naturbedingungen munter in heimische einkreuzen und sie in der Natur sogar ausrotten können.

Das ist kein ersonnenes Schreckensgemälde, sondern schon längst Wirklichkeit. In Nordamerika etwa ist die dort heimische Rote Maulbeere (*Morus rubra*) so gut wie ausgestorben, weil sie von der aus der Alten Welt eingeführten und dann verwilderten Weißen Maulbeere (*Morus alba*) in der freien Natur verdrängt und zusätzlich gleichsam zu Tode bastardiert wurde. Bei uns in Mitteleuropa ist es mittlerweile schier unmöglich, selbst in weitläufiger Siedlungsnähe im Wald noch eine echte heimische Himbeere (*Rubus idaeus*) zu finden, weil die Arthybriden aus den Gärten ihren genetischen Stempel hinterlassen. Das Problem wird noch verschlimmert dadurch, daß Baumschulen die Samen dieser vermeintlichen Wild-Himbeeren sammeln und die Hybriden dann noch weiter in der Landschaft verbreitet werden. Wenn wir unsere Verantwortung für die Umwelt wahrnehmen wollen, müssen wir also auch in diesem Falle einen Blick über unseren Gartenzaun hinaus werfen.

Zugespitzt heißt das, wenn eine Baumschule etwa *„Ribes uva-crispa* 'Mucurines'®" als Stachelbeere anbietet, ist das eine Falschbehauptung, denn es handelt sich dabei nicht um *Ribes uva-crispa*, die europäische Stachelbeere, sondern um eine Arthybride mit ganz anderen Eigenschaften.

Der Grund für diese Arthybridisierungen ist übrigens neben technokratischem Übermut oft der Versuch, Resistenzen gegen Schädlinge zu schaffen, die aus eben den Erdteilen eingeschleppt wurden, aus denen auch die Kreuzungspartner stammen. Beispiele dafür sind der Amerikanische Stachelbeer-Mehltau und der Chinesische Kastanienkrebs. Auf diese Weise wird der Teufelskreis immer weiter beschleunigt.

Zurück zu den kleinräumigen Folgen, die wir unmittelbar am eigenen Leibe spüren. Oft hören wir von Kunden, die Obstpflanzen für ihren Garten suchen, daß in der Familie „eigentlich keiner Stachelbeeren mag". Gelingt es uns, die Betreffenden von den Früchten einer alten europäischen Sorte naschen zu lassen, ist das Erstaunen groß, daß Stachelbeeren so

Stachelbeerhybride mit typischer Bestachelung

schmecken können. Solche Stachelbeeren möchte man natürlich sehr gern im Garten haben. Wer bei den Himbeeren einmal die honigsüßen und hocharomatischen Früchte einer 'Sucrée de Metz' oder einer 'Mainzer Waldfee' verkostet hat, alles echte *Rubus-idaeus*-Sorten, wird die Massenware gerne vergessen.

Bei den Ur-Obst®-Sorten bemühen wir uns also aus kulinarischen und gesamtökologischen Gründen darum, zu den Ursprüngen zurückzufinden. Unser Ziel ist, daß eine Himbeersorte wirklich eine Sorte der europäischen Wald-Himbeere (*Rubus idaeus*), eine Stachelbeersorte ein echtes *Ribes uva-crispa* und eine Haselnuß tatsächlich eine Form der mitteleuropäischen Wald-Hasel (*Corylus avellana*) ist und keine Form oder Hybride der südlichen Lambertsnuß (*Corylus maxima*), was heute der absolute Standard ist.

Das Sammeln und Sichten dieser ursprünglichen heimischen Obstsorten macht einen wichtigen Teil unserer Forschungsarbeit aus. Auch hier greift wieder der Grundsatz „Erhaltung durch Nutzung". Schließlich gab es einmal allein von der europäischen Stachelbeere über 300 hervorragende Gartensorten, die vom Untergang bedroht sind, wenn sie nicht schon verschwunden sind. Der Einsatz für die Biodiversität geht folglich wieder Hand in Hand mit dem Nutzen für uns und unsere Nachkommen.

Das Ur-Obst® greift also unser fast verschollenes Obsterbe auf und macht es uns nutzbar. Ein weiterer wichtiger Punkt für das Ur-Obst® ist nicht genetischer, sondern kulturtechnischer Art. Wegen der naturnahen Kultur und der Achtung vor der Pflanze sollte das Ur-Obst® in der Regel wurzelecht, das heißt nicht auf eine fremde Unterlage „veredelt" sein. Leider läßt sich das nicht in jedem Fall unmittelbar verwirklichen. Die Erfahrungen mit der wurzelechten Vermehrung von Obst sind leider in den letzten 100 bis 200 Jahren verlorengegangen und müssen mühsam zurückgewonnen werden. Besondere Schwierigkeiten wirft die wurzelechte Vermehrung von Kernobst, also vor allem Äpfeln und Birnen, auf. Aus den genannten Gründen und um manche wichtigen seltenen Sorten überhaupt anbieten zu können, werden manche Ur-Obst®-Sorten zunächst noch veredelt. Die Veredelung sollte dabei möglichst in Bodennähe vorgenommen

Sämlinge des 'Lettischen Zuckerapfels'

Steckholzpflanze des 'Weißen Winterkalvills'

werden, damit die Pflanzen durch tiefes Einsetzen wenigstens nachträglich eigene Wurzeln entwickeln können.

Für die **wurzelechte Vermehrung** gibt es grundsätzlich zwei Wege,

- die generative (geschlechtliche) Vermehrung, die durch Aussaat geschieht,
- und die vegetative, bei der Pflanzenteile bewurzelt werden, so daß man eine Kopie der Mutterpflanze erhält.

Was die vegetative Vermehrung betrifft, ist heute am ehesten noch die Vermehrung durch bewurzelte Ausläufer (wie bei den Pflaumen), Absenker (wie bei den Haselnüssen) oder Abrisse (wie bei Stachelbeeren) bekannt. Stecklingsvermehrung ist zumindest beim Kern- und Steinobst so gut wie verschwunden.

Beim **Kernobst** wird von den Konventionellen die Möglichkeit wurzelechter Vermehrung meist grundsätzlich bestritten. Äpfel und Birnen spalteten bei Aussaat immer genetisch auf (d. h. erzeugen abweichende und uneinheitliche Nachkommenschaft), und die Stecklingsvermehrung sei bei den Kulturäpfeln unmöglich oder zumindest gänzlich unwirtschaftlich.

Einläßliche Nachforschungen in Sachen Ur-Obst® haben allerdings ergeben, daß das so nicht richtig ist. Insbesondere in Großbritannien hat sich vereinzelt das Wissen um alte Apfelsorten erhalten, die recht leicht aus Steckholz wachsen. Bekannt ist etwa die Geschichte von dem Landpfarrer, der einen Ast der Apfelsorte 'Burr Knot' als Wanderstock schnitt, diesen nach der Heimkehr beiläufig vor der Haustür in die Erde steckte und zu seiner großen Überraschung im folgenden Frühjahr ein sprießendes Apfelbäumchen vorfand.

Auch kundige Liebhabergärtner in Deutschland berichten von erfolgreichen Bewurzelungen von Apfel- oder Birnenreisern. Einem kundigen Gärtner im Rheinland beispielsweise ist es regelmäßig gelungen, Zweige des berühmten Apfels 'Weißer Winterkalvill' zu bewurzeln. Für die Steckholzvermehrung sind aber wahrscheinlich nur wenige bestimmte Kernobstsorten geeignet. Diese gilt es herauszufinden, sei es durch sorgfältige Nachforschungen oder durch eigene Versuche.

Auch die Schulweisheit vom zwangsläufigen genetischen Aufspalten ausgesäter Äpfel ist so nicht richtig. In Lettland gibt es eine 'Zuckerapfel' genannte Sorte, die dort traditionell durch Aussaat vermehrt wird. Eigene Versuche in unserer Baumschule haben bestätigt, daß dieser Apfel sortenecht aus Samen fällt.

In Deutschland ist kundigen Naturbeobachtern mitunter aufgefallen, daß bestimmte verwilderte Kulturäpfel in manchen Gebieten einheitliche Populationen aufbauen, die nur durch sortenechte Samenvermehrung zu erklären sind.

Beim **Steinobst** ist von Seiten konventioneller Fachleute ebenfalls keine Rede mehr von Samenvermehrung. Den Wissensverlust veranschaulicht die Tatsache, daß Hegis *Flora Mitteleuropas* in der 1. Auflage Anfang des letzten Jahrhunderts noch zu berichten weiß, daß „nicht alle Kirschsorten aus Samen vermehrt werden können", also doch folglich ein erklecklicher Teil. Auch bei den Pflaumen gibt es Berichte von traditionell aus Samen vermehrten alten Sorten.

Gerade die generative Vermehrung aus Samen ist aus ganzheitlicher ökologischer Sicht sehr sinnvoll. Die Pflanzen können sich auf diese Weise viel besser auf neue Umweltbedingungen einstellen und sich weiterentwickeln. Der seit Jahrhunderten durch Veredelung kopierte Sortenklon ist viel starrer und somit auch anfälliger. Nicht umsonst sind es gerade die jahrhundertelang aus Samen vermehrten Weinbergspfirsiche, die die wirksamsten Resistenzen gegen die gefürchtete Kräuselkrankheit aufgebaut haben. Die Kräuselkrankheit tritt übrigens meist bei nasser Witterung auf und ist vermutlich eine Unverträglichkeitsreaktion des aus Ostasien stammenden Pfirsichs auf unser Klima. Es ist beeindruckend, daß die in Mitteleuropa sekundär entstandenen Pfirsichrassen beginnen, diese Anfälligkeit zu überwinden – aber eben bei generativer Vermehrung.

Insgesamt ist es noch ein weiter Weg, bis wir die ganze Bandbreite des Ur-Obstes® wurzelecht zur Verfügung haben werden, aber wir machen ständig gute Fortschritte.

Noch einmal zusammengefaßt sind Ur-Obst®-Sorten unter Naturbedingungen gedeihende Varietäten, die von in Mitteleuropa heimischen Arten abstammen oder solche von nichtheimischen Arten, sofern diese Sorten unter Wildbedingungen in Mitteleuropa gedeihen bzw. sich sogar hier entwickelt haben. Idealerweise sind diese Ur-Obst®-Pflanzen wurzelecht.

Wie kann man sich nun praktisch vorstellen, wie die gegenwärtigen Ur-Obst®-Sorten genau zustandekommen? Das soll im Folgenden mit Beispielen erläutert werden.

- Wildfunde, die sich schon am ursprünglichen Standort sowie in der späteren Sichtung als sehr gesund und widerstandsfähig erwiesen haben (Beispiel: 'Apfelberger Zuckeräpfelchen');
- sehr robuste alte landschaftliche Sorten, die sich gut wurzelecht vermehren lassen (Beispiel: 'Kleine Graue Renette');
- widerstandsfähige ältere Sorten, bei denen es gelungen ist, sie auf eigene Wurzel zu bringen (Beispiel: 'Williams Christ');
- Sorten, die brauchbare Früchte liefern, aber als Veredelungsunterlagen schon wurzelecht vermehrt werden (Beispiel: 'Holsteiner Splittapfel');
- samenechte alte Sorten (Beispiel: 'Kuchelzwetschke');
- ursprüngliche Wildfunde, die in einer Genbank erhalten wurden (Beispiel: 'Wildapfel Geising');
- Fruchtauslesen heimischer Wildgehölze, von denen sonst noch keine Obstsorten kultiviert werden, entweder von uns selbst entdeckt (Beispiel: Alpen-Johannisbeere 'Majorenhof') oder von anderen Forschern

(Beispiel: Zwergweichsel 'Fruchtzwerg'; Dr. Pirc, Wien-Schönbrunn);

- fast vergessene alte Sorten, die von einer anderen Baumschule gefunden und in Kultur genommen wurden (Beispiel: Pflaume 'Sinikka');
- akklimatisierte und/oder subspontan vorkommende örtliche Formen einer ursprünglich nichtheimischen Art (Beispiel: Feige 'Fehmarn');
- Arten auf der Schwelle zwischen Wildobst und Kulturobst (Beispiel: Krieche(rl) (*Prunus insititia*));
- widerstandsfähige alte Sorten einer heimischen Art, die eine besonders hohe Garteneignung aufweisen (Beispiel: 'Strauch-Walnuß');
- Fruchtsorten der ursprünglichen heimischen Art, wo sonst nur noch Hybriden im Handel sind (Beispiel: 'Frühe Lange Zellernuß');

Wurzelechte 'Williams-Christ'-Birne

- nichthybride Sorten, die eine besonders hohe Widerstandskraft gegen eingeschleppte Schädlinge haben (Beispiel: Rebe 'Schwarzriesling');
- botanische heimische Wildarten, die besonders tafelgeeignete Früchte aufweisen (Beispiel: Angenehme Brombeere (*Rubus gratus*));

Westhaltener Feige am Fundort

- besondere (sehr) alte Sorten, die Erhaltungsbemühungen brauchen (Beispiel: Johannisbeere 'Fleischfarbene Champagner');
- wertvolle Sorten einer heimischen Art, die weitgehend aus der Kultur verdrängt wurde (Beispiel: die Sorten der Zimt-Erdbeere (*Fragaria moschata*));
- Sorten, die durch eigene Weiter-Selektion aus vielversprechenden Wildfunden gewonnen wurden (Beispiel: Lenzbeere 'Bergsaphir').

Eine letzte Frage bleibt noch anzusprechen, die auch in Kundengesprächen immer wieder aufkommt. Die Ur-Obst®-Sorten sind sehr widerstandsfähig, aber sind sie denn in Bezug auf Ertrag, Fruchtgröße und -geschmack als Tafelfrüchte voll geeignet? Oder sind etwa die Früchte sehr klein und oft sehr herb oder sauer? Diese Bedenken können leicht und klar zerstreut werden. Der Fruchtertrag ist nicht erkennbar niedriger als bei herkömmlichen Obstsorten. (Das gilt zumindest unter Hausgarten-Verhältnissen; in Sachen Erwerbsanbau gibt es leider noch keine Untersuchungen.)

Die Früchte sind zwar in der Regel keine Riesen, aber sie sind auch nicht etwa sehr klein, sondern haben meistens gute Mittelgröße. Geschmacklich liegen sie meist deutlich über dem handelsüblichen Obst.

Bei der Auswahl der Sorten haben wir darauf geachtet, daß diese bis auf ganz geringe Ausnahmen süß und wohlschmeckend und damit auch für den Rohverzehr gut geeignet sind.

WELCHE VORTEILE BRINGT DAS UR-OBST®?

Es gibt viele Vorzüge des Ur-Obstes® von ganz unterschiedlichen Betrachtungsweisen aus. Je nach der Bedürfnislage des Gartenbesitzers können da ganz verschiedene Gesichtspunkte zum Tragen kommen.

Viele Menschen schrecken vor der Anpflanzung von Obst im Garten zurück, weil ihnen Zeit und Kenntnisse für die Pflegemaßnahmen fehlen, die sie als notwendig ansehen. Zeitungen und Gartenzeitschriften sind ja voll von Anleitungen für „den fachgerechten Schnitt", „die fachgerechte Düngung" oder „zu empfehlende Spritzungen". Das macht vielen Gartenbesitzern einfach keine Lust auf Obstanpflanzungen.

Das Ur-Obst® verheißt Genuß ohne Mühe, und dieses kühne Versprechen wird bei richtiger Pflanzplanung und Standortwahl (siehe unten) auch Wirklichkeit. An der zusagenden Stelle gepflanzt, kommen die Ur-Obst®-Gehölze mit einem **Mindestmaß an Pflege** aus, auf jeden Fall **ohne Schnitt, Bewässerung und Spritzung**. Unter diesen Bedingungen werden neu einzuführende Sorten jahrelang in der Baumschule geprüft, bevor sie in den Handel kommen. Kommt zum Beispiel eine Sorte ohne „Pflanzenschutz-Maßnahmen" mit bestimmten Schadorganismen nicht zurecht, wird sie aus der Sichtung ausgeschieden.

Die Obstpflanzen machen also im Garten nicht mehr Arbeit als eine Wildstrauchhecke. Der Gartenbesitzer bedarf keinerlei fachlicher Ausbildung. Es genügt, die Pflanz- und Pflegehinweise für das Ur-Obst® zu beachten, die zwar nicht schwierig sind, aber vom Üblichen weit abweichen. Es sei nochmals darauf hingewiesen, daß diese Aussagen sich erst einmal auf Hausgärten und kleinere Anlagen beziehen. Für den Erwerbsobstbau liegen noch keine ausreichenden Beobachtungen und Ergebnisse vor.

Dieser nutzerfreundliche Pflegeansatz ist selbstverständlich nur deswegen möglich, weil es sich beim Ur-Obst® eben um **widerstandsfähige Pflanzen** handelt, die auch ohne den Menschen gedeihen können. Pflanzen können eine solche Widerstandskraft in jahrtausendelanger „ungeschützter" Koexistenz mit den betreffenden Schadorganismen entwickeln. (Erfahrene Bauern und Winzer wissen, daß die eigenständige Widerstandskraft einer Pflanze gleichlaufend zu vermehrten Spritzungen abnimmt.)

Zusätzlich zu diesem Abwehrvermögen sind die Ur-Obst®-Pflanzen auf unsere mitteleuropäischen Klimaverhältnisse eingestellt. Vielen ist gar nicht bewußt, daß diese gar nicht so einfach sind. Der bei uns übliche ständige Wechsel zwischen warmer und kühler, milder und frostiger, feuchter und trockener Witterung wird nur von Pflanzen gut vertragen, die daran angepaßt sind.

Neben der Widerstandskraft, die die Ur-Obst®-Pflanzen genetisch mitbringen, ist ihr **Wachstum auf eigener Wurzel** wichtig. Spätestens seit den Forschungen des Wiener Wissenschaftlers Dr. Fritz Passecker in der Mitte des vorigen Jahrhunderts ist immer wieder beobachtet worden, daß Sorten sich auf eigener Wurzel verjüngen können und eine höhere Widerstandskraft aufweisen. Aus dem Rheinland wird ein Fall berichtet, wo auf zwei benachbarten Obstanlagen Pflanzen derselben Pfirsichsorte angepflanzt waren, auf der einen Anlage veredelt, auf der anderen wurzelecht. Nach einem Schadereignis waren alle veredelten Bäume eingegangen, während die wurzelechten überlebt hatten.

Während die Unterschiede in der Widerstandskraft gegen Krankheiten weiter untersucht werden müssen, leuchtet jedem wohl unmittelbar ein, daß wurzelechte Pflanzen schon deswegen im Vorteil sind, weil sie sich im Gegensatz zu denen auf fremder Unterlage durch Triebe aus der eigenen Wurzel erneuern können. Das kann ihnen das Überleben sichern, wenn die Veredelungen auf der Strecke bleiben. Das gilt zum Beispiel bei starken Frostschäden, Absterben durch triebbohrende Kerbtiere oder auch beim gefürchteten „Schlagsterben" des Pfirsichs.

Dazu kommt, daß die Wurzelechtheit die beste Voraussetzung für den beim Ur-Obst® angestrebten strauchigen Wuchs ist. Dieser wiederum ist der beste Schutz gegen Fröste, die an einem freistehenden, ungeschützten Stamm viel leichter starke Schäden anrichten können.

Großfrüchtiger Aprikosensämling

Großfrüchtige wurzelechte Quitte im Elsaß

Der **Strauchwuchs** rückt einen anderen Vorteil des Ur-Obstes® in den Blick. Die meist strauchigen Wuchsformen sorgen dafür, daß auch die Besitzer von Stadtgärten mit beschränkter Größe in den Genuß von Obstanpflanzungen gelangen können. Diese Grundrichtung verstärken wir in der Baumschule weiter durch gezielte Auswahl gedrungen- oder gar strauchwüchsiger Ur-Obst®-Sorten, so daß die vielfältige Obsthecke in vielen Gärten Wirklichkeit werden kann. Die vielbeschworenen „eßbaren Landschaften" können so im kleinen genauso wie im großen Maßstab entstehen.

Ein weiterer wichtiger Vorzug des Ur-Obstes®, den so gut wie jeder nach einer Kostprobe bestätigt, ist der **köstliche, aromatische** und in der Regel **süße Geschmack**. Viele Menschen, die der genormten Supermarktware überdrüssig sind, finden so einen ganz neuen Zugang zum Obst. Aus eigener Anschauung wissen wir, daß es Apfel- oder Pflaumen-Allergiker gibt, die die entsprechenden Ur-Obst®-Sorten ohne Probleme und mit Genuß verzehren können.

Es kann angenommen werden, daß die urtümlichen Obstsorten einen besonders hohen Gehalt an Vitalstoffen haben. Genauer untersucht wurde das bisher allerdings nur in bestimmten Fällen. Zudem speisen sich die neueren Züchtungen meistens aus einem sehr beschränkten und verengten Genvorrat, und viele Inhaltsstoffe sind ihnen abgezüchtet worden. Das gilt besonders für die Bitterstoffe, von deren Bedeutung für die menschliche Gesundheit wir erst heute eine Ahnung bekommen. Diese Stoffe bekommen als „Salvestrole" zunehmend eine Rolle zum Beispiel in der alternativen Krebsvorbeugung.

Die Früchte des Ur-Obstes® sind also alles andere als minderwertig. Freilich muß man sich davon verabschieden, daß Früchte wie lackiert und makellos wie aus Plastik aussehen müssen. Ur-Obst®-Früchte können als echte Kinder der Natur auch mal etwas schrumpelig sein oder die eine oder andere Schramme haben. Gutes Obst erkennt man aber ohnehin nicht an dem „gemalten" Aussehen oder gar an der Größe und auch nicht durch Fingerdruck. Kenner setzen beim Obstkauf ihre Nase ein. Hochwertiges, aromatisches, gehaltvolles und reifes Obst ist schon auf Abstand an seinem köstlichen Duft zu erkennen. Ein reifer Weinbergspfirsich, im Innenraum eines Wagens befördert, kann diesen ganz mit Duft erfüllen.

Den ganzheitlich denkenden Menschen zeichnet aus, daß er nicht nur den eigenen Bauch in Betracht zieht, sondern auch das Wohlergehen seiner Mitlebewesen. Auch in dieser Hinsicht punktet das Ur-Obst® überlegen, über die Einsparung von Spritzmitteln und Kunstdünger hinaus. Das läßt sich an drei Gesichtspunkten gut veranschaulichen.

- Zunächst ist allein schon die **Erhaltung der genetischen Vielfalt** der zum Teil uralten Ur-Obst®-Rassen ein unschätzbarer Beitrag zur Rettung der Biodiversität.

Natürlich gewachsene Urobsthecke

Geleitet durch den Gedanken „Erhaltung durch Nutzung", kann jeder Garten (und erst recht jede größere Anlage) eine kleine Arche für bedrohte Obst- und Pflanzenvielfalt werden. Wir müssen dabei bedenken, daß im Gegensatz zu gewöhnlichen Wildpflanzen die Ur-Obst®-Sorten ja in der Regel nicht einfach in der freien Landschaft vorkommen, sondern sich in der Obhut des Menschen entwickelt haben und damit auch auf seine Fürsorge angewiesen sind, und zwar in viel höherem Maße als gewöhnliche Wildpflanzen. Diese können sich selbständig unbeschränkt fortpflanzen und möglicherweise in irgendwelchen entlegenen Winkeln oder auch als Samenvorrat im Boden überleben. Alte Obstrassen dagegen sind akut vom Aussterben bedroht, wenn alte Gärten ausgeräumt werden, Dorffluren zugunsten der maschinengerechten Landwirtschaft gerodet und uralte Hecken weggehobelt werden. Der neuartige Einsatz des Ur-Obstes® in Gärten und Obstbau ist vielleicht die letzte Mög-

Ein leider alltägliches Bild: verwüstete Hecke

Lebensfreundliches Urobst

lichkeit, den unwiederbringlichen Verlust überkommener genetischer Vielfalt bei unserem Obst aufzuhalten.

- Noch auf andere Art trägt die Verwendung des Ur-Obstes® zur **Rettung der biologischen Vielfalt** bei. Wie wir oben gesehen haben, ist das Eindringen exotischer Gartenpflanzen in die freie Natur eine beständige Gefahrenquelle für die biologische Vielfalt. Dazu kommt, daß nichtheimische Pflanzen immer wieder Schadorganismen einschleppen, denen heimische Arten nicht gewachsen sind. Diese Entwicklung beschleunigt sich in den letzten Jahren rasant. Es vergeht kaum noch ein Jahr, wo nicht mindestens ein neuer Schädling auftaucht, der oftmals hiesige Kulturen im Kern bedroht. Neueste Beispiele sind die Fliegenart, die die Walnüsse am Baum verfaulen läßt, und die Essigfliege, die rote und schwarze Früchte einschließlich Weintrauben ungenießbar macht. Daraus erhellt, daß die Verwendung heimischen Ur-Obstes® auch in dieser Hinsicht eine beachtliche Schonwirkung auf die heimische Pflanzen-, aber auch Tierwelt hat, weil invasive Organismen nicht zum Zuge kommen.

- Der dritte Gesichtspunkt ist der **Nutzen** des Ur-Obstes® **für die Tierwelt**. Da die Ur-Obst®-Pflanzen oft seit sehr langen Zeiträumen an unsere Ökosysteme angepaßt sind oder sogar von heimischen Wildarten abstammen, sind sie Nahrungsquelle und Lebensraum für viele Tierarten. Es dürfte bekannt sein, welche überlebenswichtige Bedeutung heimische Wildpflanzen für die Tierwelt haben, insbesondere für Kerbtiere (Insekten) und Vögel. Wildgehölze wie Schwarzer Holunder und Eberesche zum Beispiel sind Überlebensgrundlage für jeweils um die 100 Tierarten. Ur-Obst®-Gehölze reihen sich hier sinnvoll ein und ergänzen die heimischen Wildgehölze in ihrem ökologischen Wert.

Das in diesem Abschnitt Gesagte zeigt, daß das Ur-Obst® ein Füllhorn an Vorzügen und Genüssen für uns Menschen und unsere Mitlebewesen bereithält.

GRUNDSÄTZLICHE ÜBERLEGUNGEN

Bevor man sich mit den einzelnen Arten und Sorten des Ur-Obstes® befaßt und mit den persönlichen Wünschen nach dem Anbau bestimmter Früchte, muß man sich erst vor Augen führen, daß man sich dabei auf ein gänzlich neues und anderes Konzept einläßt. Dieses müssen wir erst klar im Kopf haben und uns dann ausreichend Zeit für die Planung nehmen, denn der Erfolg des Anbaus von Ur-Obst® beruht nicht nur auf den Pflanzen selbst, sondern in mehr oder minder gleichem Maße auf der sorgfältigen Pflanzplanung mit einer durchdachten Anordnung der Pflanzen. Insofern gibt es hier Gleichläufe zu einer fachgerecht geplanten Permakultur.

Der Kern aller gelungenen Ur-Obst®-Planungen ist das Streben, die **Wuchsbedingungen** der jeweiligen Obstpflanzen bzw. ihrer Verwandtschaft in der Natur möglichst gut **nachzuahmen**. Das äußert sich in zwei Grundpfeilern.

1. Die Pflanzen müssen **standortgerecht** gepflanzt werden, entsprechend ihren natürlichen Bedürfnissen. Eine Pflanze, die von Hause aus auf kühlen, feuchten Standorten wächst, darf im Garten nicht an einen sonnigen und trockenen Platz gesetzt werden.

2. Die Obstpflanzen sollen nicht als ausgegrenzter Fremdkörper im Garten stehen, sondern sie werden vergesellschaftet mit passenden (zierenden) Wildpflanzen und anderem Ur-Obst®. Sie wachsen nicht als Monokultur, sondern werden **Wildpflanzengemeinschaften** zugeordnet.

Das heißt, an einem praktischen Beispiel erläutert, daß die Ur-Obst®-Himbeeren nicht in Reih und Glied stehend an einem Draht gezogen werden, sondern wir nehmen uns die natürliche Wuchsweise und -stelle zum Vorbild. Himbeeren wachsen typischerweise in lichten Wäldern, auf Lichtungen oder an Wegrändern. Der Boden ist dort nährstoffreich durch viel

Faltblättrige Brombeeren auf einem sauren Waldstandort

Urobst in natürlich gewachsener Pflanzengemeinschaft

Gesundes Reneklodengebüsch bei Brünn

Urobstreiche Wildhecke im Raintal/Südtirol (mit Blauen Heckenkirschen, Sauerdorn, Himbeeren, Vogelbeere und Felsen-Johannisbere)

verrottende Pflanzenteile (Laub, Holz) und meistens etwas durchfeuchtet. Sie wachsen vergesellschaftet zum Beispiel mit kräftigen Wildstauden und Farnen.

Für den Ur-Obst®-Anbau heißt das, daß Himbeeren an leicht beschattete, nicht zu heiße Stellen gehören, wo möglichst eine Schicht aus Laub oder anderem verrottenden und humusbildenden Pflanzengut vorhanden ist. Solche Bedingungen finden sie beispielsweise am lichten Rand kräftigerer Gehölzpflanzungen (größere Sträucher oder Bäume) wie als Vorpflanzung vor Hecken. Sie werden dort nicht in massenhafter Monokultur gepflanzt, sondern nach Möglichkeit in verschiedenen Sorten und idealerweise vergesellschaftet mit Wildstauden wie Glockenblumen oder Gelbem Salbei sowie anderen Ur-Obst®-Arten wie wilden Erdbeeren oder Johannisbeeren.

Es sei noch angemerkt, daß die Meereshöhe des jeweiligen Standortes freilich auch ihre Bedeutung hat. Die obigen Angaben zur Himbeere beispielsweise gelten eher für Tieflandstandorte. In kühleren, feuchteren Höhenlagen können sie auch an vollsonnigen Standorten wachsen. Entsprechendes gilt auch für andere Arten, die Kühle und Feuchte lieben, wie etwa Johannisbeeren und Blaue Heckenkirschen (*Lonicera caerulea*).

Eine weitere Überlegung ist bei der Planung sehr wichtig. Da die Pflanzen langfristig und ohne Schnittmaßnahmen an der Stelle wachsen sollen, muß die künftige Wuchsgestalt und -höhe von vornherein bedacht werden. Es hat zum Beispiel keinen Sinn, einen Birnbaum 50 cm neben einen Weg zu pflanzen oder unmittelbar an die Grundstücksgrenze, was die Einhaltung nachbarschaftsrechtlicher Vorschriften unmöglich machen würde.

Dagegen ist es in der Regel unbedenklich, wenn Pflanzen später ineinanderwachsen, solange die Einzelpflanze genügend Wurzelraum hat und lichtliebende Arten nicht ausgeschattet werden. Viele strauchförmige Arten lassen sich ja auch in Hecken anpflanzen. Allerdings gibt es Ausnahmen wie den Pfirsich, der viel Licht und Luft braucht, und die meisten Walnuß-Sorten, die bei starker Einwachsung mit Pilzbefall reagieren würden.

WELCHE OBSTARTEN EIGNEN SICH FÜR WELCHEN GARTEN?

Bei der Auswahl der Obstarten für den eigenen Garten sind **drei Wirkumstände** (Faktoren) ausschlaggebend:

- Die eigenen Wünsche,
- die gegebenen Standorte und
- Raumverhältnisse und Platzansprüche.

Geschmacksvorlieben

Zunächst gilt es zu klären, welche Geschmacksvorlieben in der Familie bzw. Lebensgemeinschaft bestehen. Daraus entsteht eine Wunschliste. Was davon umzusetzen ist, ergibt sich unter anderem aus den beiden folgenden Wirkumständen.

Standortbedingungen

Als nächstes müssen die Standorte festgestellt werden.

Ist der Boden sandig, das heißt stark durchlässig, oder eher lehmig? Ist er mager oder eher nährstoffreich? Neigt der Boden zu Austrocknung oder gibt es staunasse Bereiche, wo das Wasser nach starken Regenfällen eine Zeitlang stehenbleibt? Weist der Boden extreme pH-Verhältnisse auf, das heißt, ist er besonders sauer oder ausgesprochen kalkreich? (Wenn man keine Messungen durchführen will, kann man örtliche Gärtner oder Landwirte fragen. Die meisten Böden bewegen sich allerdings im breiten Mittelfeld, das eine Anpflanzung aller Obstarten außer ausgesprochenen Spezialisten erlaubt.) Wo sind vollsonnige Bereiche, wo eher beschattete?

Von Anfang an arbeiten wir ja mit der Natur und nicht gegen sie. Sie hilft uns auch bei

Reichtragende Pflaume an einem Sumpfstandort

der Beurteilung des Standortes. Mit etwas Kenntnis der Wildkräuter läßt sich der Boden auch ohne aufwendige Technik beurteilen. Wir machen uns zunutze, daß der Boden die zu ihm passenden Pflanzen anzieht, die auf diese Weise zu Zeigerpflanzen werden. Brennnessel und Giersch etwa zeigen einen hohen Stickstoffgehalt an, die Zypressenwolfsmilch magere, Schwarzer Holunder deutet auf kalk- und nährstoffhaltigen Boden hin, Besenginster (*Cytisus scoparius*) und viele Brombeerarten auf sauren, Schachtelhalm und Kratzbeere auf verdichteten und staunassen Boden.

Hier müssen wir noch einmal ausdrücklich auf einen Grundsatz des Ur-Obst®-Konzeptes hinweisen: Der Pflanzstandort wird nicht künstlich verändert, in der Regel auch nicht durch Bewässerung, Trockenlegung oder Düngung. Wir nehmen den Standort so, wie wir ihn vorfinden, und wählen die Bepflanzung entsprechend aus.

Es ist schön, zu wissen, daß es Ur-Obst® für alle Bereiche und Standortverhältnisse gibt. Der oft gehörte Satz „Wir haben ganz schlechten Boden" zieht also nicht. Bei heimischen Wildpflanzen und Ur-Obst® gibt es keine schlechten Böden, sondern höchstens falsch gewählte Pflanzen. Einige Beispiele sollen das im Folgenden veranschaulichen. Dabei ist im Hinterkopf zu behalten, daß die meisten Ur-Obst®-Arten mit mittleren Verhältnissen von Licht, Wasserversorgung und pH-Wert ohnehin zurechtkommen.

Wer **sandige, nährstoffarme Böden** hat, braucht nicht zu verzweifeln. Ein Versuch lohnt sich auf solchen Böden zum Beispiel mit Weichseln (Sauerkirschen), manchen Apfelsorten, Aprikosen, Quitten, manchen Brombeerarten wie der Faltblättrigen Brombeere (*Rubus plicatus*) und der Sorte 'Thornless Evergreen', Alpen-Johannisbeeren, Sanddorn, Edel-Ebereschen.

Auch für **staunasse Böden** gibt es Rat. Hier sind zum Beispiel folgende Obstarten geeignet: 'Wildapfel Geising', Pflaumen und Kriechen, Walnüsse, Haselnüsse, Faltblättrige Brombeere (*Rubus plicatus*), Himbeeren, Stachelbeeren, Johannisbeeren (vor allem Schwarze), Edel-Ebereschen, Blaue Heckenkirsche.

Stark **kalkhaltige Böden** sind für die meisten Obstarten keine Schwierigkeit. Ausnahmen sind beispielsweise Kronsbeeren und Heidelbeeren.

Geeignet für **saure Böden** sind grundsätzlich folgende Obstarten: Weichseln, manche Apfelsorten, Brombeeren, Himbeeren, Stachelbeeren, Johannisbeeren, Kronsbeeren (Preiselbeeren), Heidelbeeren, Edel-Ebereschen, Blaue Heckenkirschen, Eßkastanien (im milden Klima).

Gesundes Obst aus der natürlichen Hecke

Die Erwähnung der Eßkastanie oder Käste (*Castanea sativa*) leitet über zu dem Gesichtspunkt, in welchem Landschaftsraum und Klima sich der Garten befindet. Auch das muß in die Sortenwahl einfließen. Im Norddeutschen Tiefland sind neben Bodenfaktoren (oft sandig, sauer), geringe Wärmesummen, Feuchtigkeit und zum Teil späte Fröste die begrenzenden Umstände. Manche Birnensorten, Pfirsiche, Aprikosen, Feigen, Mandeln, Maulbeeren, Weinreben (die echten europäischen!) sind dort nicht oder nur sehr begrenzt zu empfehlen.

Gebirgslagen bringen wiederum ihre eigenen Beschränkungen mit sich. Dort sind die gewöhnlichen Winterfröste sowie späte, in die Blüte fallende Fröste einschränkend. Wärmeliebende Arten scheiden bei solchen Bedingungen selbstredend aus. Allerdings gibt es unter den Ur-Obst®-Sorten einige wahre Frosthelden. Dazu dürfte der 'Wildapfel Geising' zählen, die 'Strauchige Wildbirne', die Krieche samt der Sorte 'Himberg', die Pflaumen 'Oda' und 'Sinikka', die Reneklode 'Reforma', die meisten Weichseln und auf jeden Fall die Zwergweichseln (*Prunus fruticosa*) samt Sorten wie 'Kurtschatovskaja'. Dazu kommen Sanddorn, Felsenbirnen, Herlitzen, Edel-Ebereschen, Blaue Heckenkirschen sowie so gut wie alle Beerensorten. Weitere Erkenntnisse sind zu erwarten, sobald mehr Anbauerfahrungen aus unterschiedlichen Gegenden vorliegen.

Die Glücklichen unter uns, die in Gebieten mit Weinbauklima leben, können fast alles anbauen. Einschränkungen gibt es dort nur bei Arten mit hohem Niederschlagsbedarf oder bei solchen, die auf stark saure Böden angewiesen sind.

Raumverhältnisse und Platzansprüche

Vor allem in städtischen Siedlungsgebieten mit teilweise sehr beengten Gartenverhältnissen ist jetzt noch die kritische Frage der Platzbedingungen zu bedenken. Zwergweichseln, Beerensorten und Blaue Heckenkirschen sollten eigentlich in jedem Garten Platz finden können. Auch Weichseln, Edel-Ebereschen und (europäische) Felsenbirnen mit ihrem strauchigen Wuchs sind noch gut unterzubringen. Dann gibt es die Klasse „große Sträucher", die in kleineren Gärten an einzelnen Stellen ihren Platz finden können. Dazu gehören etwa strauchige Weichseln (Sauerkirschen), Quitten, Pfirsiche, Haselnüsse und Herlitzen.

Was aber tun, wenn man in einem solchen beschränkten Stadtgarten Äpfel, Birnen, Süßkirschen, vielleicht sogar Maulbeeren, Mandeln oder Walnüsse haben will? Eine Möglichkeit ist, als Hausbaum, für den ja in der Regel wenigstens noch Platz ist, eben einen Apfel-, Birn- oder Kirschbaum zu wählen. Die Hauptschwierigkeit dabei ist, daß die meisten dieser Obstsorten auf Fremdbestäubung durch eine andere Sorte angewiesen sind. Diese Schwierigkeit ist gelöst, wenn in der Nachbarschaft ein oder mehr Bäume derselben Art, aber anderer Sorte vorhanden sind. Für Süßkirschen tut es dabei auch eine wilde Vogelkirsche. Ein Abstand von bis zu wenigen hundert Metern ist für die Bestäubung in der Regel ausreichend. Ein Nachbargelände also tut's auf jeden Fall.

Man kann sich aber auch mit **Säulen- oder Strauchformen** helfen. Das gilt für die Findung eines Bestäubers als auch allgemein, wenn für eine Lieblingsobstart kein Platz zu sein scheint. Was die Säulenformen betrifft, so ist zu bedenken, daß es echte Säulen bislang nur von Äpfeln und in eingeschränktem Maße auch von Birnen gibt. Wenn Ihnen ein Baumschulkatalog auch Säulen bei anderen Obstarten nahelegen will, dann achten Sie bitte auch auf das Kleingedruckte. Dort steht dann in der Regel so etwas wie „bei regelmäßigem Schnitt" oder „regelmäßiges Einkürzen der Triebe empfohlen". Es handelt sich hierbei also nicht um sogenannte genetische Säulenformen, die von sich aus ohne menschliche Nachhilfe (Schnitt) säulig wachsen. Die gibt es wie gesagt nur bei Äpfeln und zum Teil Birnen. Eine wirkliche Säulenform sollte schnittfrei nicht viel breiter als 1 m werden.

Bei den Äpfeln gehören dazu die klassischen Säulenäpfel wie 'Bolero' und 'Polka'. Diese werden auch nicht höher als ungefähr 3 m. Sie bilden kurzes Seitenholz, an dem die Früchte gezeitigt werden. Sie brauchen nicht nur keinen Schnitt, sondern ein solcher beeinträchtigt sie sogar. Neuere Säulensorten mit oft englischen Bezeichnungen werden in vielen Fällen höher, haben keinen klaren Säulenwuchs mehr oder enthalten exotische Kreuzungsgatten.

Mancher, der einen Blick ins weltweite Netz wirft und dort Abbildungen der Säulenäpfel sieht, wird jetzt vielleicht einwenden, solche strengen Formen paßten nicht in einen naturnahen Garten mit Ur-Obst®. Doch keine Sorge, frei wachsend bleiben die Säulenäpfel zwar raumsparend schmal, aber sehen nach wenigen Jahren keineswegs wie künstliche „Telegrafenmasten" aus, sondern entwickeln eine gefällige Wuchsgestalt.

Die genetischen Säulenäpfel verdanken wir dem glücklichen Fund einer gestauchten

Säulenapfel 'Polka'

Zweigmutation bei einer Apfelsorte. Bei den Birnen gibt es das so nicht. Aber die Sorten 'Clairgeaus Butterbirne', 'Obelisk' und 'Condo' weisen einen schmalen Wuchs auf, der einer Säulenform nahekommt.

Leider gibt es die schmalwüchsigen Äpfel und Birnen noch nicht wurzelecht, so daß sie einstweilen nicht zum Ur-Obst® zählen. Bei bodennaher Veredelung kann man dem aber durch tiefes Einpflanzen nachhelfen (siehe unten).

Freunde des Kernobstes mit beengten Platzverhältnissen sollten also eine gemischte Säulenobsthecke pflanzen und dafür auf eine sterile Thujahecke verzichten.

Aber unabhängig vom Säulenobst enthält Ur-Obst® an sich schon zahlreiche eher strauchige Formen. Darüber hinaus haben wir, da in einem großen Ballungsraum arbeitend, gezielt nach kleinbleibenden Sorten gesucht, vor allem beim Kern- und Steinobst. So ist es

'Nanziger Mirabelle', strauchiges Obst

möglich geworden, daß auch in beschränkten Gartenräumen Äpfel, Birnen, Kirschen und Pflaumen ohne Schnitt gedeihen können.

Bei den Äpfeln gibt es von dem echten Zwerg 'Mini-Cox' (R), der auch in einem Kübel gut zu halten ist, über 'Alkmene Spur Linus' (S) bis hin zu den ohne Schnitt buschig etwa 3 m hoch werdenden alten Sorten 'Wagenerapfel' und 'Prinz Albrecht von Preußen' eine gute Auswahl von Strauch-Äpfeln.

Bei den Birnen gibt es als echten Zwerg das 'Helenchen'. Dazu kommen als etwas kräftigere Sträucher (im Freiwuchs bis 3 oder 4 m) die 'Rote Williams Christ', 'Armida', 'Strauchige Wildbirne' und 'Pepi'.

Bei den Pflaumen stehen uns mit Wuchshöhen bis um 3 m die zwetschenartige 'Oda', die gelbe 'Rheingold' (S), die Krieche 'Himberg' sowie die Reneklode 'Reforma' zur Verfügung. Auch die Kuchelzwetschke sollte es auf nicht mehr als 3–4 m bringen.

Mit vielen strauchigen Sorten warten die Kirschen auf, insbesondere die Sauerkirschen oder Weichseln. Da gibt es die beiden nur 2–2,5 m hoch werdenden Strauchweichseln 'Schokoladnaja' und 'Süße Strauchweichsel'. Die Zwergweichseln (*Prunus fruticosa*) bieten noch kleinere Ausmaße. 'Fruchtzwerg' wird nur ungefähr 1 m hoch, ist als Obstlieferant allerdings nur bedingt geeignet. Dagegen liefert die etwa 1,5 m hoch werdende 'Kurtschatovskaja' eine ansprechende Fruchtausbeute.

Bei den Süßkirschen, die ja beachtliche Baumhöhen erreichen können, ist der Schritt zum Zwergwuchs umso größer. Da ist es erfreulich, daß auch hier schon strauchige Sorten mit kompaktem Wuchs zur Verfügung stehen, nämlich 'Fatesch' und 'Radiza'. Im herkömmlichen Sortiment gibt es als kleinwüchsige Sorten noch 'Compact Lambert' und 'Sylvia', die wir aber nicht ausreichend geprüft haben, um ihre Eignung für den Ur-Obst®-Garten zu beurteilen.

Zu erwähnen sind noch 'Rubira' bei den Pfirsichen und 'Businka' und 'Rubinovaja' bei den Edel-Ebereschen, die sich auch im mittelstrauchigen Raum bewegen.

Etliche der genannten strauchigen Sorten können bislang noch nicht wurzelecht angeboten werden. Sie sind aber so ausgewählt, daß sie ohne besondere Pflege gedeihen und sich in das schnittfreie und pflegearme Ur-Obst® gut einfügen. Zudem steht ja die Möglichkeit der nachträglichen Eigenwurzelbildung durch Tiefsetzen zur Verfügung.

Einige Obstarten lassen sich auch eng mit anderen Anpflanzungen verzahnen, etwa weil sie einen kletternden oder bodendeckenden Wuchs haben. Näheres dazu im folgenden Abschnitt.

Wer allerdings das Glück hat, einen großen Garten oder ein weitläufiges Gelände zur Verfügung zu haben, der kann aus der Fülle des Ur-Obstes® schöpfen und mit baumartigen Sorten weiter gesteigerte Erträge erzielen.

PFLANZPLANUNG UND STANDORTWAHL

Grobplanung

Wenn wir einen Garten mit Ur-Obst® zu planen haben, ist es wie sonst auch sinnvoll, mit dem **Grundgerüst** zu beginnen. Wo möchte ich einen Baum plazieren, zum Beispiel als Hausbaum bzw. zur Beschattung einer südseitigen Terrasse? Wo und mit welcher Wuchshöhe sollen Hecken angelegt werden? Dabei sollten wir auch an niedrig bleibende Hecken aus kleineren Sträuchern denken. Wo sind geeignete Stellen für große Obststräucher? Wo heischt die räumliche Begrenzung die Anlage einer Schmalhecke aus Säulengehölzen? Dabei sollten wir zunächst die lichtliebenden Arten einplanen. Für die schattenertragenden finden wir leichter noch ein Plätzchen.

Schwarze Maulbeere als Hausbaum

Bei der Grobplanung sollten wir auch allfällige **Sonderstandorte** in den Blick nehmen. Gibt es feuchte Mulden oder andere staunasse Bereiche, wo feuchtigkeitsliebende Arten wie Schwarze Johannisbeeren ihren Standort finden könnten? Finden sich auf der anderen Seite ausgesprochen trockene oder magere Bereiche, die mit geeigneten Pflanzen bedacht werden, etwa Sanddorn? Gibt es größere Wuchsbereiche für eine Kletterpflanze, etwa einen alten Gehölzbestand, eine Pergola oder die Hauswand?

Überhaupt sollten wir bedenken, daß sich in einem naturnahen Ur-Obst®-Garten die Pflanzen vergesellschaften und ineinandergreifen. Viele kleinere Arten fühlen sich im Bereich größerer Gehölze oder als Vorpflanzung vor Hecken wohl. Ein solcher Garten ist mehrdimensional. Deswegen stehen uns auch die **Waagrechte** und die Senkrechte zur Verfügung. Wir können bodendeckende Arten als Unterwuchs einplanen. Dabei ist vor allem an die heimischen Wilderdbeeren zu denken oder an eine niedrige Brombeerart wie die Schmuck-Brombeere (*Rubus adornatus*). Wer sauren Boden hat, kann mit Preiselbeere und Heidelbeere zwei vorzügliche Bodendecker einsetzen.

Die **Senkrechte** ist repräsentiert durch die kletternden Arten. Entgegen weit verbreiteten Auffassungen schadet es (naturnahen) Gehölzen keineswegs, wenn sich eine Kletterpflanze an ihnen hochrankt. Auch so manchem menschlichen Bauwerk bekäme ein grünes Kleid gut. An Ur-Obst® bietet sich eine Weinrebe oder eine kletterfähige Brombeersorte wie 'Thornless Evergreen' an. Beide brauchen übrigens Kletterhilfen.

Am Ende dieser Planungsstufe sollte ein funktionaler **Bepflanzungsplan** stehen mit den festgelegten Bepflanzungsbestandteilen und den jeweiligen Eigenschaften, die dann Voraussetzung für die Pflanzenauswahl sind.

Pflanzenauswahl

Bei der Festlegung der **Pflanzenarten** gilt es, sich noch einmal daran zu erinnern, daß das Ideal bei der Ur-Obst®-Pflanzung die Mischung von Arten und Sorten und vor allem auch die Vergesellschaftung mit heimischen Wildpflanzen ist. Das ist gut für die Ästhetik, die Tierwelt und vor allem die Pflanzengesundheit. In eine mittelstrauchige Obsthecke gehört auch mal ein Sauerdorn oder eine heimische Wildrose. Sogar auf die schnittfreien Schmalhecken läßt sich dieser Grundsatz anwenden. Zwischen Säulenäpfel und schmalwüchsige Birnen paßt wunderbar eine Zwerg-Säulen-Hainbuche (*Carpinus betulus* 'Columnaris Nana'), ein Rotblättriger Säulen-Holunder (*Sambucus nigra* 'Black Tower'), ein Säulen-Buchs (*Buxus sempervirens* 'Graham Blandy') oder eine Säulen-Rainweide (*Ligustrum vulgare* 'Pyramidale'), alle genauso schnittfrei wie das Säulenobst.

Die meisten Fragen dürften im Zusammenhang mit der **Planung von Hecken** aufkommen, etwa, welche Pflanzen auf welche Weise zusammengestellt werden können oder sollen. Wir können uns dieses Fragstück sehr vereinfachen, indem wir etwas schematisieren. Zunächst heißt es, sich die groben Größenklassen bei den Sträuchern vor Augen zu führen. Wir unterscheiden Kleinsträucher (bis etwa 1 m Wuchshöhe), Mittelsträucher (zwischen 1 und 3 m Wuchshöhe, meistens etwa 1,60–3 m hoch) und Großsträucher (über 3 m Wuchshöhe, im Alter auch zum Teil als gedrungene Buschbäume). Echte Kleinsträucher sind beim Ur-Obst® selten. Am ehesten fallen hierunter noch Zwergweichseln und Stachelbeeren, zum Teil Himbeeren. Kleinsträucher können entweder in einer Kleinstrauchhecke gepflanzt werden oder als Vorpflanzung oder Randbepflanzung. Mittelsträucher stehen in erster Linie unter ihresgleichen, aber bei ausreichend Platz spricht nichts dagegen, Großsträucher in eine Mittelstrauchhecke einzubeziehen, unter Wahrung der unterschiedlichen Pflanzabstände. In einer überwiegenden Großstrauchhecke haben einleuchtenderweise einzelne Mittelsträucher nichts zu suchen.

Auch die Aufgabe der **Artenzusammenstellung** kann man sich vereinfachen. Die gute Nachricht: Gehölze einer Größenklasse und mit vergleichbaren Standortansprüchen (Licht/Schatten; trocken/feucht; nährstoffreicher/karger Boden) lassen sich so gut wie beliebig kombinieren. Das gilt für das Ur-Obst® wie auch für andere heimische Gehölze. Nur einige wenige Arten brauchen besonders viel Licht oder Luft und sind nicht geeignet dafür, mitten in die Hecke hineingesetzt zu werden. Pfirsich und Strauch-Walnuß wurden schon genannt. Die Echte (europäische) Felsenbirne (*Amelanchier ovalis*) gehört auch hierher, weil sie verhältnismäßig langsam wächst.

Auf jeden Fall gilt stets: Mut zum Mischen von Arten, auf keinen Fall Monokulturen! Dazu gehört nach Möglichkeit auch die Einbeziehung anderer Bepflanzungselemente. Das kann eine Vorpflanzung aus Beerensträuchern o. ä. sein oder die Unterpflanzung mit (heimischen!) Bodendeckern wie Wald-Erdbeeren, heimischem Frauenmantel (Sinau) (z. B. *Alchemilla glaucescens*, auf keinen Fall *Alchemilla mollis*, dem konventionell so über die Maßen beliebten wuchernden Kaukasus-Frauenmantel), oder Edel-Gamander (*Teucrium chamaedrys* Wildform).

Walderdbeeren als Bodendecker unter Himbeeren

Pflanzabstände

Als nächste Frage liegt die nach den Pflanzabständen nahe. Auch hierbei helfen Faustregeln weiter. Wir unterscheiden dabei zwischen dem Abstand, der für eine Pflanze bei dichtem Heckenschluß ausreichend ist und einem vergrößerten Abstand, der die bessere Beerntbarkeit eines Obststrauches bewirken soll.

Zwischen **Kleinsträuchern** genügt ein guter halber Meter Abstand, erweiterbar auf bis zu einem Meter, zum Beispiel bei Stachelbeeren. Der Grundabstand für **Mittelsträucher** in der Hecke liegt bei 1 m. Bei kräftigen Mittelsträuchern mit entsprechendem Fruchtertrag, beispielsweise mittelstrauchigen Äpfeln, Birnen, Pflaumen oder Süßkirschen, kann bis auf 2 m erweitert werden. Der angemessene Abstand für **Großsträucher** in der Hecke ist 1,5–2 m.

Etliche größere Ur-Obst®-Sträucher eignen sich sehr gut als **freistehende Gehölze**. Dabei sei vor allem an solche gedacht, die sich inmitten einer Hecke nicht wohlfühlten, also namentlich Strauch-Walnuß und Pfirsich. Aber auch strauchiges Kern- und Steinobst oder eine Edel-Eberesche sind nicht nur Quellen leckerer Früchte, sondern durch Blüten, Früchte, Herbstfärbung und ihren anmutigen natürlichen Wuchs sind sie auch prächtige Ziergehölze. Vergessen wir nicht, daß beispielsweise Äpfel, Quitten oder Pfirsiche auffällige schöne Blüten in reicher Fülle hervorbringen und Kirschblüten obendrein einen süßen Duft verbreiten. Bei den strauchigen (meist wurzelechten) Formen muß nur berücksichtigt werden, daß es keine Krone gibt, die unterhalb Raum zum Gehen oder Sitzen ließe. Dafür ist aber der Sinnesgenuß in Augen- und auch Greifhöhe.

Im letzten Planungsschritt können die **kleineren und weniger lichtbedürftigen Arten** untergebracht werden. Von den kletternden Arten (Wein, Brombeeren) sowie den bodendeckenden (wilde Erdbeeren, Schmuck-Brombeere, auf sauren Böden Kronsbeere und Heidelbeere) war ja schon die Rede. Aber auch viele aufrechtwachsende Ur-Obst®-Gehölze lassen sich unter bestmöglicher Raumausnutzung unterbringen, nämlich im lichtschattigen Bereich größerer Gehölze. Dazu gehören allgemein Beerenobst, Blaue Heckenkirschen, Sauerdorne (Berberitzen) und im Bereich von Bäumen auch Haselnüsse und Edel-Ebereschen.

Bei der Gestaltung der nun noch verbleibenden Flächen sollten unbedingt heimische Wildstauden berücksichtigt werden. Statt Rasenflächen ist es angebracht, so oft wie möglich Blumenwiesen oder wenigstens sogenannte Blumenrasen anzusäen. Die letzteren enthalten heimische Wildgräser und trittfeste blühende Wildkräuter und werden vier- bis sechsmal im Jahr gemäht.

Hier ist ein für die Praxis sehr wichtiger Hinweis angebracht. Leider können Sie sich bei vielen Gärtnereien und Samenlieferanten nicht darauf verlassen, daß als „heimisch" bezeichnete Arten es auch wirklich sind. Bisweilen werden auch „Wildpflanzen" und „heimische Wildpflanzen" einfach gleichgesetzt. Eine Sonnenblume zum Beispiel ist zwar eine Wildpflanze, aber keineswegs eine heimische. Diese Verwirrung wird eher noch zunehmen, weil zur Zeit Kreise mit gewissen Interessen die Anpflanzung amerikanischer Präriepflanzen bei uns propagieren. Auch manche Gemeinden meinen durch solche Anlagen etwas Gutes für die Umwelt zu tun, riskieren allerdings nur einen unermeßlichen Schaden, weil diese Präriegewächse durch die Bank potentielle Invasivpflanzen sind.

Auch wenn es lästig ist, werden Sie also (falls Sie nicht einen guten Florenkenner in Ihrem Bekanntenkreis haben) nicht drumherumkommen, mal selbst ein mitteleuropäisches Florenwerk zu Rate zu ziehen, wie zum Beispiel die Exkursionsfloren von Oberdorfer, Rothmaler oder Fischer/Adler/Oswald oder die *Flora Helvetica*. Aber Sie werden das gewiß nicht ohne Erkenntnis- und Lustgewinn tun.

Fruchtbare Urpflaumenhecke

Große Sternmiere (*Stellaria holostea*) bodendeckend unter dem Obstbaum

Heimische Wildstauden fördern das Urobst.

PFLANZUNG UND PFLEGE

Die Pflanzung der Ur-Obst®-Pflanzen erfolgt nach der üblichen Vorgehensweise. Nur einige Dinge sind besonders zu beachten oder weichen gar vom Konventionellen ab.

VORBEREITUNGEN

Wie oben schon erwähnt, sollte eine umfassende „Bodenverbesserung" oder gar ein Bodenaustausch in aller Regel unterbleiben. Nur wenn es sich um ausgesprochen nährstoffhungrige Pflanzen wie viele Zwetschen und Pflaumen handelt und der Boden eher mager ist, kann an eine Aufbesserung des Bodens mit Kompost oder ähnlichem gedacht werden. Es gibt auch Pflanzen, wie vor allem der Sanddorn, die eine Nährstoffanreicherung sogar übelnehmen.

Beikräuter, vor allem sogenannte Wurzelunkräuter wie Giersch, Acker-Kratzdistel, Kriechender Hahnenfuß und Ackerwinde, sollten weiträumig aus der Nähe der Pflanzstelle entfernt und der Boden gelockert werden.

Obwohl die Gehölze später ausdrücklich nicht mehr geschnitten werden sollen, muß bei nacktwurzeligen Pflanzen (d. h. solchen ohne Topfballen) ein **Pflanzschnitt** vorgenommen werden, bei dem die Zweige um ungefähr ein Drittel eingekürzt werden. Das sollte möglichst stufig geschehen, wobei von kräftigeren Trieben mehr stehenbleibt als von schwachen. Obwohl das Einkürzen der Wurzeln nicht unumstritten ist, können sie leicht gestutzt werden.

Die folgende Maßnahme ist genau das Gegenteil des Üblichen und wird bei konventionellen Gärtnern Widerspruch auslösen, von dem Sie sich aber nicht beirren lassen sollten. Falls Sie eine Ur-Obst®-Sorte pflanzen, die noch auf fremde Unterlage veredelt werden mußte, setzen Sie die Pflanze so tief, daß die **Veredelungsstelle ungefähr 10 cm unter die Erde** kommt. Das dient dazu, den Strauch oder Baum zur Bildung eigener Wurzeln anzuregen, damit er wenigstens nachträglich wurzelecht wird. (Genau das soll ja im konventionellen Anbau vermieden werden.) Übrigens ist be-

Pflanze mit Wühlmausdraht

Schutz durch Wühlmauskorb und Kaninchendraht

obachtet worden, daß zumindest Apfel- und Birnbäume ein noch viel tieferes Eingraben gut vertragen können.

Bei der Pflanzung muß auch ein Schädling bedacht werden, der als ziemlich einziger auch Ur-Obst®-Gehölzen verhängnisvoll zusetzen kann. Es handelt sich um die **Wühlmaus**, die leider die Wurzeln von Rosengewächsen, zu denen die meisten Obstarten gehören, als Leibspeise hat. Nach unserer Erfahrung ist die zuverlässigste abwehrende (d. h. nicht auf Tötung des Tieres abzielende) Maßnahme das Setzen der Wurzeln in Drahtkörbe. Diese müssen aus „Wühlmausdraht" mit einer Maschenweite von 13–20 mm bestehen. Es muß sichergestellt werden, daß das Drahtgeflecht oben am Stamm dicht abschließt, weil die Tiere sonst von oben eindringen können. Gibt es reichlich Wühlmäuse in der Umgebung, werden Sie um diese Schutzmaßnahme nicht herumkommen.

Übrigens ist es eine sehr spannende Frage, warum Wühlmäuse in der Natur meines Wissens keine vergleichbaren Schäden anrichten. Ich schätze, die Schäden müssen irgendwie mit der „Künstlichkeit" der Gärten und Anbauflächen zu tun haben, wo einzelne Gehölze isoliert in Wiesenflächen stehen. Diesbezüglich gibt es noch großen Forschungsbedarf, um auch angesichts der Wühlmaus nachhaltige Obstgärten zu entwickeln.

Sind Rehe oder Hasen Gäste im Garten oder gibt es im Winter Mengen an ausgehungerten Kaninchen, dann ist auch ein oberirdischer Drahtschutz sinnvoll, damit die Rinde nicht abgeschält wird. Leider fressen auch diese Tiere leidenschaftlich gern Rosengewächse.

PFLANZZEIT

Große Unsicherheit herrscht oft hinsichtlich der geeigneten Pflanzzeiten. Insbesondere im Spätherbst, wenn schon Nachtfröste möglich sind, fürchten viele weniger erfahrene Gartenbesitzer, die neu gesetzten Pflänzchen seien bedroht. Dabei ist der **Herbst** (vor allem Oktober und November) eigentlich die beste Pflanzzeit, weil der Boden dann in der Regel feucht ist und die Pflanzen sich in der winterlichen Ruhezeit gut etablieren können. Voraussetzung für eine Pflanzung spät im Jahr ist natürlich, daß der Boden noch nicht gefroren ist. Empfindlich sind bei den Ur-Obst®-Pflanzen höchstens die Wurzeln, so daß nach erfolgter Pflanzung auch starke Fröste kaum schaden können. Eine Ausnahme sind die wenigen sehr wärmeliebenden Arten des Ur-Obstes® wie die entsprechenden Feigensorten. Bei diesen ist eine Frühjahrspflanzung oftmals günstiger. Die Monate für die Frühjahrspflanzung sind (wandelbar je nach Landstrich) März und April.

PFLEGEMASSNAHMEN

Die Ur-Obst®-Pflanzen sollen ja weitgehend ohne menschliche Hilfe auskommen. Die Verpflanzung ganzer Gewächse kommt aber in der Natur so nicht vor, so daß wir erst einmal einen unnatürlichen Zustand, der die Pflanze schwächt, überwinden müssen. Deshalb sind zunächst Pflegemaßnahmen nötig, die wir später nicht mehr brauchen. Dazu gehört, daß die Pflanze in der ersten Zeit gegen wetteifernde **Beikräuter** geschützt werden muß. Zu diesem Schutz trägt eine Bodendeckung aus Mulch bei. Das Mulchen mit Rindenmulch ist nicht unumstritten, aber wir haben damit gute Erfahrungen gemacht, wenn ein paar Dinge beachtet werden. Der Rindenmulch muß 10 cm dick aufgetragen werden, aber unmittelbar an den Pflanzen muß die Schicht deutlich dünner sein, so daß jene nicht eingeschüttet werden.

Die Mulchschicht wird nach Verrottung später nicht mehr erneuert, um einem natürlichen Bewuchs Platz zu machen. Rindenmulch ist fernzuhalten von Stauden und düngeempfindlichen Gehölzen wie dem Sanddorn.

Statt der Mulchung können nach der Pflanzung auch bodendeckende Kräuter gepflanzt werden (Aussäen geht auch und ist billiger, aber deckt nur zögernd ab.) Diese Bepflanzung schafft eine Art natürlicher Mulchschicht, die das Aufwachsen von Beikräutern etwas bremst. Es sollten dabei keine Arten angesiedelt werden, die gleich groß oder größer als die gesetzten Gehölze werden. Besonders gut geeignet für diesen Zweck sind Wald-Erdbeeren. Sie breiten sich rasch aus, bleiben flach und liefern zusätzlich noch ihre Früchte.

Für einen Zeitraum von ungefähr zwei Jahren brauchen die neu gesetzten Gehölze jetzt eine besondere Fürsorge. Aufwachsende Beikräuter müssen beharrlich gejätet werden, damit die Pflanze nicht eingewachsen oder gar überwachsen wird. Auch an sich sehr lebenskräftige Pflanzen brauchen diese Pflege in der Anwachszeit, weil sie sonst kümmern. Falls die Pflanzen in Trockenheitszeiten sichtbar unter Wassermangel leiden, müssen sie auch in Maßen gegossen werden. Das ist bewußt so einschränkend ausgedrückt, weil erfahrungsgemäß oft zuviel gewässert wird. Oft ist die Gefahr, eine solche wildhafte Pflanze zu „ersäufen", größer als die des Vertrocknens. Geht es einer Pflanze augenscheinlich gut, sollte man auf das Wässern verzichten.

Wenn diese „Schonzeit" nach etwa zwei Jahren abgelaufen ist, ist die Pflanze stark genug, daß sie nach den oben umrissenen Grundsätzen des Naturgartens behandelt werden kann und auch sollte. Diese Art der Pflege verlangt von den meisten Gartenbesitzern ein erhebliches Umdenken und große Widerstandskraft im Umgang mit besserwisserischen Freunden und Bekannten. Es kommt jetzt darauf an, die Anpflanzung in ein nachhaltiges Lebensgefüge hineinwachsen zu lassen, das nur in unerläßlichen Fällen gestört werden sollte.

Dieses Lebensgefüge ist sehr umfassend und hat verschiedene Gesichtspunkte. Einer davon ist der **Nährstoffkreislauf**, der es neben der Genügsamkeit der Pflanzen ermöglicht, auf Düngung zu verzichten. Eine Voraussetzung für diesen Nährstoffkreislauf ist es, daß abgestorbene Pflanzenteile wie etwa Laub und Totholz nicht entfernt werden, sondern an Ort und Stelle verbleiben. Durch die Verrottung dieser Pflanzenteile wird der Boden aufs Neue mit Nährstoffen angereichert. Das allerdings funktioniert nur bei einem **heilen Bodenleben**, das wiederum **zwei Voraussetzungen** hat:

- Der Boden ist mit lebendem oder totem Pflanzenmaterial bedeckt und
- er wird nicht gestört.

Das bedeutet, daß Hacken oder Umgraben gänzlich zu unterlassen sind. Störende Beikräuter (und nicht jedes Beikraut stört) werden

Rindenmulch verbessert die Anwachsbedingungen.

durch Herausziehen oder punktuelles Herausholen mit Schippchen oder Unkrautstecher entfernt.

Werden diese Regeln befolgt, werden Sie sich bald über einen dunklen, lockeren und nährenden Boden freuen können, Grundlage für gesundes Pflanzenwachstum.

Ein weiterer Gesichtspunkt des nachhaltigen Lebensgefüges ist die Anwesenheit einer **Vielfalt anderer Lebewesen, Tiere, Pflanzen und Pilze**. Diese wiederum sind auf die übrigen Bedingungen des naturnahen Gartens angewiesen, zum Beispiel den bedeckten Boden, die Nachbarschaft mit einer Vielzahl heimischer Wildpflanzen sowie das Vorhandensein abgestorbener Pflanzenteile und Totholzes. Das dadurch entstehende Tierleben samt der ganzen ökologischen Vielfalt ist der beste Pflanzenschutz und bewirkt ein Gleichgewicht zwischen den Organismen, in dem auch die so eingestuften Schadorganismen nicht überhandnehmen können.

Zur Veranschaulichung der mannigfaltigen Zusammenhänge nur zwei Beispiele. Dichte Hecken mit Totholz locken auch seltenere Vogelarten in den Garten, von denen etliche fleißig pflanzenfressende Kerbtiere einsammeln. Die Schwebfliegen, wichtige Gegenspieler der Blattläuse, werden von den Blüten heimischer Wildkräuter angezogen.

Die bei einer eingewachsenen Anlage nötigen **Pflegemaßnahmen** sind sehr übersichtlich. Es handelt sich im Wesentlichen um drei Maßnahmen:

1. **Unerwünschte Gehölzsämlinge** müssen entfernt werden. Am Ende der natürlichen Sukzession steht in Mitteleuropa in der Regel Wald. Da wir aber einen Garten wollen, müssen wir diese Entwicklung wohl oder übel verhindern. Die sich immer wieder ansäenden Birken, Ahorne und ähnliche müssen möglichst schnell herausgezogen werden, solange sie noch klein sind und dies leicht möglich ist.

2. **Beikräuter** werden jetzt nicht mehr wahllos und umfassend gejätet, sondern **auswählend**. Das heißt, grundsätzlich sind Beikräuter durchaus willkommen. Nur wenn Sie eine bestimmte Art als bedenklich bestimmt haben, wird diese Art herausgenommen. Solche Arten können sogenannte Wurzelunkräuter sein (Giersch, Ackerwinde, Kratzbeere, Kriechender Hahnenfuß und ähnliche), Arten, die jüngere Gehölze überwuchern können (Weiße Waldrebe, Zaunrübe u. ä.) sowie nichtheimische Invasivpflanzen wie nordamerikanische Goldruten- oder Berufkraut-Arten. Freilich müssen Sie sich dann ein bißchen mehr mit den Wildpflanzen befassen, aber das kann ja auch eine verheißungsvolle Herausforderung sein.

Abgestorbene Äste einer Wildrose: Paradies für Igel, Zaunkönig und Nachtigall

3. **Wiesen müssen gemäht werden**, in der Regel mit Entfernung des Mähgutes, Blumenwiesen ein- bis zweimal jährlich, Blumenrasen ungefähr sechsmal.

Das Belassen der meisten Beikräuter klingt aufwendig, aber es lohnt sich. Zum einen können sich auch schöne und besondere Kräuter ansiedeln, die eine Bereicherung für den Garten sind. Zum andern dienen diese Gewächse nicht nur der Bodenbedeckung, sondern erhöhen auch den ökologischen Wert des Gartens, vor allem für Kerbtiere (Insekten) und Vögel. Schließlich kann man auch beobachten, daß der Gartenboden sozusagen die Kräuter anzieht, die er braucht. Auf einem verdichteten Boden siedeln sich gern Pflanzen an, die den Boden durch tiefe Wurzeln auflockern. Auf mageren Böden finden sich gern stickstoffbindende Arten ein, vor allem Schmetterlingsblütler, die den Boden nährstoffreicher machen. Überdüngte Böden ziehen dagegen Stickstoffzehrer wie die Brennessel an. Man kann also sagen, daß die Beikräuter durchaus eine bodenheilende Aufgabe erfüllen.

Viel zahlreicher als die angebrachten sind die Maßnahmen, die im konventionellen Gartenbau zwar gang und gäbe sind und geradezu als unerläßlich angesehen werden, die **im naturnahen Ur-Obst®-Garten** aber **vermieden** werden. Insbesondere schließt das die folgenden ein:

- Auf Hacken und Umgraben des Bodens wird verzichtet. Zu dem oben Gesagten läßt sich noch ergänzen, daß ein heiles Bodenleben auf die unzähligen Kleinstlebewesen (Mikroorganismen) im Boden angewiesen ist. Diese leben jeweils in der ihnen zusagenden Bodentiefe und -schicht. Das Hacken und Umgraben befördert sie in eine andere Tiefe oder gar an die ungeschützte Oberfläche und läßt sie absterben.

- Unbekannte Wildkräuter werden nicht entfernt.

- Allgemeine Rückschnitte unterbleiben grundsätzlich. Auch bei Obstgehölzen wird auf die sogenannte Hochstammerziehung verzichtet. Für den Nutzer bringt das zusätzlich den Vorteil der leichteren Beerntbarkeit, weil ein Großteil der Früchte in Reichweite wächst.

- Abgestorbene Staudenteile (z. B. im Winter) verbleiben an Ort und Stelle und werden nicht abgeschnitten. Diese Regel ist erfahrungsgemäß besonders schwer durchzuhalten, weil man sich erst an den winterlichen Anblick gewöhnen muß (der allerdings auch seine eigene Schönheit besitzt), ist deswegen aber nicht weniger wichtig. Zum einen wird die Humusbildung durch die verrottenden Pflanzenteile gefördert. Dazu werden die Kleintiere durch Überwinterungsmöglichkeiten in den abgestorbenen Stengeln gefördert sowie die Vögel durch die Samenstände oder die genannten Kleintiere.

- Abgefallenes Laub und Totholz werden nicht entfernt. Das liegengebliebene Laub ist von unschätzbarem Wert als Bodendecke und natürliche Mulchschicht. Manche Pflanzen wie die Himbeeren sind geradezu darauf angewiesen. Wiederum sind Laub und Totholz auch wertvoller Lebensraum für Tiere.

- Düngungen finden in der Regel nicht statt. Zuviel Stickstoff verleitet eine Pflanze dazu, zuviel weiche Grünmasse und damit einhergehend oft weniger Blüten und Früchte auszubilden. Auch die Krankheitsanfälligkeit steigt bei mastigem Wuchs. (Bitte immer im Auge behalten, daß wir hier vom Ur-Obst® reden!)

- Gleiches gilt für das Wässern, das ebenfalls nach der Anwachsphase eingestellt wird. Das funktioniert beim Ur-Obst®, solange der Standort stimmt. Eine Schwarze Johannisbeere auf einem Trockenstandort wird das freilich nicht schadlos überstehen. Bedenken Sie auch, daß das Wässern den Standort künstlich verändert, was wiederum für die Frage pflanzlicher Mitbewerber wie Beikräuter Folgen hat.

Diese genannten Regeln mögen dem einen oder anderen sehr drastisch vorkommen. Trotzdem sollte man sie nicht aufweichen, aus dem einfachen Grunde, daß der Ur-Obst®-Garten ein systemischer Ansatz ist, bei dem eins vom andern abhängt. Wässern, Düngen, Bodenbearbeitung, Entfernen von Pflanzenteilen sind Eingriffe in ein in sich stimmiges Gefüge, die die Wettbewerbsbedingungen der Pflanzen verändern und die Schwierigkeiten, die man vermeiden will, überhaupt erst schaffen.

Wir können uns das an folgenden Beispielen veranschaulichen: Bei Schlehen oder Rotem Hartriegel möchten viele das Wuchern verhindern und schneiden sie zurück. Der Schnitt aber sendet der Pflanze das Signal, daß sie bedroht sei, und veranlaßt sie zu einer Ausgleichsmaßnahme: Sie treibt in kurzer Zeit zahlreiche Ausläufer. Damit ist genau das Gegenteil dessen bewirkt, was der „Pflegende" beabsichtigt hatte.

Zu den am meisten gefürchteten „Unkräutern" im konventionellen Garten gehören Löwenzahn, Ackerwinde, Acker-Kratzdistel und Quecken. Die erste Art bekommt ideale Bedingungen durch das Düngen und das Offenhalten des Bodens. In eingewachsenen Naturgärten tritt sie, wenn überhaupt, nur ganz vereinzelt auf. Die drei anderen laufen durch Bodenbearbeitung und das hergebrachte Hacken sozusagen zu Höchstform auf. Es ist unmöglich, die Gewächse auf diese Art vollständig zu entfernen, aber jedes kleine Rhizomstück bildet eine neue Pflanze aus. Durch beständiges Hacken oder Umgraben sowie Nährstoffzufuhr durch Düngen bekommen diese Kräutlein dann hervorragende Bedingungen zu massenhafter Vemehrung geboten. Statt der bekannten Wendung „Wir zerstören, was wir lieben", hat sich der konventionelle Gartenbewirtschafter in eine Falle verheddert, die man mit „Wir nähren, was wir fürchten" überschreiben könnte.

Abgefallenes Laub bleibt an Ort und Stelle.

Bei den Ur-Obst®-Pflanzen sind Widerstandskraft und Krankheitsfestigkeit ja kennzeichnende Grundzüge. Die Gewächse werden schon in der Sichtungsphase gänzlich ohne sogenannte Pflanzenschutzmittel gehalten. Sollte eine Sorte dabei nicht befriedigen, wird sie ausgeschieden.

Allerdings müssen wir hier gleich falschen Vorstellungen den Boden entziehen. Krankheitsfestigkeit wird ganzheitlich verstanden. Das bedeutet nicht, daß sich an der Pflanze kein Schadinsekt, Pilz oder sonstiger „Schadorganismus" jemals blicken ließe, sondern daß es eine Koexistenz der Organismen gibt, bei der gewisse Beeinträchtigungsgrenzen nicht überschritten werden. Das Auftauchen von Blattläusen oder eines Blattpilzes ist also beim Ur-Obst® durchaus kein Grund, unruhig zu werden und die Spritze herauszuholen.

Siebenpunkt-Marienkäfer (*Coccinella 7-punctata*)

Wir setzen diese **Beeinträchtigungsgrenze** dort an, wo der Fruchtertrag stark vermindert oder die Pflanze selbst an den Rand des Absterbens gebracht würde. Lassen Sie uns das an einem Beispiel anschauen. Bei Stachelbeeren ist das Ziel nicht, daß an einer Pflanze kein Mehltau auftaucht, sondern daß dieser nicht nennenswert auf die Früchte übergreift oder den Strauch stark schädigt. (Wußten Sie übrigens, daß es Marienkäferarten gibt, die von Mehltau leben?)

Wurzelechte Weinbergspfirsiche gelten als sehr widerstandsfähig gegen die Kräuselkrankheit, die sich im Frühjahr am Laub zeigt. Bei schadgünstiger (feuchter) Witterung können die Blätter durchaus eine Infektion aufweisen, die an dem gefürchteten Kräuseln und Aufbeulen erkennbar ist. Die Krankheit befällt aber in der Regel nur einen Teil der Blätter und verläuft milder, die kranken Blätter werden nach wenigen Wochen abgeworfen und durch einen kräftigen Neuaustrieb ersetzt. Nach etwa sechs bis acht Wochen ist kein Schaden mehr zu erkennen, und der Baum hat die Erkrankung ohne bedrohliche Schädigung oder nennenswerte Beeinträchtigung des Fruchtertrages überstanden.

Wir merken, daß im naturnahen Garten und im Ur-Obst®-Anbau Gelassenheit das oberste Gebot ist. Wir sollten nicht bei jedem Pilzbefall in Angst und Schrecken geraten und auch nicht jeder Raupe oder Blattlauskolonie ihr Futter neiden. Auch die sogenannten Schädlinge gehören zum Lebensgefüge eines solchen Gartens. Das Neben- und Miteinander mit solchen Lebewesen härtet die Obstpflanzen ab und kräftigt sie. Aus der Vitalstofforschung wissen wir sogar, daß die Anwesenheit schädlicher Organismen die Pflanze zur Ausbildung gesunderhaltender Bitterstoffe wie der Salvestrole veranlaßt, was uns dann durch den Genuß der Früchte zugutekommt. Außerdem sind die „Schädlinge" auch Nahrungsgrundlage vieler anderer Tiere, zum Beispiel der Singvögel.

Zum Begriff „Schädlinge" sei noch angemerkt, daß die Tiere oft gar nicht so einfach in unsere Begriffsschubladen passen. Manchmal sind sogar die Grenzen zwischen „Schädlingen" und „Nützlingen" fließend. Der Maulwurf etwa ärgert viele Gartenbesitzer durch seine Erdverwerfungen und vielleicht sogar durch die eine oder andere hinausgeworfene Pflanze.

Andererseits ist er für die Bodenbeschaffenheit nützlich und nährt sich von allerlei Bodengetier, das uns eher unlieb ist, wie zum Beispiel Engerlingen, und erlegt sogar junge Wühlmäuse. Der Ohrwurm oder Ohrenkneifer frißt bisweilen Löcher in die Blätter, ist aber andererseits ein geradezu unentbehrlicher Gegenspieler der Blattläuse.

Gerade für Naturgartenanfänger ist es sehr gut, zu wissen, daß „Schädlinge" oft wellenförmig auftreten. Das bedeutet, mitunter gibt es eine Invasion eines Tieres, wie zum Beispiel der Blattlaus, wonach dann erst in vier bis sechs Wochen der Gegenspieler, wie Marienkäfer oder Schwebfliege, auftaucht. Gerade diese Zwischenzeit stellt die Nerven des Neulings auf eine harte Probe, sollte ihn aber keinesfalls dazu veranlassen, in blindem Aktionismus zur Giftspritze zu greifen.

Sollte trotz allem eine Obstpflanze oder ihr Ertrag von **„Schädlingen"** stark in Mitleidenschaft gezogen werden, so sollten wir **vier mögliche Gründe** in Betracht ziehen:

1. Der **Standort ist falsch** gewählt, so daß die Pflanze sich nicht wohlfühlt und geschwächt ist.

2. Es handelt sich bei dem Gewächs gar **nicht um wirkliches Ur-Obst®**.

3. Der **Schadorganismus ist exotischer Herkunft**, nicht in das Ökosystem eingepaßt, so daß er invasiv wüten kann (Beispiele: Kirschessigfliege, Kastanienkrebs, Feuerbrand). In einem solchen Fall kommt man möglicherweise um zusätzliche (biologische) Schutzmaßnahmen nicht herum.

4. Im Garten herrscht (noch) **kein biologisches Gleichgewicht**. Vielleicht werden die Pflegeempfehlungen für den naturnahen Garten mit Ur-Obst® nicht befolgt oder die Anwesenheit heimischer Arten ist zu gering oder zu eintönig.

Dieser letzte Punkt kann nicht genug betont werden. Der bekannte Satz „Die Mikrobe ist nichts, das Milieu ist alles" gilt nicht nur für den menschlichen Organismus, sondern auch für die Pflanze und ihre Umgebung. Die Pflanze, die durch das natürliche Gefüge der Lebewesen und den natürlichen Nährstoffkreislauf gestärkt ist, läßt sich durch Schadorganismen nicht so leicht umwerfen. Es hat dabei auch seinen Sinn, daß die Zufuhr an Wasser und Nährstoffen auf die natürlichen Niederschläge und die Humusbildung beschränkt ist. Ungeduldiges Gießen und Düngen kann das Gewächs zu unausgewogenem Wachstum verleiten, das viel weiche Masse ausbildet – eine hervorragende Angriffsfläche für Pilze und Insekten.

Zusammengefaßt, nicht unsere Maßnahmen sollten entscheidend sein für Gesundheit und Fortbestand einer Pflanze, sondern deren innewohnende und durch eine gesunde Umgebung verstärkte Widerstandskraft. Aus den oben genannten Gründen ist es auch sehr ungewiß, ob es wirklich einen nennenswerten Nutzen hat, kranke Pflanzenteile wie etwa pilzbefallene Blätter zu entfernen bzw. aufzusammeln. Die Erreger, wie zum Beispiel Pilzsporen, sind sowieso allgegenwärtig, und es ist eben nicht einfach die schiere Menge eines Erregers, der das weitere Schicksal der Pflanze entscheidet. Ausnahmen mag es da durchaus geben, etwa bei nicht alltäglichen oder gar exotischen Schadorganismen.

Auf eine besondere weitere Möglichkeit, Obstgehölze gesund zu erhalten, sei noch hingewiesen, die meines Wissens aber noch nicht gründlich erforscht ist: Die **Nachbarschaft zu bestimmten Kräutern kann** wahrscheinlich gewisse **Krankheiten fernhalten**. Leider muß ich mich auf einige wenige Beispiele beschränken, weil, wie gesagt, diesbezüglich noch vieles der Erprobung harrt.

- Es gibt Begleitpflanzen, die ein Potential zur Fernhaltung von Blattpilzen haben. Dazu

Rainfarn (*Tanacetum vulgare*)

gehört der Rainfarn (*Tanacetum vulgare*), der zur Abwehr von Rostpilzen, zum Beispiel bei Johannisbeeren, versucht werden kann. Einen ähnlichen Einfluß hat der Wermut (*Artemisia absinthium*). Bei beiden Arten muß bedacht werden, daß sie recht stattlich werden können.

- Zwiebelgewächse, zum Beispiel der Schnittlauch, sollen eine gewisse abwehrende Wirkung gegen Mehltau haben. Ich vermute allerdings, daß sich der aggressive Amerikanische Stachelbeer-Mehltau davon nicht allzusehr beeindrucken lassen wird.

- Meerrettich soll die Spitzendürre (Monilia) von Obstbäumen fernhalten.

- Der (nicht heimischen) Kapuzinerkresse werden abwehrende Eigenschaften gegen manche Pilze und tierischen „Schädlinge" nachgesagt.

- Brennesseln sollen eine heilende Wirkung auf viele Obstpflanzen haben.

- Geradezu Legion ist die Zahl der zur Wühlmausabwehr ins Gespräch gebrachten Pflanzen. Wir konnten das bisher bei keinem Kraut bestätigt finden. Kaiserkrone (*Fritillaria imperialis*) und Kreuz-Wolfsmilch (*Euphorbia lathyris*) wurden von den Nagern entweder ignoriert oder sogar einfach aufgefressen. Lohnend wären vielleicht noch Versuche mit Hundszunge (*Cynoglossum officinale*, *C. germanicum*), Steinklee (*Melilotus*) oder Schwarzen Johannisbeeren, deren Geruch Wühlmäuse nicht mögen sollen.

Grundsätzlich haben alle aromatischen Pflanzen ein denkbares Potential zur Abwehr unerwünschter Organismen. Das ist ein weites Feld für eigene Versuche, deren Ergebnisse dann hoffentlich auch anderen zugänglich gemacht werden.

Brennesseln fördern Himbeeren.

EINLEITENDE BEMERKUNGEN

Da dies kein allgemeines Buch über Obstsorten ist, geht es hier bei den einzelnen Obstarten nicht darum, die Vielzahl der jeweiligen Sorten vorzustellen. Wir wissen, daß dazu allein schon beim Apfel ein ganzes Buch kaum ausreicht. Es geht vielmehr darum, jeweils darzustellen, was das Ur-Obst® bei der jeweiligen Obstart leisten kann und welche Herausforderungen und Möglichkeiten sich hier auftun, sowie die jeweiligen Ur-Obst®-Sorten vorzustellen. Vor allem beim Kern- und Steinobst gilt ein besonderes Augenmerk kleinwüchsigen und strauchigen Sorten, die für den Hausgarten vorzüglich geeignet sind. Diese werden wegen ihrer grundsätzlichen Bedeutung auch dann erwähnt, wenn sie noch nicht auf eigener Wurzel verfügbar sind und deswegen eigentlich noch nicht die Bezeichnung Ur-Obst® gänzlich rechtfertigen. Da die Ur-Obst®-Forschung noch in vollem Flusse ist, wird außerdem ein Ausblick auf kommende Etappen der Sortenfindung gegeben.

Bei den Beschreibungen der Sorten ist es wichtig, im Hinterkopf zu behalten, daß viele Ur-Obst®-Varietäten Neufunde sind, für die die beschreibenden Angaben nach und nach erst ermittelt werden müssen.

So kommt es, daß oft nicht alle obstbaulichen Eigenschaften genannt werden können, wie man es aus Büchern über bekannte und eingeführte Sorten kennt. Solche Angaben können zum Beispiel Bestäubungsverhältnisse, genaue Fruchtzeiten, Endwuchshöhe der Gehölze oder die Verarbeitungseigenschaften der Frucht sein. Bis auf wenige Ausnahmen werden nur Sorten vorgestellt, die sich auch für den Rohverzehr eignen.

Jede Obstart, vom Apfel bis zum Beerenobst, hat ihre eigene Ur-Obst®-Geschichte, die oftmals noch nie geschrieben wurde. Hier wird es spannende und oft auch unterhaltsame Einblicke in die Hintergründe geben.

ÄPFEL

Allgemeines zur Obstart

Äpfel sind immer schon eine sehr beliebte Obstart gewesen. Die Bäume zeichnen sich durch eine große Anpassungsfähigkeit an Standort und Klima aus und gedeihen auch in rauheren Gegenden. Die Früchte der verschiedenen Sorten reifen über einen längeren Zeitraum und sind wohl das am besten lagerbare Obst überhaupt.

Der europäische Apfel ist genetisch sehr vielfältig, was sich in einer unübersehbaren Zahl von Sorten spiegelt. Das kommt wahrscheinlich auch daher, daß die Art *Malus domestica* wohl hybridogen ist, das heißt, daß sie die Einflüsse verschiedener ursprünglicher botanischer Arten aufweist.

Der Apfel genießt seit undenklichen Zeiten geradezu kultische Verehrung. Im Anklang daran möchte ich an dieser Stelle das würdige alte Wort „Affolter" einführen, das den Apfelbaum bzw. -strauch bezeichnet und sich noch in manchen Mundarten, Orts- und Flurbezeichnungen erhalten hat. Dieses Wort hat auch den Vorteil, daß es im Gegensatz zu „Apfelbaum" die Pflanze nicht auf eine bestimmte Wuchsform festlegt, sondern auch die natürliche Wuchsgestalt dieser Pflanze einschließt. So hilft uns dieses Wort vielleicht dabei, uns bezüglich des Ur-Obstes® von den inneren Bildern der Hochstämme auf einer Streuobstwiese zu lösen und für den neuen Ansatz offen zu werden.

Affolter werden sich wohl in jedem Obstgarten finden, und es gibt wohl kaum einen Garten, der für diese Pflanze keinen geeigneten Standort böte. Auch in Bezug auf gärtnerische Einbindung und Vergesellschaftung ist der Affolter sehr vielseitig. Manche mögen einen klassischen Hochstamm-Apfelbaum als Blickfang, Schattenbaum oder zum Daruntersitzen. Der Hochstamm ist zwar eigentlich kein Ur-Obst®, aber man kann wenigstens eine alte oder urtümliche, vielleicht auch landschaftliche, widerstandsfähige Sorte wählen oder gar in diesem Ausnahmefall einen wurzelechten Affolter allmählich zum Hochstamm „erziehen".

Eine sehr schöne Möglichkeit ist es, einen bis unten beasteten Affolter als Solitärgehölz und Blickfang einzusetzen, zum Beispiel auf der Rasen- bzw. Wiesenfläche, nicht nur zur Blütezeit ein eindrucksvoller Anblick.

In der Landschaft wachsen wilde Affolter oft in Hecken. Das zeigt uns, daß ein Apfelgehölz auch hervorragend in eine Obsthecke paßt. Auf die Möglichkeit schmaler schnittfreier Hecken mit Säulenäpfeln wurde oben schon hingewiesen.

Immer müssen wir bedenken, daß fast alle Äpfel Fremdbestäubung durch eine andere Sorte benötigen. Diese Hürde relativiert sich aber dadurch, daß Apfelbäume weit verbreitet sind und einige hundert Meter als Abstand zum Bestäuber schon ausreichen.

Krankheiten spielen bei Ur-Obst®-Äpfeln in artenreicher Pflanzung nach unseren Beobachtungen keine ernste Rolle. Mehltaubefall nehmen wir hin, da er in der Regel nur einzelne Zweige vorübergehend betrifft. Schorf tritt nur bei Apfelsorten auf, die dafür empfänglich sind, und zeigt an, daß das Kleinklima für diese Sorte zu feucht ist. Bei Ur-Obst®-Äpfeln haben wir bislang keinen nennenswerten Schorfbefall beobachtet.

Mögliche Quellen für Ur-Obst®-Äpfel gibt es reichlich. Zum einen sind da die vielen alten landschaftlichen Sorten, die klimatisch gut angepaßt sind und die zudem ein genetisches Füllhorn möglicher Resistenzen und anderer erstrebenswerter Eigenschaften darstellen. In diesem Schatz finden sich beispielsweise auch die für das Ur-Obst® so wichtigen steckholzvermehrbaren Sorten. Die aus einem begrenzten Gebiet in Norddeutschland stammende 'Kleine Graue Renette' ist dafür ein gutes Beispiel.

Eine weitere Quelle sind die unaufhörlich weiter entstehenden (solange die Landschaft nicht gänzlich ausgeräumt ist) sogenannten Zufallssämlinge, die wir in Hecken, an Weg- und Straßenrändern sowie auf Bahndämmen finden. Sie sind besonders wertvoll, weil sie zeigen, wie sich die jeweilige Ausprägung ohne menschlichen Einfluß verhält. Sie sind besonders widerstandsfähig, weil sie sich allein aus eigener Kraft entwickeln und durchsetzen sowie gegen Krankheiten behaupten mußten. Im Grunde müssen sie die Widerstandseigenschaften eines Wildgehölzes besitzen. Die Größe der Früchte und die Geschmackseigenschaften sind bei diesen Zufallssämlingen erstaunlich oft sehr gut.

Bleibt als denkbare Quelle der heimische Wild- oder Holzapfel (*Malus silvestris*). Im Regelfalle sind die Früchte aber holzig und zusammenziehend, so daß diese Art von einer Rohverzehrsnutzung weit entfernt ist. Lediglich zwei Ur-Obst®-fähige Formen sind bisher bekanntgeworden, die wahrscheinlich schon mittelalterliche Sorte *Malus silvestris* 'Plena' und ein Wildfund vom Berge Geising in Sachsen.

Forschungsrichtungen

An erwünschten **Auslesezielen** für Ur-Obst®-Äpfel stechen vor allem zwei hervor:

- die Vermehrbarkeit auf eigener Wurzel und
- gedrungener strauchiger oder gar zwergiger Wuchs wegen der Eignung für Obsthecken und beengte Stadtgärten.

Wie schon erwähnt, gilt die wurzelechte Vermehrung beim Kernobst (abgesehen von der für Unterlagensorten) als sehr schwierig bis unmöglich. Im älteren (vor allem englischen) Schrifttum wird allerdings von Sorten berichtet, die hergebrachterweise mit Steckholz vermehrt wurden oder deren wurzelechte Vermehrbarkeit zumindest bekannt war. Etwa ein halbes Dutzend Sorten ist uns aus diesem Bereich bekanntgeworden. Die meisten davon haben wir bei uns versuchsweise angepflanzt.

Weiters ist diese gesuchte Eigenschaft von mittelalterlichen Apfelsorten berichtet worden. Genannt seien hier der 'Hohenheimer Schmelzling', der 'Graue Kurzstiel' und der sogenannte 'Feigenapfel'. Hier können wir das bislang nicht durch eigene Ergebnisse bestätigen.

Immer wieder bekommen wir auch durch aufmerksame Obstvermehrer oder Naturfreunde Hinweise auf Apfelsorten mit leicht bewurzelbaren Zweigen. Auf diese Art erlangten der 'Weiße Winterkalvill', die 'Kleine Graue Renette', der 'Rote Trierer Weinapfel' und der 'Rote Tafelapfel Rügen' unsere Aufmerksamkeit.

Schon Passecker hat beobachtet, daß sogenannte juvenile Klone, also erst jüngst entstandene Typen, leichter steckholzvermehrbar sind als die alten. Das bedeutet, daß zum Beispiel neu entstandene Zufallssämlinge diesbezüglich ein gewisses Potential haben müssen. Wir können das aus eigener Anschauung beispielsweise für das 'Apfelberger Zuckeräpfelchen' bestätigen.

Bemerkenswerterweise lassen sich steckholzvermehrbare Apfelsorten oft auch über Wurzelabrisse vermehren. Das ist zum Beispiel eindeutig beim 'Roten Tafelapfel Rügen' der Fall.

Ein außerordentlich spannendes Kapitel ist die Frage der sortenechten Vermehrung aus Samen, die ja für die Sortenvitalität besonders verheißungsvoll ist und außerdem eine einfache Vermehrung in großen Stückzahlen ermöglichte. Die konventionellen Fachleute pflegen darauf hinzuweisen, daß eine sortenechte Samenvermehrung beim Kernobst ganz unmöglich sei, erstens weil unser Kulturapfel genetisch so komplex ist (siehe oben) und zweitens weil die notwendige Fremdbestäubung durch eine andere Sorte zwangsläufig andere Gene eintrage. In der Tat liefert eine Aussaat von Äpfeln oder Birnen in der Regel recht vielgestaltige Nachkommen, auch was die Früchte angeht.

Allerdings bedenken diese Fachleute einen Sachverhalt nicht. Bei den Rosengewächsen, insbesondere bei den apfelartigen, ist die sogenannte Apomixis eine durchaus gängige Erscheinung. Da dies hier kein Lehrbuch der Pflanzengenetik ist, beschränke ich mich auf die Erläuterung, daß die Apomixis Nachkommen ergibt, die mit der Mutter genetisch deckungsgleich sind. Wir wissen mittlerweile, daß etwa die Sorte 'Croncels' zumindest teilapomiktisch ist, und auch von gewissen russischen Sorten ist Apomixis bekannt.

Das erweist nun, daß eine sortenechte Samenvermehrung bei Äpfeln durchaus denkbar ist. Wir führen eine solche bei einer Sorte bereits erfolgreich durch. Weitere sind in der Erprobung, was allerdings dadurch sehr erschwert wird, daß wir nicht genug Auspflanzungsflächen haben. Der berühmte russische Obstzüchter Mitschurin erwähnt schon etwa ein halbes Dutzend Apfelsorten, die mehr oder minder echt aus Samen fallen sollen, darunter 'Goldparmäne' und 'Kandil Sinap'.

Es bleibt also die Aufgabe, nach wurzelecht und vor allem samenecht vermehrbaren Apfelsorten Ausschau zu halten. Dabei werden Aussaatversuche und die sorgfältige Beobachtung gleichförmiger Populationen verwilderter Kulturäpfel eine große Rolle spielen.

Die Findung strauchig-kleinwüchsiger Apfelsorten ist, wie gesagt, angesichts der Bedürfnisse von Gartenbesitzern und wegen der Heckentauglichkeit ebenfalls als sehr wichtig zu veranschlagen. Es scheint bei den Äpfeln eine Fülle solcher kleinwüchsigen Formen zu geben. Unser Leitmaßstab dabei ist, daß die Sträucher schnittfrei nicht höher als 3 m werden sollten, gerne weniger. So passen die Affolter auch gut in Mittelstrauchhecken. Es gibt bei diesen Sorten allerdings noch einen großen Sichtungs- und Erprobungsbedarf.

Bislang arbeiten wir in diesem Bereich noch mit neueren Züchtungen wie 'Alkmene Spur Linus' (S) und 'Mini-Cox' (R), aber auch mit älteren Sorten wie 'Wagenerapfel' und 'Prinz Albrecht von Preußen'. Daneben gibt es aber auch einen beträchtlichen Schatz etwa osteuropäischer und englischer Sorten, der noch gesichtet werden muß.

Sorten

'Apfelberger Zuckeräpfelchen'

Diese Sorte ist ein Wildfund aus dem Taubergau. Die Pflanze fiel dort auf, weil sie mit strauchigem Wuchs gesund und mit einer Fülle makelloser leuchtend roter Früchte in einer Hecke wuchs. Die Früchte sind etwas ganz Besonderes und zeigen auch die Wildpflanzenqualität der Sorte. Das weiße, mit roten Adern durchzogene Fruchtfleisch ist süß, saftig und aromatisch, die rote Schale fügt eine herbe Note hinzu. Diese Herbe deutet auf einen beachtlichen Gehalt an Bitterstoffen hin, von deren Bedeutung für die menschliche Gesundheit wir schon sprachen und die wahrscheinlich auch dafür verantwortlich sind, daß die Früchte nach unserer Beobachtung trotz Verzicht auf „Pflanzenschutz" noch nie von Schädlingen befallen wurden.

Die Früchte schmecken sehr gut frisch vom Baum. Sie reifen im September. Ihre Lagerbarkeit wurde noch nicht erprobt.

Die Sorte ist schon seit längerem auf eigener Wurzel verfügbar. In der Versuchsaufpflanzung haben wir nie einen Schädlingsbefall beobachtet, mit Ausnahme eines teilweisen Befalles durch eine Lausart in einem Jahr kurz nach der Pflanzung, der von selbst wieder verschwand.

'Apfelberger Zuckeräpfelchen'

'Lettischer Zuckerapfel'

Diese Sorte fiel uns auf, weil sie in Livland wurzelecht in Hausgärten angepflanzt wird. Nach Auskunft der Einheimischen wird sie traditionell aus Samen gezogen. Das erregte selblich unser Interesse, weil diese Möglichkeit ja allgemein bestritten wird. Tatsächlich fanden wir die behauptete Erbfestigkeit bei unseren Sämlingen bestätigt, die übereinstimmenden Wuchs, gleiche Früchte mit gleicher Reifezeit aufwiesen.

Die kleinen bis mittelgroßen Früchte reifen im Spätsommer bzw. September, sind leuchtend rot und gelb, knackig mit süßem und aromatischem Geschmack – ein wunderbarer Apfel (nicht nur) für Kinder.

Die Bäume können schätzungsweise 6–7 m hoch werden. Sie sind bei uns an einem offenen steilen Nordosthang mit äußerst nährstoff-

'Wildapfel Geising' mit Herbstfärbung

'Lettischer Zuckerapfel'

'Holsteiner Splittapfel'

'Wildapfel Geising'

'Prinz Albrecht von Preußen'

'Sugar Bush'

Malus silvestris 'Plena'

'Devonshire Quarrenden'

'Orbai Alma'

armem Rohboden angepflanzt und gedeihen dort – ohne jede Bewässerung – ganz wacker. Auch in Kübeln haben wir Sämlinge, die sich dort schon zehn Jahre halten (allerdings zum Teil ins Erdreich durchgewachsen) und nach einigen Jahren auch gute Früchte ansetzen.

'Holsteiner Splittapfel'

Es handelt sich um eine sehr anspruchslose wurzelechte Sorte. Die Früchte sind groß und reifen ungefähr im September. Das Fruchtfleisch ist mild und recht süß, neigt allerdings zum Trockenwerden, so daß die Früchte nicht zum Lagern geeignet sind.

'Kleine Graue Renette'

Diese Renette ist eine landschaftliche Sorte aus Norddeutschland, die durch Steckhölzer oder Abrisse vermehrt werden kann. Die Bäume/Sträucher werden nur etwa 3 m hoch und sind von geradezu unverwüstlicher Gesundheit. Die Früchte sind klein bis mittelgroß, rötlich-gelb, süß und aromatisch und reifen im Oktober bis November. Sie sind über einige Monate lagerbar.

'Wildapfel Geising'

Dieser Typ stammt aus der Obstgenbank in Dresden-Pillnitz und wurde auf dem gleichnamigen sächsischen Berg gefunden. Dieser Apfel ist eine große Besonderheit, denn Obstsorten aus dem heimischen Wildapfel *Malus silvestris* gibt es so gut wie nicht. Bei einer Obstexkursion nach Pillnitz, wo wir unter anderem die dort zahlreich angepflanzten Wildapfeltypen verkosteten, fiel uns dieser Baum durch seine schmackhaften Früchte auf, während doch fast alle anderen Wildäpfel schier ungenießbar waren.

Seine Eigenschaft als Wildfrucht erwies er auch durch ein gewisses körperliches Wohlgefühl, das sich nach dem Genuß bei uns einstellte.

Der Affolter hat die kennzeichnenden dunkelgrünen, unbehaarten Blätter des Holzapfels. Die Früchte sind allerdings im Gegensatz zu diesem feinzellig (nicht holzig) und haben einen angenehmen Geschmack. Dieser bringt ein ganz neues Gaumenerlebnis im Vergleich zu den bekannten Kulturäpfeln. Die Früchte haben wenig Säure, sondern einen besonderen herbsüßen Geschmack mit der typischen bergamotteähnlichen Note des Wildapfels.

Die Frucht ist grün und mittelgroß und reift im Oktober. Lagereigenschaften sind bislang nicht untersucht.

'Wagenerapfel'

Diese Sorte entstand im 19. Jahrhundert in Amerika aus europäischen Äpfeln. Sie ist bei uns als gedrungenerer Strauch-Apfel in der Erprobung.

Die Früchte sind gelb mit streifig rotem Überzug, etwas flach gebaut, mit gelblichem mildsäuerlich-süßem Fruchtfleisch. Dieses ist sehr saftig und aromatisch, so daß die Sorte ein ausgezeichneter Tafelapfel ist. Die Äpfel reifen im November und sind lagerbar bis Ende Februar.

'Prinz Albrecht von Preußen'

Auch diese widerstandsfähige Sorte aus dem 19. Jahrhundert ist in Sachen mäßiger Strauchwuchs in der Erprobung.

Die Früchte werden in der Reife leuchtend rot, sind mittelgroß bis groß und von sehr angenehmem, süß-säuerlichem, aromatischem Geschmack. Sie reifen im Oktober bis November. Die Sorte besitzt eine gute Frosthärte.

'Sugar Bush'

Dies ist eine alte und sehr seltene englische Sorte. Sie hat eine beachtliche Widerstandskraft gegen Schädlinge und als Besonderheit scheint sie geeignet für Steckholzvermehrung zu sein. Sie hat außergewöhnlich große Blüten, die süß duften. Der Wuchs des Affolters scheint allerdings nicht so mäßig zu sein, wie der Sortenname nahelegt.

Die Früchte sind groß und haben ein süßes, saftiges, weiches Fruchtfleisch. Die Sorte ist gut zur Saftgewinnung geeignet, aber auch als Tafelapfel. Die Früchte reifen im September und sind wohl nicht lagerbar.

Malus silvestris 'Plena'

Dies ist eine andere Sorte, die auf den heimischen Wildapfel zurückgeführt wird. Sie be-

Malus silvestris 'Plena'

'Alkmene Spur Linus'

'Mini-Cox'

'Golden Knob'

sitzt ein hohes Alter, reicht vielleicht in graue Vorzeit. Sie ist heute sehr selten, aber hat Eigenschaften, die sie für heutige Gärten und als Ur-Obst® sehr geeignet erscheinen lassen. Außerdem wird ihr nachgesagt, daß sie aus Samen einigermaßen gleichförmig falle.

Als zierende Besonderheit hat die Sorte leicht gefüllte Blüten, die in der Knospe blaßrot sind und im Aufblühen weiß werden. Die Früchte sind klein (4 cm Durchmesser), gelbrot und von süßem, leckerem Geschmack. Sie reifen im Herbst.

Die Pflanzen werden ungefähr 5 m hoch und können ebenso breit werden.

'Devonshire Quarrenden'

Dieser Apfel ist schon für das 17. Jahrhundert nachgewiesen. Die Sorte hat einige bestrickende Eigenschaften. Zum Beispiel scheint sie recht gut über Steckhölzer vermehrt werden zu können. Weiters ist sie offenbar von strotzender Gesundheit und Vitalität. Obendrein bildet sie einen niedrigeren Strauch oder Baum. Sie eignet sich deshalb wohl gut für Obsthecken.

Die Früchte sind mittelgroß, dunkelrot mit weißem Fruchtfleisch. Sie sind süß mit ausreichender Säure und haben eine leichte weinige Erdbeernote. Reifezeit ist August.

'Orbai Alma' ('Orbai-Apfel')

Diese Apfelsorte ist nach unserer Erfahrung von schier unverwüstlicher Gesundheit, Frosthärte und Anspruchslosigkeit. Der Apfel gedeiht bei uns seit Jahren auch im Kübel und hat dort ungeschützt schon Fröste von –25 °C überlebt, die fast alle anderen Äpfel in Kübeln dahingerafft haben. Auch in der schon erwähnten Extremlage auf dem Nordosthang mit Rohboden gedeiht er ohne Schwierigkeiten. Zu den Vorzügen des 'Orbai Alma' gehört des weiteren seine Vermehrbarkeit aus Steckholz und Wurzeltrieben. Die Früchte sind mittelgroß, knackig und saftig, mit reichlich Zucker und Säure. Sie reifen ungefähr im Oktober und sind lagerbar bis Dezember.

Als wichtige kleinwüchsige Strauch-Äpfel sind noch 'Alkmene Spur Linus' (S) und 'Mini-Cox' (R) anzusprechen, die zwar nicht eigentlich zum Ur-Obst® gehören, aber in der Kultur bei uns bislang problemlos sind.

'Alkmene Spur Linus' (S)

Dieser Strauch-Apfel ist sozusagen eine kleinwüchsige Ausgabe von 'Alkmene'. Ihre gelbroten, wohlschmeckend-aromatischen Früchte reifen im September und halten sich bis November.

'Mini-Cox' (R)

Diese Sorte ist einer der kleinsten Affolter, da er nur ungefähr 1,50 m hoch wird – also ein Apfel für kleinste Gärten und für den Kübel. Die mittelgroßen roten Früchte mit süß-würzigem Geschmack reifen im September oder Oktober.

Zum Abschluß dieser Sortenübersicht möchte ich mit aller Vorsicht noch etwas zur Frage der Apfel-Allergiker sagen. Die Apfel-Allergien werden in der Regel von neueren (damit meine ich die nicht „uralten") Apfelsorten ausgelöst. Da diese meist aus Weiterkreuzung der schon üblichen Sorten gezüchtet wurden, werden vorhandene Allergene immer weitergetragen, vielleicht sogar verstärkt. Daraus ergibt sich, daß Apfeltypen, die weitab von den vorherrschenden genetischen Zuchtlinien liegen, das Potential der Verträglichkeit für Apfel-Allergiker haben. Das müßte in besonderem Maße für den Holzapfel (*Malus silvestris*) und seine Kultursorten gelten.
Die Vermutung der Verträglichkeit urtümlicher Sorten wird punktuell durch eigene Beobachtungen bestätigt. Zwar scheint es noch keine umfassenden Untersuchungen zu geben, aber beispielsweise eine Umfrage des BUND Lemgo, bei der übrigens 'Prinz Albrecht von Preußen' hervorragend abgeschnitten hat (Stand 2013).

Künftige Entwicklungen

Immerhin ist zur Zeit schon ungefähr ein halbes Dutzend Apfelsorten wurzelecht verfügbar. Das ist ein gewaltiger Fortschritt im Vergleich zu den Anfangszeiten des Ur-Obst®-Projektes. Trotzdem ist es eine bleibende Aufgabe, bei dieser so bedeutenden Obstart noch mehr Sorten auf eigener Wurzel anbieten zu können, um noch mehr Bedürfnisse ansprechen zu können. Es gibt viele alte oder urtümliche Sorten, die sehr verlockend in dieser Hinsicht sind. Abgesehen von den oben genannten Sorten denke ich dabei beispielsweise an 'Golden Knob', ein Wunder an Vitalität und Gesund-

'Golden Knob'

heit, dessen reich gezeitigte Früchte bei vielen Besuchern Begeisterung auslösen und der gut allergikerverträglich zu sein scheint.

Von manchen Sorten wird die Vermehrbarkeit über Steckholz berichtet, die aber noch geprüft werden muß. Dazu gehört beispielsweise die russische Sorte 'Kalvill Donecki'.

Mangel herrscht derzeit in Sachen wurzelechte kleinwüchsige Strauchsorten. Zwar sind jetzt schon viele kleinwüchsige Sorten bekannt und großteils auch bei uns aufgepflanzt, aber der Sprung auf die eigene Wurzel ist noch nicht gelungen. Hier ist besonders die Suche nach steckholzvermehrbaren Typen angesagt.

Nachdem erwiesen ist, daß es grundsätzlich samenechte Apfelsorten gibt, ist der Weg offen für weitere Aussaatversuche bei aussichtsreichen Sorten. Wir beobachten bereits Sämlinge der 'Goldparmäne' und sind sehr gespannt auf die Ergebnisse. Weiters sind Aussaatversuche beabsichtigt mit 'Kandil Sinap' und dem apomiktischen 'Kowalenkowskoje'.

Leider braucht man bei den Aussaatversuchen mit Kernobst einen langen Atem, weil man möglicherweise zehn Jahre warten muß, bis die Ergebnisse durch Fruchtansatz bei den Sämlingen sichtbar werden. Andererseits ist die Vermehrung durch Aussaat bezüglich Pflanzengesundheit und Biodiversität ein so verheißungsvoller Weg, daß er die Mühen lohnt.

BIRNEN

Allgemeines zur Obstart

Die Birnen sind ganz zu Unrecht in den letzten 100 Jahren mehr in den Hintergrund gerückt. Das Sortensterben ist bei ihnen auch viel dramatischer als bei den Äpfeln. Dabei sind Birnen ein wirklich köstliches Obst, das gerade für Menschen sehr bekömmlich ist, die nicht viel Säure mögen oder vertragen. Der Gesichtspunkt, der für die Äpfel spricht, nämlich daß diese Obstart Früchte für ein Dreiviertel des Jahres liefern kann, läßt sich zum Teil auch für die Birnen geltend machen. Neben den süßen Sommerbirnen gibt es auch zahlreiche Herbst- und Winterbirnen. Vor allem letztere lassen sich zum Großteil auch lagern, wochenlang, im Kühllager auch Monate.

Allerdings gelten die Birnen als etwas anspruchsvoller als Äpfel. Das bezieht sich besonders auf ihre Wärmeansprüche. In rauheren Lagen besteht die Gefahr, daß insbesondere die spätreifenden Birnensorten Aroma, Süße und Wohlgeschmack nicht ausreichend ausbilden können. Da die Birnen früher als die Äpfel blühen, sind sie auch eher spätfrostgefährdet. Jedoch sind in der Sortenvielfalt der Birne auch Formen zu finden, die an kälteres Klima angepaßt sind. Das gilt besonders für in Deutschland, und nicht in Westeuropa, entstandene Sorten, wie etwa die Muskatellerbirnen.

Hinsichtlich möglicher Krankheiten sind vor allem zwei zu nennen, die die Birne stärker oder ausschließlich betreffen. Zum einen wird ihnen eine größere Anfälligkeit für den Feuerbrand zugeschrieben (aus Amerika eingeschleppte Bakterienkrankheit), wobei diese Obstart auch Resistenzen ausbilden kann. Zum anderen ist hier der Birnengitterrost zu nennen, der auffällige kresse (orangefarbene) Flecken und Pusteln auf den Blättern verursacht. Für das Ur-Obst® ist entscheidend, daß der Pilz nicht auf das Holz oder auf die Früchte übergeht. Der, mehr oder minder mäßige, Befall der Blätter ist hinzunehmen. Es sei bemerkt, daß dieser Rostpilz Wacholderarten (meist exotische) als Zwischenwirt braucht. Der heimische Heide-Wacholder (*Juniperus communis*) gilt nicht als Zwischenwirt.

Es ist erkennbar, daß es Birnensorten mit stärkerer Widerstandskraft gegen den Birnengitterrost gibt. Hier gibt es noch großen Forschungsbedarf (siehe auch den nächsten Abschnitt). Bemerkenswert ist, daß die Hahnbuttenbirnen, Gattungskreuzungen zwischen Birne und Mehlbeere (*Sorbus aria*), gefeit gegen diesen Pilz sind.

Die Befruchtungsverhältnisse bei der Birne sind ähnlich wie die beim Apfel. Das heißt, daß die allermeisten Bestäubung durch eine andere Sorte brauchen, um Früchte ausbilden zu können. Einigen Sorten wie 'Williams Christ' und 'Conference' wird zumeist teilweise Selbstfruchtbarkeit nachgesagt. Einzelne Sorten sind jungfernfrüchtig (parthenokarp). Sie können ohne Fremdbestäubung Früchte ausbilden, die aber kernlos sind. Hierzu gehört zum Beispiel die estnische Sorte 'Pepi'.

An dieser Stelle sei noch eine wichtige Auskunft für Obstbauanfänger gegeben. Diese wollen oft wissen, wann sie denn von ihren neu gepflanzten Bäumen oder Sträuchern die **ersten Früchte** ernten können. Der Zeitpunkt des ersten Fruchtens läßt sich in der Regel nicht mit völliger Sicherheit vorhersagen. Es gibt Faustregeln, die annähernde Vorhersagen ermöglichen und die sowohl für die Birnen als auch für die Äpfel gelten.
Veredelte (d. h. auf fremder Unterlage wachsende) Pflanzen fruchten am schnellsten, weil hier schon entsprechend fortgeschrittene Reiser auf die Unterlage aufgepfropft werden. Nach ein bis drei Jahren ist hier mit ersten Früchten zu rechnen. Vegetativ vermehrte Pflanzen (zum Beispiel durch Steckholz, Absenker oder Wurzelrißlinge) sind schwieriger einzuschätzen und brauchen wahrscheinlich etwas länger. Noch schwerer vorherzusagen ist der Erstertrag bei meristemvermehrten (durch Zellkultur) Pflanzen. Immerhin sehen wir in unserer Baumschule, wie wenige Jahre alte meristemvermehrte 'Williams Christ' schon stattliche Birnen tragen.
Am längsten brauchen Sämlinge bis zum ersten Ertrag. Beim Kernobst ist hier die Zeitspanne noch länger als beim Steinobst. Mit irgendetwas zwischen fünf und zehn Jahren ist zu rechnen. Das ist allerdings vom Zeitpunkt der Vermehrung ab gerechnet, so daß sich die Spanne bei älteren Pflanzen entsprechend verkürzt. Wenn man es nicht besonders eilig hat, sollte man sich aber wegen der Vorzüge samenvermehrter Pflanzen hierdurch nicht abschrecken lassen.
Ein weiterer Gesichtspunkt muß um der Neulinge willen noch erwähnt werden. Beim Kernobst (wie auch beim Steinobst) ist der erste Blust (Blüte) noch nicht zwingend verbunden mit dem ersten Fruchtertrag. Oft brauchen Pflanzen noch ein bis drei Jahre, bis sie so stark sind, daß dem Blust auch die Ausbildung von Früchten folgen kann.

Birnen lassen sich auf vielfältige Art in den Ur-Obst®-Garten einbeziehen. Sie können ähnlich wie die Affolter als Einzelbäume eingesetzt werden, als einzelstehende große Sträucher, die so auch ihre schönheitlichen Reize wie die herrlichen Blüten und die oft eindrucksvolle herbstliche Laubfärbung zur Geltung bringen können, sowie als Teil von Obsthecken, wenn es sich um strauchige Sorten handelt. Wenn ausreichend Platz vorhanden ist, sollten von vornherein mindestens zwei verschiedene Sorten eingeplant werden.

Wer im Weinbauklima zu Hause ist, kann alle verfügbaren Sorten verwenden. Die anderen müssen sich eher an Birnensorten ausrichten, die auch mit kühleren Klimaten zurechtkommen.

Vor allem in wenig klimabegünstigten Gebieten ist es oft üblich, Birnen am Spalier zu ziehen. Es leuchtet wohl ein, daß dies jedenfalls kein Ur-Obst®-gemäßer Anbau ist, weil die Pflanze dafür sehr stark manipuliert werden muß. Sollte ein Birnenspalier aus Platzgründen erwogen werden, sollte man alternativ an strauchig kultivierte gedrungene Sorten wie 'Helenchen' oder 'Clairgeaus Butterbirne' denken.

Auch bei den Birnen kann die Ur-Obst®-Suche aus verschiedenen Quellen schöpfen.

Eine davon sind die schon erwähnten alten in Deutschland entstandenen Sorten, die eine größere Widerstandsfähigkeit vor allem in klimatischer Hinsicht aufweisen. In diesen Kreis gehören auch die zahlreichen meist landschaftlichen Sorten von Most- und Brennbirnen. Die letzteren haben in den letzten Jahren einen Wiederaufschwung wegen der Herstellung von Obstbränden genommen. Gartenbaulich betrachtet haben diese Sorten allerdings den Nachteil, daß sie meist große bis sogar eichenstarke Bäume bilden.

Wie bei den Äpfeln sind auch bei den Birnen Wildfunde, die als Zufallssämlinge gewachsen sind, von großem Interesse. Solche Birnenwildlinge sind leider wesentlich seltener als ihre Gegenstücke bei den Äpfeln. Immerhin haben wir beispielsweise in der Südrhön in der Nähe von Ostheim etliche verheißungsvolle Wildfunde gemacht.

Eine besondere Gruppe bilden die zahlreichen Übergangsformen und Blendlinge (Bastarde) mit der Holzbirne (*Pirus piraster,* synonym *Pyrus pyraster*). Sie werden botanisch als *Pyrus* x *amphigenea* zusammengefaßt. Die Gene der Holzbirne lassen dabei eine Zunahme der Widerstandskräfte und Naturanpassung erwarten. Es gibt unter diesen Fund-Birnen durchaus solche mit schmackhaften Früchten.

Ein Gebiet mit großer botanischer Birnenvielfalt ist das östliche Österreich. Von dort sind einige noch unzureichend erforschte Birnenarten beschrieben, namentlich die Schnee-Birne (*Pirus* syn. *Pyrus nivalis*), die Salbeiblättrige Birne (*P. salviifolia*) und die Österreichische Birne (*P. austriaca*). Typen aus diesem Formenkreis werden schon herkömmlicherweise als Mostbirnen und Unterlagen genutzt. In diesem Umfeld sind gewiß noch Ur-Obst®-Schätze zu heben.

Von der Schnee-Birne ist in jüngerer Zeit eine Sorte in den Handel gekommen ('Catalia'), die als Zierpflanze gedacht ist, aber auch eßbare Früchte haben soll.

Von der Birne gibt es etliche Gattungsbastarde, die oft auch als Ur-Obst® in Frage kommen. Von den Hahnbuttenbirnen (X *Sorbopyrus*) war oben schon die Rede. Erwähnenswert ist auch die Quittenbirne (X *Pyronia*). X *Pyronia* *veitchii* soll ungefähr 5 m hoch werden und recht große grüne, wohlschmeckende Früchte haben. Bemerkenswerterweise ist sie offensichtlich stecklingsvermehrbar.

Wildbirne Walferdingen am Fundort

Forschungsrichtungen

Bei den Birnen gibt es hauptsächlich **drei Zielrichtungen** für die weitere Ur-Obst®-Entwicklung. Es geht dabei um

- wurzelechte Sorten,
- Widerstandsfähigkeit gegen den Birnengitterrost und
- strauchig-kleinwüchsige Sorten.

Die Frage der wurzelechten Vermehrbarkeit liegt bei den Birnen noch weit mehr im Dunkeln als bei den Äpfeln. Wir selber haben dabei noch keinen Durchbruch erzielen können. Nur in einem Falle ist es uns gelungen, bei einer halbwilden eßbaren Birne, den Anleitungen Passeckers folgend, einen Basistrieb aus Bodennähe erfolgreich zu bewurzeln. Die bislang angebotenen wurzelechten Birnensorten beruhen auf Zellkultur (Meristemvermehrung).

Für weitere Versuche mit Steckholzvermehrung kann man sich beispielsweise auf neu entstandene Sämlingstypen (wilde Zufallssämlinge oder neue Sorten) konzentrieren, die bewurzelungsgünstiges juveniles Reisermaterial bieten. Im übrigen gibt es vereinzelte Meldungen, denen man nachgehen kann. So wurde einmal in Wien zufällig beobachtet, daß sich ein Zweig der Sorte 'Herzogin von Angoulême' bewurzelte. Entsprechendes wird von der 'Guten Luise' berichtet, wie Prof. Jakob aus Geisenheim mitteilte.

Über samenechte Birnensorten ist noch weniger bekannt. Von der alten böhmischen Sorte 'Solaner' und von der 'Vollmerschen Graubirne' heißt es, ihre Sämlinge fielen ziemlich konstant aus.

Hoffnung macht, daß manche Birnentypen Ausläufer bilden, die man dann für eine wurzelechte Vermehrung nutzen könnte. Allerdings müßte man dazu erst einmal eine wurzelechte Ausgangspflanze haben. Schon Mitschurin hat Birnen, wie die Bergamotten, über Wurzeltriebe vermehrt. Ohnehin empfiehlt er die Bergamotten für Steckholzvermehrung und auch Aussaat, die recht konstant ausfallen soll.

Was die Widerstandskraft gegen den Birnengitterrost betrifft, so gibt es offensichtlich Unterschiede bei den Birnensorten, die auf Verbesserungen hoffen lassen. Ein Schlüsselerlebnis für uns war diesbezüglich die Entdeckung eines aufgegebenen und verwilderten Obststückes am Untermain, wo sich auch Birnbäume befanden, deren Veredelungsunterlagen zum Teil schon durchwuchsen. Der Birnenbestand war allgemein stark vom Gitterrost befallen. Jedoch fiel uns ein Baum auf, der als einziger wenig Anzeichen von Rostbefall hatte. Bei ihm war die Veredelungsunterlage schon kräftig durchgewachsen. Das Bemerkenswerte war nun, daß die Blätter der Unterlage den gleichen starken Rostbefall wie die übrigen Birnbäume hatten, die aufgepfropfte Sorte allerdings auffallend weniger. Dieser augenfällige Unterschied am selben Baum machte schlagartig deutlich, daß es offenbar Resistenzen in den heimischen Birnensorten gibt. Die betreffende Sorte konnte bislang nicht bestimmt werden. Möglicherweise handelt es sich um eine landschaftliche Mostbirne. Es ist bekannt, daß es am Untermain um Frankfurt herum etliche gebietliche Birnensorten gab.

Es heißt also, in der genetischen Vielfalt unserer Birnen Ausschau zu halten nach rostfesteren Typen. In diesem Sinne werden gerade Wildfunde und Zufallssämlinge von großem Interesse sein. Auch Formen der Schnee-Birne (*Pyrus nivalis*) könnten Rostresistenzen mitbringen.

In Sachen kleinwüchsig-strauchige Birnen haben wir schon einige entsprechende Sorten gesammelt und unter Beobachtung. Endwuchshöhen von 3–3,5 m und etwas darunter bei strauchigem Wuchs scheinen gut machbar. In Rußland wurden etliche Sorten in dieser Größe gezüchtet, die oft aus mittel- und westeuropäischen Formen gekreuzt wurden. Leider ist an diese verheißungsvollen Züchtungen kaum heranzukommen.

Die bis jetzt erhaltenen schwachwüchsigen Sorten sind weiter zu beobachten, insbesondere hinsichtlich Krankheitsfestigkeit, aber auch was die Fruchteigenschaften betrifft, und auch bei diesen Sorten muß untersucht werden, welche auf eigene Wurzel gebracht werden können.

Sorten

'Conference'

Diese widerstandsfähige Sorte aus dem 19. Jahrhundert ist auch deswegen hier aufgeführt, weil sie auf eigener Wurzel verfügbar ist. Sie trägt mittelgroße, längliche Früchte, die grün mit bronzefarbenem Überzug gefärbt sind. Das Fruchtfleisch ist gelblich, süß, aromatisch und schmelzend. Fruchtreife ist im September, wobei die Frucht lagerbar ist, bei professioneller Kühllagerung bis April.

Von Interesse ist, daß die Sorte auch jungfernfrüchtige Birnen ausbilden kann, so daß sie als teilweise selbstfruchtbar eingestuft werden muß.

'Williams Christ'

Diese köstliche alte Sorte aus dem 18. Jahrhundert ist geradezu der Inbegriff der Tafelbirne. Zum Glück ist sie jetzt auch wurzelecht verfügbar und bei schnittfreiem, strauchigem Wuchs wird sie zu doch übersichtlicher Größe heranwachsen. Die Früchte, die im August/September reifen, sind vollreif goldgelb mit stellenweiser rötlicher Tönung. Sie haben ein süßes, zart schmelzendes und aromatisches Fruchtfleisch und eignen sich vor allem zum unmittelbaren Rohverzehr, aber auch für die Verarbeitung. Die Pflanzen scheinen schon recht früh zum Fruchten zu kommen. Auch diese Sorte gilt als teilweise selbstfruchtbar, was sie für kleinere Gärten noch reizvoller macht.

'Strauchige Wildbirne'

Diese Birne gehört zu *Pyrus* x *amphigenea*, also in die Gruppe der Zwischenformen von Wild- und Kulturbirnen. Sie bildet einen ungefähr 4 m hohen Strauch mit widerstandsfähigem Laub. Die Früchte sind gelbgrün, wohlschmeckend und aromatisch und sowohl für Rohverzehr als auch Verarbeitung geeignet. Diese Sorte ist wurzelecht verfügbar.

'Pepi'

'Pepi' ist eine sehr verheißungsvolle in Estland gezüchtete Sorte. Die Sträucher/Bäume sollen nur 2–3 m hoch werden, sind also sehr geeignet für die Obsthecke. Sie sind wegen ihrer baltischen Herkunft zudem sehr frosthart.

Die Früchte sind gelbrot und klein bis mittelgroß, süß und aromatisch. Sie reifen im August oder September. Eine weitere beachtenswerte Eigenschaft der Sorte ist die Parthenokarpie, das heißt, daß die Früchte auch ohne Fremdbestäubung ausgebildet werden können.

'Wildling Ostheim'

Diese Birne ist ein Wildfund aus der Nähe von Ostheim vor der Rhön. Dort wuchs sie wild in einer Strauchgesellschaft, war nur 2–3 m hoch und trug schon etliche große mattrote Früchte, von beachtlichem Wohlgeschmack und tadellosem Aussehen. Die Reife liegt im September oder Oktober. Da dieser Typ mit großer Sicherheit als Sämling gewachsen und deswegen juvenil ist, eignet er sich für Versuche mit wurzelecher Vermehrung aus Steckholz.

'Wildbirne Walferdingen'

Dieser Wildfund aus Luxemburg gehört vermutlich zu *Pyrus* x *amphigenea*. Der Strauch wuchs auf einem Trockenrasen, war etwa 2,5 m hoch und trug reichlich Früchte. Diese sind grün, recht klein und haben geschmacklich einen deutlichen Wildbirnenanteil, so daß sie eher als Wildobst anzusprechen sind. Sie reifen im Herbst. Die Pflanze, auch das Laub, zeigt eine hohe Widerstandskraft.

'Wildbirne Meißner I'

Wie der Name schon sagt, ist diese Birne ein Fund vom Meißner, einem Berg in Nordhessen. Auch sie steht zwischen Wild- und Kulturbirne, hat aber etwas größere und herbsüße Früchte, die ebenfalls grün sind und ungefähr im Oktober reifen. Am Standort bildete sie einen Strauchbaum von ungefähr 5 m Höhe. Auch bei diesem Typ ist die Gesundheit der Pflanze sehr bemerkenswert. Das gilt auch hinsichtlich der Pilzfestigkeit des Laubes.

'Kleine Landlbirne'

Diese Birne ist eine sehr alte oberösterreichische Mostbirnensorte, deren Früchte aber wegen ihrer Süße und Würze auch gut zum Rohverzehr geeignet sind. Sie sind klein und gelb, reifen im Oktober. Der Baum wächst recht gedrungen mit einer dichten Krone, so daß er sich auch für kleinere Standräume eignet. Sehr bemerkenswert ist, daß die 'Kleine Landlbirne' als feuerbrandfest gilt.

Übrigens sei noch erwähnt, daß es bei den Mostbirnen und den Wildbirnen nahestehenden Sorten die Erscheinung des „Verbraunens“ gibt. Das bedeutet, daß das Fruchtfleisch schon bald nach der Reife eine schokoladenbraune Farbe annimmt. Das ist kein Verderb, und die Früchte können durchaus verzehrt werden. Dieses Verbraunen ist vergleichbar dem Vorgang, den Mispelfrüchte nach dem Frost durchmachen und der sie mild und leicht süß werden läßt.

'Feenbirne'
Diese Sorte ist ein glücklicher Wildfund von der Feenhaube in Niederösterreich. Der Strauch wird 6–7 m hoch und hat kleinere, süße Früchte. Weiteres ist noch nicht bekannt. Die Sorte gehört wohl botanisch zu *Pyrus* x *amphigenea*.

'Josefine von Mecheln'
Diese Sorte ist im frühen 19. Jahrhundert in Belgien entstanden. Sie gilt als sehr widerstandsfähig gegen die verschiedensten Krankheiten. Außerdem neigt sie zu einem mäßigen, strauchigen Wuchs, was sie zu einem Birnbaum auch für kleinere Gärten macht. Die Früchte sind klein bis mittelgroß, reifen spät im Jahr, können lange am Baume haften und lassen sich einige Wochen lagern. Sie haben eine grünliche Schale und süßes, wohlschmeckendes Fruchtfleisch.

Pyrus nivalis **'Catalia'**
Diese Sorte ist von großem Interesse auch vom Gesichtspunkt der biologischen Vielfalt, da hier eine andere heimische botanische Birnenart einbezogen wird. Es handelt sich um eine sehr widerstandsfähige Sorte mit dichtem, gedrungenem Wuchs, die trotzdem 6–8 m Höhe erreichen soll. Sie wurde eigentlich als Ziergehölz eingeführt, was aufgrund ihrer schönen, großen Blüten und der roten Herbstfärbung durchaus einleuchtet, soll aber auch schmackhafte Früchte hervorbringen, was wir noch nicht selbst überprüfen konnten. Eine weitere Besonderheit von 'Catalia' ist die Trockenheitsverträglichkeit.

Hahnbuttenbirnen
Die Hahnbuttenbirnen, Gattungskreuzungen zwischen Birne und Mehlbeere (X *Sorbopyrus*) wurden oben bereits als bemerkenswertes Ur-Obst® erwähnt. Die klassische Hahnbuttenbirne (was so viel bedeutet wie „Hagebuttenbirne", wegen der verhältnismäßig kleinen Früchte mit manchmal rötlichem Fruchtfleisch) ist die im Elsaß im 17. Jahrhundert oder noch früher entstandene X *Sorbopyrus auricularis*, die nach dem Fundort X *Sorbopyrus bollwilleriana* genannt wird. Sie bildet einen kleinen bis mittelgroßen Baum, der kleine birnförmige, rötlich-gelbe, schmackhaft-süße Früchte trägt.

Mittlerweile gibt es einen ganzen Formenschwarm dieser Gattungskreuzung. Dazu gehören auch Sorten, die der Birne näherstehen und etwas größere Früchte hervorbringen. Diese Gruppe wird als var. *bulbiformis* bezeichnet. Wahrscheinlich gehen diese Formen auf Rückkreuzungen von X *Sorbopyrus auricularis* mit Birnen zurück. In den letzten Jahren wurden Sorten eingeführt, die zu dieser Gruppe gehören, namentlich 'Baciu', 'Shipova' und 'Smokvarka'.

In diesen Zusammenhang gehört vermutlich auch die 'Tatarsbirne' (X *Sorbopyrus tatarinovii*). Sie trägt kleine bis mittelgroße goldgelbe Birnenfrüchte mit gelbem Fruchtfleisch, die so köstlich süß sind, daß die Süße schon im

Pyrus nivalis 'Catalia'

X *Sorbopyrus auricularis* 'Baciu 2'

unreifen Zustand in Erscheinung tritt. Wie die anderen Hahnbuttenbirnen reift die 'Tatarsbirne' im September bis Oktober.

Die Hahnbuttenbirnen bringen nicht nur köstliche süß-aromatische Früchte hervor, sondern sind durch Blüten, Früchte und Herbstlaub auch sehr zierend und haben obendrein von der elterlichen Mehlbeere noch deren sagenhafte Gesundheit (und vermutlich auch Trockenheitsverträglichkeit) mitbekommen. Daß die Hahnbuttenbirnen Resistenzen gegen den Birnengitterrost besitzen, wurde oben schon erwähnt.

Zum Abschluß seien noch wie bei den Äpfeln Sorten genannt, die sich durch ihren gedrungenen Strauchwuchs hervortun, ohne daß sie, da bisher nur veredelt und noch nicht länger gesichtet, schon als Ur-Obst® anzusprechen wären.

'Konferenzbirne'

'Williams Christ'

'Pepi'

Wildling Ostheim

Wildbirne Walferdingen

Wildbirne 'Meißner I'

Kleine Landlbirne

'Josephine von Mecheln'

Schnee-Birne (*Pyrus nivalis*) 'Catalia'

'Armida'

'Armida'

'Armida' wird 3–3,5 m hoch. Die Sorte ist in Dresden-Pillnitz aus der Kreuzung 'Jules Guyot' x 'Vereinsdechantsbirne' entstanden. Die Früchte sind mittelgroß bis groß, rötlich-grün und dünnschalig. Das Fruchtfleisch ist fest, saftig und süß. Fruchtreife ist von Ende September bis Anfang Oktober. Die Früchte sind wenige Wochen haltbar.

'Rote Williams Christ'

Dies ist eine Abänderung der bekannten 'Williams Christ', die sich durch leuchtend rote Früchte und, hier besonders wichtig, durch einen gedrungenen, bis ungefähr 3 m hohen Wuchs von dieser unterscheidet.

'Helenchen'

Diese Sorte sticht hervor als eine der kleinwüchsigsten Birnensorten überhaupt, was aber der Größe und Güte der Früchte keinen Eintrag tut. Der Strauch wird bis 2 m hoch und trägt große, mildsüße Früchte im Oktober.

Birne 'Helenchen'

Künftige Entwicklungen

Es wird jetzt gelten, die kleinwüchsig-strauchigen Sorten gut zu beobachten und Versuche zu unternehmen, erfolgversprechende Typen zu bewurzeln.

Besonders jüngere Klone wie 'Pepi', 'Armida' und 'Wildling Ostheim' scheinen dafür geeignet. Erfreulicherweise gibt es bei dieser gewöhnlich doch eher starkwüchsigen Obstart offensichtlich doch etliche kleinwüchsige Sorten, die sich für eine Ur-Obst®-Hecke eignen.

Erwähnenswert ist in diesem Zusammenhang die seltene alte französische Sorte 'Le Nain Vert', die vielleicht die kleinste aller bekannten Birnensorten ist und nur eine Höhe von 1–1,5 m erreicht. Ihre Früchte sind grün und reifen sehr spät im Jahr. Geschmacklich genügen sie möglicherweise höheren Ansprüchen nicht.

Von eher mittelstrauchigem Wuchs ist die Sorte 'Uta', die eine ausgesprochene Tafelbirne ist. Diese Birne wurde aus alten Sorten in Dresden-Pillnitz gezüchtet und genießt noch Sortenschutz. Bei schnittfreiem Wuchs auf eigener Wurzel erreicht sie wohl ungefähr 3 m Höhe. Wurzelecht wird sie gewiß eine vorzügliche Ur-Obst®-Sorte sein. Sie ist eine wichtige lagerbare Winterbirne mit festem, säuerlich-süßem Fruchtfleisch.

Aus Lettland, von der Obstforschungsanstalt in Pure, kommt eine neue kleinwüchsige Sorte namens 'Latgale' (zu deutsch 'Lettgallen', lettischer Landesteil). Sie wird zur Zeit bei uns beobachtet.

In der Sichtung ist auch die 'Schweizer Bratbirne', eine vom Aussterben bedrohte alte Sorte, die nur strauchig und gedrungen wächst und bei der geprüft werden muß, ob sie sich auch zum Rohverzehr eignet.

Über die seltene großfrüchtige Sorte 'Kukulera' ist fast nichts bekannt, außer daß sie schwachwüchsig sein soll. Auch sie befindet sich in der Sichtung.

Ein bisher gelungener Vermehrungsversuch mit Steckholz betrifft einen Sämling aus einer halbwilden Birnenhecke im Taunus. Dieser hatte eine jahrelange Topfkultur gut überstanden und wurde 2014 in der Lebenden Genbank des Kompetenz-Zentrums Biodiversität Mainz ausgepflanzt.

Im übrigen sind Steckholzversuche mit Birnen bislang nicht gerade erfolgreich gewesen. Es wird also darauf ankommen, weitere Sorten und Typen zu prüfen.

Die verschiedensten Birnensorten, gleich ob kleinwüchsig oder baumartig, müssen weiterhin sorgfältig auf Widerstandskräfte gegen den Birnengitterrost beobachtet werden. Das ist recht zeitaufwendig, weil die Anfälligkeit je nach Jahr und Witterung stark schwanken kann.

Soweit zeitlich irgend möglich, müssen in der freien Landschaft Bestände verwilderter Birnen erfaßt und geprüft werden. Erfahrungsgemäß können hier wahre Schätze auf uns warten. Allerdings ist diese Arbeit in einer Zeit noch nie dagewesener maschineller Heckenvernichtung ein Wettlauf mit der Ausrottung.

Birne 'Le Nain Vert'

Birne 'Le Nain Vert'

Erstrebenswert wäre auch, die oben schon erwähnten, biologisch sehr vielfältigen wilden Birnenbestände im Burgenland und in Niederösterreich zu erforschen und zu besammeln. Vielleicht lassen sich dort auch endlich verheißungsvolle samenvermehrbare Birnentypen finden.

KIRSCHEN UND WEICHSELN (SAUERKIRSCHEN)

Allgemeines zur Obstart

Bei den Kirschen sind wir in Mitteleuropa in der glücklichen Lage, auf drei botanische Arten zurückgreifen zu können, was der genetischen Vielfalt unserer Kirschen ohne Zweifel zugutekommt. Es handelt sich um zwei urheimische Arten, die Süßkirsche samt wilder Vogelkirsche (*Prunus avium*) und die Zwergweichsel oder Steppenkirsche (*Prunus fruticosa*), sowie die alteingebürgerte Weichsel oder Sauerkirsche (*Prunus cerasus*). Die Vielfalt wird noch deutlicher, wenn man bedenkt, daß es zwischen allen dreien auch Blendlinge und Kreuzungen gibt.

Für die Versorgung mit Kirschen ist eine eigene Erntequelle besonders wichtig, weil diese schlecht beförderbar sind und wie das übrige Steinobst auch nicht lagerbar. Immerhin ist bei der Verwendung von Süß- und Sauerkirschen zusammen eine Erntezeit von Mai bis Anfang August erreichbar. Es gibt sogar „Ausreißer" unter den Süßkirschen, die ein zweites Mal im Herbst tragen können, insbesondere die 'Allerheiligenkirsche'.

Süßkirschen wachsen gewöhnlich zu stattlichen Bäumen heran, so daß die Suche nach strauchigen Formen eine große Herausforderung darstellt. Bei den Weichseln (Sauerkirschen) gibt es dagegen zahlreiche strauchige Sorten, während die übrigen meist kleine Bäume bilden. Die Zwergweichseln (*Prunus fruticosa*) schließlich sind, wie der Name schon sagt, immer strauchig. Es gibt unter ihnen auch Typen, die nicht höher als 1 m werden.

Für die Planung von Obsthecken wird man also bei den Weichseln und Zwergweichseln leicht fündig werden. Glücklicherweise stehen uns auch bei den Süßkirschen seit einiger Zeit strauchige Sorten mit gebremstem Wuchs zur Verfügung, was bei dieser Art so um die 3 m Wuchshöhe bedeutet.

Die Namen „Süß"- und „Sauerkirschen" dürfen in geschmacklicher Hinsicht nicht absolut verstanden werden. Es gibt duchaus auch herbe Süßkirschen (allerdings weniger bei den Tafelsorten) und vor allem gibt es etliche recht süße Sauerkirschensorten, die auch hervorragend für den Rohverzehr geeignet sind.

Was den Standort betrifft, sind Süßkirschen etwas anspruchsvoller als Weichseln. *Prunus avium* ist von Hause aus ein Gehölz lichter, warmer Laubwälder. Die Süßkirschen bevorzugen tiefgründige, nährstoffreiche Böden, mögen keine Staunässe und auch keine reinen Sandböden. Die Weichseln (Sauerkirschen) dagegen sind sehr anspruchslos und gedeihen auf fast jedem Boden. Beide haben allerdings ein gewisses Lichtbedürfnis und sind auf keinen Fall für den Vollschatten geeignet. Sowohl Süß- als auch Sauerkirschen sind als Gehölz völlig frosthart. Da allerdings die Süßkirschen fast durchweg früher blühen als die Weichseln, sind sie in rauhen Lagen möglicherweise eher durch Blütenfrost gefährdet.

Weichseln sind abgesehen vom Freistand auch vorzügliche Heckengehölze; bei den Süßkirschen trifft das nur auf die strauchigen Sorten zu. Baumartige Süßkirschen passen außer in den Freistand auch gut in oder an den Rand von Hainen.

Vor allem bei den Süßkirschen muß immer auch an die Befruchtung durch eine andere Sorte oder auch eine wilde Vogelkirsche gedacht werden, denn sie sind bis auf Ausnahmen selbstunfruchtbar. Bei den Weichseln gibt es selbstfruchtbare und selbstunfruchtbare Sorten. Es gilt aber bei jeglichem Obst, daß Fremdbestäubung auf jeden Fall den Fruchtertrag verbessert.

Alle drei heimischen Kirschenarten sind zwar nahe genug verwandt, daß sie sich grundsätzlich gegenseitig bestäuben können, was auch in der Natur gelegentlich vorkommt. Allerdings gibt es Unterschiede, die eine Verallgemeinerung nicht zulassen. Man kann nicht einfach voraussetzen, daß eine Befruchtung zwischen einer Weichsel- und einer Süßkirschsorte möglich ist. Das ist nur denkbar, wenn sich die Blütezeiten dieser beiden Sorten überschneiden sollten. Weichseln (*Prunus cerasus*) und Zwergweichseln (*Prunus fruticosa*) dagegen stehen einander so nahe, daß gegenseitige Befruch-

Kirsche 'Schiviza'

tung die Regel ist. Das hat auch dazu geführt, daß es in Mitteleuropa über weite Strecken keine reinen Zwergweichsel-Wildbestände mehr gibt, weil sich die Sauerkirsche fast überall eingekreuzt hat.

Auch beim Steinobst stellt sich dem Liebhabergärtner die Frage, wann er bei gekauften Pflanzen mit Früchten rechnen kann. Zum Glück kommen Steinobstsorten (also vor allem Kirschen und Pflaumen) grundsätzlich schneller zum Fruchten als Kernobst. Veredelungen fruchten oft schon im ersten oder zweiten Jahr nach der Pflanzung. Vegetativ vermehrte wurzelechte Pflanzen können durchaus vier, fünf Jahre brauchen, Sämlinge brauchen meist auch nicht länger. Allerdings gilt auch beim Steinobst, daß der Erstblust mitunter erst nach ein bis drei Jahren von der Ersternte gefolgt wird. Es gilt also, sich vor verfrühten Schlüssen auf mangelnde Bestäubung zu hüten.

Leider gibt es auch bei den Kirschen Gegenspieler oder Mitbewerber des menschlichen Fruchtgenusses. Bei den Süßkirschen ist dies vor allem die Kirschfliege, deren Nachkommenschaft Früchte als Maden bevölkern kann. Nach unserer Anbauerfahrung sind die besten Gegenkräfte vor allem der Ur-Obst®-gemäße schnitt- und pflegefreie Anbau samt der Vergesellschaftung mit vielfältigen heimischen Wildpflanzen, auch Kräutern und Wiesenblumen. Diese fördern vor allem Gegenspieler unter den Kerbtieren (Insekten) und Spinnen, freiwachsende Hecken aus heimischen Wildsträuchern (einschließlich Ur-Obstes®) eine vielfältige Vogelwelt. Die zahlreichen Kirschbäume, die in unserer Lebenden Genbank „Rosenhag" am Mainzer Stadtrand seit Jahrzehnten unter solchen Bedingungen pflegefrei wachsen, haben nur sehr wenig Madenbefall. Nicht zuletzt bleibt diesen Bäumen ja der Stress von Schnitt und treibender Düngung erspart.

Daneben kann man bei begründeten Befürchtungen auch besonders früh (z. B. 'Rote' oder 'Frühe Maikirsche') oder besonders spät fruchtende Süßkirschen pflanzen, die von der Kirschfruchtfliege (*Rhagoletis cerasi*) weniger heimgesucht werden.

Den Vögeln sollte man grundsätzlich ihren Anteil an der Ernte gönnen. Sollten diese in der jeweiligen Gegend etwa zu gefräßig sein (wie in den Großstädten am Rhein die unersättlichen eingeführten Halsbandsittiche), kann man sich den Umstand zunutze machen, daß die meisten unserer Vögel gleichsam auf die

Herbstfärbung Strauchkirsche 'Rotes Wunder'

Farbe Rot geeicht sind. Gelbfrüchtige Sorten, die geschmacklich mindestens genauso gut sind, können ein Ausweg sein und die Freßlust der Gefiederten ein wenig ausbremsen.

Bei den Weichseln ist der Haupt-Gegenspieler die Spitzendürre (Monilia), eine Pilzerkrankung, die vor allem bei feuchter Witterung die Blütentriebe erfaßt und zum Welken derselben führt, so daß sie keine Früchte hervorbringen können. Die Widerstandskräfte der Weichseln gegen diese Krankheit sind sehr ungleich verteilt. Das heißt, es gibt sehr anfällige Sorten wie die 'Schattenmorelle', aber auch solche, die kaum befallen werden. Es versteht sich, daß sich nur letztere als Ur-Obst® eignen (Beispiel: 'Ostheimer Weichsel').

Auch die Beipflanzung von Meerrettich soll der Spitzendürre entgegenwirken. Eigene Erfahrungen haben wir damit bisher nicht gesammelt, weil wir das wegen der Widerstandskraft unserer Weichseln zum Glück nicht mußten.

Die Ur-Obst®-Suche kann bei den Kirschen aus einer Fülle von Möglichkeiten schöpfen. Bei den Süßkirschen sind das zum Beispiel die sogenannten „Bauernkirschen". Das sind halbwilde Süßkirschenrassen, die kleinere, aber wohlschmeckende Früchte haben, und wohl seit sehr langen Zeiten in Dorfgemarkungen pflegeextensiv gehegt und in der Regel nur zum Sammeln aufgesucht werden. Wir konnten unter anderem im Südschweizer Kanton Wallis das Vorhandensein und auch die Nutzung dieser Bauernkirschen beobachten. Sie gedeihen vorzüglich auch in höheren Lagen, wie etwa auf den Bergen oberhalb der Vispertäler.

Sehr oft scheint es sich hierbei um samenechte Kirschrassen zu handeln. So konnten wir am Nordhang des Rottentales das klar unterscheidbare verbreitete Vorkommen eines schwarzroten höherwüchsigen Typs neben einem hellroten kleineren feststellen, was sich bei diesen aus Samen gewachsenen Pflanzen nur dadurch erklären läßt, daß wir hier zwei unterschiedliche samenechte Kirschrassen vor uns haben.

Ähnliche kleinerfrüchtige halbwilde Kirschenrassen scheint es auch in Lettland zu geben. Auch für die Steiermark werden sie erwähnt. Es leuchtet ein, daß diese Bauernkirschen geradezu ein klassisches Ur-Obst® sind.

Während wir heute von samenechten Kirschsorten keine Ahnung mehr haben, hieß es noch Anfang des letzten Jahrhunderts in der ersten Auflage von Hegis *Flora Mitteleuropas*, daß „nicht alle (!) Süßkirschsorten samenvermehrbar" seien.

Neben diesen alten Kirschrassen sind auch bei den Süßkirschen wilde Zufallssämlinge eine vielversprechende Quelle. Eine Wildkirschenexkursion nach Sachsen-Anhalt in die weitere Umgebung von Querfurt, ein altes Kirschanbaugebiet, erbrachte eine Fülle eindrucksvoller Funde sowohl von Süßkirschen als auch von Weichseln und Zwischenformen. Obwohl in einem solchen Anbaugebiet reichlich arttypische Krankheiten zu erwarten sind, waren die Fundpflanzen erstaunlich gesund. Auch Virustests zeigten dies. Die Strauchkirsche 'Rotes Wunder' und die 'Knorpelkirsche Allstedt' gehören in diesen Zusammenhang.

Auch das untere Pustertal, an der Mündung in das Eisacktal, erwies sich als sehr ertragreich. Auch samenechte Typen kamen hier zum Vorschein.

Alte landschaftliche Kirschsorten treten, ähnlich wie beim Kernobst, als Ur-Obst®-Quellen hinzu. Sehr verdienstvoll ist in diesem Zusammenhang das in Rheinland-Pfalz durchgeführte Steinobstprojekt Mittelrheintal, das nicht nur sehr viele seltene Steinobstfunde (oft in letzter Minute) erbrachte, sondern auch die weitere Erhaltung angestoßen hat.

Die Weichseln tragen vielseitiges Ur-Obst®-Potential in sich, weil sie in sich schon sehr vielfältig sind. Schon bei einer Exkursion durch Südböhmen und Südmähren war mir aufgefallen, daß die zahlreich in mehr oder minder großen Beständen verwilderten Weichseln ganz verschiedene Geschmacksrichtungen erkennen ließen. Da gab es die saftigen, wirklich sauren Formen, dann die erstaunlich süßen oder süßsauren und auch solche mit bittersüßen Früchten mit sehr aromatischer mandelartiger Geschmacksnote.

In der Tat ist die Weichsel (*Prunus cerasus*) schon in mehrere Unterarten aufgeteilt worden. Da gibt es die Weichselkirschen mit rotem, färbendem Saft und die Amarellen mit farblosem. Dazu kommen zahlreiche von der Süßkirsche beeinflußte Formen, die sich oft durch einen besonders köstlichen Geschmack auszeichnen. Die Glaskirschen mit ihren fast durchsichtigen Früchten stellen eine besondere Gruppe dar. Der Pomologe Karl Koch schrieb der wohl ältesten von ihnen, der 'Spanischen Glaskirsche', im 19. Jahrhundert Samenechtheit zu und wollte sie sogar als eigene Art mit dem Namen *Prunus vitrea* aufgefaßt wissen.

Unsere Weichseln gehen zum Teil unmittelbar auf uralte halbwilde Sippen zurück. Ein beeindruckendes Beispiel ist die 'Ostheimer Weichsel', die nach alten Berichten aus Beständen stammt, die nahe Ostheim vor der Rhön im 18. Jahrhundert aufgefunden wurden. Es ist kaum zu glauben, daß eine Exkursion nach Ostheim den Fund am Ortsrand wildwachsender wurzelechter Weichselsträucher erbrachte, die der heutigen Sorte 'Ostheimer Weichsel' aufs Haar gleichen.

Im Pustertal soll es nach Karl Koch eine reichlich vorkommende Weichsel mit süßen Früchten gegeben haben, die sogar in Formen mit verschiedenen Fruchtfarben vorkam. Eine Exkursion in unseren Tagen fand leider im Pustertal selbst gar keine Sauerkirschen vor, allerdings in der Tat eine (aus Samen gewachsene) süße Weichsel im seitwärtigen Tauferertal. Ob diese etwas mit den von Koch beschriebenen Süßweichseln zu tun hat, bleibt ungeklärt.

Die Zwergweichsel (*Prunus fruticosa*) ist bei uns sehr lange als Obstpflanze vernachlässigt worden. Das mag damit zusammenhängen, daß sie hierzulande eher selten vorkommt oder daß ihre Früchte in der Regel eher klein und sauer sind. Erst in jüngerer Zeit hat Dr. Pirc in Wien-Schönbrunn die Sorte 'Fruchtzwerg' ausgelesen, die sich in Maßen als Obstpflanze eignet. Die Russen dagegen haben der Zwergweichsel seit Mitschurins Zeiten große Aufmerksamkeit in der Kirschenzüchtung gewidmet. Sie haben einerseits obstfähige Sorten aus der Zwergweichsel ausgelesen, andererseits *Prunus fruticosa* mit Süß- und Sauerkirschen gekreuzt. Dadurch kann die Frosthärte der Kirschen gesteigert werden (da die Zwergweichsel sehr frosthart ist) und außerdem können kompakte strauchige Sorten erzielt werden. Nur sehr zögernd gelangen diese Zwergweichselsorten in den Westen, obwohl sie gerade als Ur-Obst® sehr verheißungsvoll sind.

Die hügelige Landschaft der Thermenlinie südlich von Wien ist sozusagen ein natürliches Freilandlabor für Blendlinge zwischen allen drei Kirschenarten. Hier lohnt sich sicher die Suche nach verheißungsvollen Formen und Typen.

Forschungsrichtungen

Bei den **Weichseln** geht es vornehmlich darum, mittelstrauchige moniliafeste Sorten zu finden. Da außerdem beim Ur-Obst® die Eignung zum Rohverzehr eine wichtige Rolle spielt, sind auch Fruchttypen mit ausreichender Süße angezielt. Die Entdeckung samenechter Sorten wird die Kultur auf eigener Wurzel voranbringen. Die 'Spanische Glaskirsche' samt anderen Glaskirschen wird hier ein spannender Forschungsgegenstand sein. Bremsend wirkt jedoch der Zeitaufwand, bis Versuchsaussaaten zu einem vergleichsfähigen Fruchtertrag kommen. Immerhin ist die Zeitspanne zwischen Keimung und Erstertrag eines Sämlings deutlich kürzer als beim Kernobst.

Bei den gewöhnlich sehr starkwüchsigen **Süßkirschen** gilt das Hauptaugenmerk der Findung kleinerwüchsiger strauchiger Formen. Bei den alten Sorten, die ja meist für die Streuobstkultur gedacht sind, scheint das Potential hierfür nicht allzu groß zu sein. Eine Ausnahme ist möglicherweise die auch an anderer Stelle erwähnte 'Wils Frühe', die als verhältnismäßig kleinwüchsig beschrieben wird. Im übrigen ruht die Hoffnung eher auf neueren Züchtungen aus alten oder landschaftlichen Sorten. Vor allem in Osteuropa ist diesbezüglich Entsprechendes geleistet worden. Auch Zwischenformen von Süß- und Sauerkirschen oder gar Zwergweichseln können kleineren Wuchs bringen.

Eine gewisse Unempfindlichkeit gegenüber der Kirschfliege ist neben der Abhängigkeit von der Art der Kultur sicherlich auch sortenbedingt. Nur stetige Beobachtung verschiedener Sorten und Typen kann hier Fortschritt bringen.

Sorten

'Knorpelkirsche Allstedt'

Dieser Fund aus Sachsen-Anhalt ist bemerkenswert, weil hier die Samenechtheit nachweisbar war. Der offenbar gepflanzte Mutterbaum war umgeben von Sämlingen, die bis auf etwas verringerte Größe dieselben Fruchteigenschaften wie die Stammpflanze aufwiesen.

Die Kirschen besitzen die typische Festigkeit der Knorpelkirschen und einen süß-aromatischen Geschmack. Sie reifen von Ende Juni bis Anfang Juli.

'Schwarze Wildkirsche Raas'

Auch dieser Fund von den Hängen oberhalb von Brixen in Südtirol stellt einen der wenigen heutigen Nachweise für samenechte Süßkirschen dar. Die größere Gruppe von Süßkirschen wuchs auf einem Hofgrundstück und zeigte deutliche Übereinstimmungen im Wuchs und in der Fruchtbeschaffenheit. Auf Nachfrage stellte sich heraus, daß es sich durchweg um Sämlinge handelte.

Die Früchte sind schwarzrot, klein, süß mit Wildkirschennote, mit mittlerer Reifezeit. Die Bäume werden nur ungefähr 6 m hoch.

Strauchkirsche 'Rotes Wunder'

Diese Sorte ist ebenfalls eine Fundkirsche aus Sachsen-Anhalt.

Der 4 x 4 m große Strauch war bei einer Exkursion schon von weitem durch seinen überreichen leuchtend roten Fruchtbehang aufgefallen. Er wuchs am Rande eines aufgegebenen Bahndammes. Strauch als auch Früchte wiesen keinerlei Schadbilder auf, obwohl mit Sicherheit keine Spritzungen oder sonstige Pflegemaßnahmen erfolgt waren. Eine spätere Virusuntersuchung erwies sogar die Virusfreiheit der Pflanze, die immerhin in einer Gegend wuchs, die reich an gepflanzten und wildwachsenden Kirschen war. Die Früchte waren von außerordentlichem Wohlgeschmack, saftig und süß sowie mit etwas spritziger Säure, so daß ein Sauerkirscheneinschlag zu vermuten ist.

Die Fruchtreife liegt Ende Juni bis Anfang Juli. Die Sorte ist hervorragend für den Rohverzehr, sicherlich aber auch sehr gut zur Saftgewinnung geeignet. Die Sorte ist auf eigener Wurzel erhältlich.

'Frühe Maikirsche'

Hierbei handelt es sich um eine alte landschaftliche Süßkirschensorte aus Niederbayern. Neben ihrer Robustheit ist vor allem bemerkenswert, daß sie schon im Mai reift und dementsprechend nicht zu Madenbefall neigt. Außerdem gilt sie als verhältnismäßig kleinkronig. Die Früchte sind rot und eher kleiner.

'Kirsche Rodeneck'

Auch dieser Typ ist eine wildwachsende Fundkirsche aus der Nähe von Brixen. Die Pflanze fiel auf, weil sie offenbar einen recht eigenständigen Typ darstellt, was unter anderem an der besonderen Form der Blätter und den langen Fruchtstielen erkennbar ist. Sie gehört eindeutig zu den Süßkirschen und hat auch im wildwachsenden Zustand mittelgroße Früchte mit ausgezeichnetem Geschmack. Erste Aussaatversuche legen nahe, daß es sich um eine samenechte Sorte handeln könnte. Die Früchte sind hellrot mit mittlerer Reifezeit. Madenbefall konnte nicht festgestellt werden. Bei uns hat sich die Sorte als sehr anspruchslos erwiesen. Unter anderem gedeiht sie über viele Jahre ohne Schwierigkeiten in einem Kübel.

'Birchenhayes'

Diese landschaftliche englische Sorte hat teilweise Wildgepräge und ist sehr widerstandsfähig. Im Wuchs soll sie gedrungener als andere Süßkirschen sein. Auch bei dieser Sorte gibt es Anzeichen von Samenechtheit. Die Früchte sind dunkelrot, reifen früh und sind süß und saftig.

Die folgenden drei Sorten sind Übergangsformen zu den Sauerkirschen (Weichseln):

'Rote Maikirsche'

Diese Sorte ist sehr alt und sehr krankheitsfest, was auch für Madenbefall gilt. Sie reift schon Ende Mai bis Anfang Juni. Die Früchte sind wohlschmeckend säuerlich-süß. Die Sorte bildet einen kleinen Baum.

'Schiviza' ('Zhivica')

'Schiviza' ist ein Beispiel für in Rußland aus alten deutschen Sorten gezüchtete Kirschen. Ihre Eltern sind 'Ostheimer Weichsel' und 'Dönissens Gelbe', also eine Sauer- und eine Süßkirsche. Die Sträucher sind sehr gesund und erreichen eine Höhe von 3–4 m. Spitzendürre wurde an dieser Sorte bei uns bisher nicht beobachtet. Die dunkelroten, saftigen Früchte sind von köstlichem Geschmack, süß mit spritziger Säure, und reifen mittelfrüh. Die Sorte gilt als selbstunfruchtbar, also Fremdbestäubung benötigend.

'Pervaja Lastotschka'

Diese Sorte wurde 1891 von dem berühmten russischen Züchter Mitschurin erzielt. Dieser bezeichnet sie als sehr widerstandsfähige Sorte, die überdies auch in besonders rauhen Gegenden angepflanzt werden kann und sehr ertragreich ist. Die Pflanze wird nur 2–3 m hoch, was eine wichtige Neuerung bei den Süßkirschen war. Die Früchte sind klein bis mittelgroß, gelb mit Rötung auf der Sonnenseite, mit erfrischend süßem Geschmack. Der Saft ist hell und färbt nicht. Fruchtreife ist Anfang Juni.

Mit Blick auf die besorgniserregende Invasion der asiatischen Kirschessigfliege (*Drosophila suzukii*) ist im Hinterkopf zu behalten, daß Mitschurin die Fruchthaut der 'Pervaja Lastotschka' als elastisch, fest und schwer zerreißbar bezeichnet.

Mittlerweile sind einige strauchig-kleinwüchsige Süßkirschsorten verfügbar, die aber noch beobachtet und auf eigene Wurzel gebracht werden müssen, bevor sie in das echte Ur-Obst® eingereiht werden können.

'Fatesch'

Diese Sorte wird 3–4 m hoch. Die Früchte sind rosenfarb bis rot, mittelgroß, knackig und saftig, von aromatisch-süßem Wohlgeschmack. Sie reifen mittelfrüh.

'Radiza'

Bei diesem Kirschbaum ist eine natürliche Wuchshöhe von 3 m zu erwarten. Die Früchte sind mittelgroß, schwarzrot, süß und wohlschmeckend. Sie reifen verhältnismäßig früh.

'Piret'

Über diese estnische Sorte ist noch nicht viel bekannt, außer daß sie einen zwergig-gedrungenen Wuchs aufweist. Sie ist zur Zeit bei uns in der Sichtung.

'Sylvia'

Dies ist keine alte Sorte, weder was die Entstehungszeit noch was die Abstammung betrifft. Ihre Ur-Obst®-Tauglichkeit müßte sie erst noch unter Beweis stellen. Sie ist hier nur aufgeführt wegen ihres kompakten, mittelstrauchigen Wuchses, der ebenfalls nicht über 3 m Höhe liegen soll. Die Früchte sind süß, aromatisch und reifen verhältnismäßig spät.

Die im Folgenden aufgeführten Sorten gehören zu den Weichseln und Zwergweichseln.

'Süße Strauchweichsel'

Diese Sorte trägt verschiedene Namen (in Finnland und Schweden etwa 'Lettisk låg') und stammt ursprünglich aus Lettland oder Rußland. Sie wird nur 2–2,5 m hoch und soll nur 1,5 m breit werden. Obwohl sie zu den Sauerkirschen gehört, haben die Früchte ausreichend Süße, um sie auch für den Rohverzehr geeignet zu machen. Sie sind dunkelrot und saftig, reifen etwas früher als die meisten Weichseln.

Herbstfärbung 'Süße Strauchweichsel'

'Knorpelkirsche Allstedt'

'Schwarze Wildkirsche Raas'

Strauchkirsche 'Rotes Wunder'

Kirsche 'Rodeneck'

Kirsche 'Birchenhayes'

'Rote Maikirsche'

Kirsche 'Schiviza'

Kirsche 'Pervaja Lastotschka'

Kirsche 'Fatesch'

'Schokoladnaja' (wohl einselbig mit 'Schokoladniza')

In Wuchs und Geschmack ähnelt diese Sorte der 'Süßen Strauchweichsel'. Allerdings reift sie früher und die Fruchtfarbe ist schwarzrot.

Die beiden letzten Sorten sind wurzelecht verfügbar.

'Ostheimer Weichsel'

Dies ist eine sehr alte Sorte, deren spannende Geschichte schon oben erwähnt wurde. Freiwachsend bildet sie nur Sträucher bis kleine Bäume. Sie besitzt eine außerordentliche Widerstandskraft gegen Krankheiten, auch gegen die Spitzendürre (Monilia). Ihre dunklen Früchte sind würzig, wohlschmeckend, sehr saftig und nicht zu sauer, was sie auch für den Rohverzehr geeignet macht. Sie reifen Ende Juni.

Weichsel Altenstein

Diese Fundsorte hat eine besondere Geschichte. Bei einer Exkursion in Unterfranken fielen

'Kirsche Radiza'

'Süße Strauchweichsel'

Weichsel 'Schokoladniza'

Weichsel Altenstein

Zwergweichsel (*Prunus fruticosa*) 'Fruchtzwerg'

Zwergweichsel 'Kurtschatovskaja'

uns in einem kleinen Ort am Rande eines alten Pfarrgartens mehrere Sträucher und Bäumchen einer Weichsel auf, die nicht höher als 3 m wurden. Die Pflanzen sahen gesund aus und die Früchte waren von ausgezeichnetem Geschmack, mit Sauerkirscharoma und gleichzeitig angenehmer Süße. Diese Weichsel wuchs dort anscheinend seit langer Zeit. Außer den Früchten sind an dieser Sorte auch die großen, schneeweißen Blüten bemerkenswert, die im April mit üppigen Blütenständen den Strauch zu einer Augenweide und damit auch zu einem beachtlichen Ziergehölz machen.

'Spanische Glaskirsche'

Die Glaskirschen sind, wie oben schon erwähnt, eine besondere Gruppe der Sauerkirschen. Die 'Spanische Glaskirsche' (der Name muß nichts mit der Herkunft der Sorte zu tun haben) ist vielleicht die älteste Sorte dieses Typus. Sie bildet kleinere Bäume mit lichter Krone. Die Früchte sind hellrot mit leichter Marmorierung und durchschimmerndem blaßgelben Fruchtfleisch, so daß sich ein einzigartiges Farbspiel ergibt. Auch der Geschmack ist besonders und kann mit süß-säuerlich-aromatisch und sehr erfrischend beschrieben werden, so daß wir hier eine ausgezeichnete Tafelfrucht haben. Die Früchte haben eine mittlere Reifezeit. Über die Befruchtungsverhältnisse (selbstfruchtbar/selbstunfruchtbar) gibt es im Schrifttum widersprüchliche Angaben.

Zwergweichsel 'Fruchtzwerg'

Diese Sorte wurde in Wien-Schönbrunn, wohl vor allem als Ziergehölz, ausgelesen. Sie wird nur ungefähr 1 m hoch und trägt reichlich kleine, sauerkirschartige Früchte im Juli und August. Läßt man die Früchte lange am Strauche hängen, bekommen sie etwas Süße und sind ein gutes Naschobst.

Zwergweichsel 'Kurtschatovskaja'

Dies ist eine der sehr wenigen Fruchtsorten von reiner *Prunus fruticosa*. Der Strauch wird nur etwa 1,5 m hoch. Die Früchte sind dunkel-

Weichsel Altenstein

Weichsel Rabenkanzel

rot und schmackhaft süß-säuerlich und saftig. Sie reifen im Juli oder August. Die Sorte ist teilweise selbstfruchtbar, das heißt, Bestäubung durch andere Weichseln oder Zwergweichseln verbessert den Ertrag. 'Kurtschatovskaja' ist auf eigener Wurzel verfügbar.

Künftige Entwicklungen

Das Ur-Obst®-Potential der Kirschen ist schon recht gut entwickelt. Es stehen mittlerweile strauchige Süßkirschen zur Verfügung ebenso wie kleinwüchsige Weichseln mit guten Resistenzen, vor allem gegen die Spitzendürre (Monilia). Bei den Weichseln ist auch das Angebot an wurzelechten Sorten schon erfreulich. Bei den Süßkirschen gibt es solche auch schon, nur bei den kleinwüchsigen herrscht noch Nachholbedarf. Welche Herausforderungen das Vordringen der eingeschleppten Kirschessigfliege stellen wird, ist jetzt noch nicht abzusehen.

Im übrigen sind die Wege zu weiteren Sortensichtungen vorgezeichnet. Bei den **Süßkirschen** können wir auf Funde aus landschaftlichen Sammlungen zurückgreifen. Dazu gehören das schon erwähnte Mittelrheinprojekt, Funde verdienstvoller Pomologen und solche aus dem österreichischen ARCHE-NOAH-Projekt. In diesen Bereich gehören die westdeutsche Süßkirschsorte 'Wils Frühe', die nach Auskunft der Steinobstforscherin Braun-Lüllemann zu den kleinwüchsigsten gehört, sowie die niederösterreichische Fundsorte 'Schneebergkirsche', die zu den Knorpelkirschen gehört, eine kleine Krone bildet und wohlschmeckende, saftige, säuerlich-süße violettschwarze Früchte hervorbringt. Diese Sorte reift spät und wird dementsprechend von der Kirschfruchtfliege (*Rhagoletis cerasi*) verschont. Überhaupt scheint sie sehr widerstandsfähig zu sein.

Auch bei den **Weichseln** warten etliche verheißungsvolle Fundsorten auf die Sichtung. Aus dem südwestlichen Rheinhessen stammt die 'Weichsel Rabenkanzel'. Sie fiel als großer, reichfruchtender Strauch in einer wilden Baumhecke auf. Sie ist mindestens ein Blendling zwischen Süßkirsche und Weichsel, wenn nicht gar ein Tripelbastard *P. avium* x *cerasus* x *fruticosa*. Alle drei Arten kommen in der Gegend vor. Die Früchte sind von einem aromatischen, säuerlich-süßen Geschmack und reifen etwas folgernd. Dieser Typ wird bei uns in der Baumschule seit über zehn Jahren (pflegefreie Kultur) beobachtet. Nie war irgendeine Krankheit wahrzunehmen, auch keine Spitzendürre. Die Endhöhe des Strauches dürfte bei 3–4 m liegen.

Ein Wildfund aus Sachsen-Anhalt ist eine schwarzfrüchtige süße Weichsel. Sie wuchs dort als 2,5–3 m hoher, schlank-aufrechter Strauch mit auffälligen Blättern, die uns an den Faulbaum (*Frangula alnus*) erinnerten. Auch dieser Typ ist eine gesunde Pflanze, und die Früchte zeichnen sich durch ihren herbsüßen Wohlgeschmack aus.

Bleibt noch der schon erwähnte Fund aus dem Südtiroler Taufenertal zu nennen. Auch dies ist ein gesunder Weichselstrauch mit dunkelroten, recht süßen Früchten. Die Wuchshöhe dürfte bei etwa 3 m liegen.

Bei den **Zwergweichseln** wäre es wünschenswert, sich den Schatz russischer Züchtungen und Auslesen von *Prunus fruticosa* noch mehr zunutze zu machen. Allein im *Katalog plodovich kultur Rossii* (Moskau 2003) sind zwei Dutzend davon beschrieben. Eine Bereicherung wäre zum Beispiel die Sorte 'Salamatovskaja', die bei einer Wuchshöhe von 1–1,3 m mildsüße Früchte hat und überdies durch Grünstecklinge leicht vermehrbar sein soll.

PFLAUMEN

Allgemeines zur Obstart

Die Pflaumen sind wahrscheinlich unsere genetisch vielfältigste Obstart, gehören doch zu ihnen Früchte, die der Nichtfachmann geneigt ist, als unterschiedliche Species wahrzunehmen: Mirabellen, Zwetschen, Renekloden (Ringlotten), Kriechen, Spillinge und mehr. Bei den Pflaumen verfügt Mitteleuropa über eine so gewaltige biologische Vielfalt, daß spätestens hier die übliche Phrase von den Römern, die das Obst über die Alpen gebracht hätten, ans Absurde grenzt – ganz abgesehen davon, daß die ältesten Pflaumenkernfunde in Mitteleuropa (freilich keine großfrüchtigen Zwetschen) rund 6000 Jahre alt sind, als noch niemand an die Römer dachte. Der österreichische Forscher Heinrich Werneck hat nachgewiesen, daß alte Pflaumenrassen in ihrer Vielfalt zum Urbestand mitteleuropäischen Obstbaues gehören. Es steht außer Frage, daß hier ein riesiges Potential an Ur-Obst® auf uns wartet.

Hier kommt eine besondere Bedeutung der Ur-Obst®-Kultur deutlich zum Tragen. Unsere biologische Vielfalt an Obstpflanzen kann nicht nur durch Genbanken erhalten werden. Nur der lebendige Obst- und Gartenbau kann ihr Überleben für unsere Nachfahren sichern. Wegen der Konzentration auf wenige genormte Sorten im Erwerbsobstbau kann das nur die Ur-Obst®-Kultur leisten – eben Erhaltung durch Nutzung.

Gerade der Fortbestand der jahrtausendealten Obstrassen der Ur- oder Primitivpflaumen steht auf des Messers Schneide. Sie wachsen eben nicht in Wäldern, sondern auf Dorffluren, in Hecken, an Waldrändern, in alten, extensiven Gärten. Wir alle wissen, was dort überall in den letzten Jahrzehnten geschieht – Flurbereinigung, maschinelle Heckenstutzung und -rodung, Durchsetzung vordergründigen Zweckmäßigkeitsdenkens. Mehr als einmal mußten wir auf Exkursionen fünf Minuten vor zwölf die „letzten ihrer Art" für die Vermehrung retten.

Nur wenige besitzen in diesem schleichenden Vernichtungskrieg die Einsicht, andere Wege zu beschreiten. Ein Bauer im Oberwallis, dessen Hof auf 1600 m Höhe liegt, hat seinen überkommenen „Pfrümegarte" mit pflegeextensiven Urpflaumensorten erhalten, als die anderen Bauern Rodungen durchführten, um Platz für die von amtlichen Beratern empfohlenen neuen Sorten zu machen. Inzwischen haben die Neuerer festgestellt, daß die neugepflanzten Sorten in dieser Höhenlage versagten, und mußten sich wieder von ihnen trennen, während der Pfrümegarte-Bauer weiterhin gute Ernten einfährt.

Das zeigt uns, daß die genetische Vielfalt unserer Urpflaumen nicht einfach ein ästhetischer Luxus für Sammler ist, sondern daß darin unzählige Resistenzen, Fruchtbeschaffenheiten, Anpassungen und sonstige Eigenschaften schlummern, auch für Anforderungen, die erst irgendwann in der Zukunft auftreten werden. Dementsprechend gibt es auch unterschiedliche Standortansprüche und -eignungen. Im Großen und Ganzen lieben Pflaumen eher nahrhafte, humusreiche Böden mit guter Was-

Der Pfrümegarte in Embd/Oberwallis

serversorgung und meiden saure Substrate. Die Wärmeansprüche sind stark abhängig von der jeweiligen Pflaumenrasse. Mirabellen etwa, die in Mitteleuropa ihren Mannigfaltigkeitsschwerpunkt in Lothringen haben, sind eher wärmeliebend, aber, wie oben veranschaulicht, gibt es auch zahlreiche Typen für rauhe Lagen.

Dort wo die Pflaumen wild bzw. verwildert wachsen, gedeihen sie in Hecken, lichten Buschflächen oder an hellen Waldrändern. Im Garten sind die strauchigen Formen ebenfalls vorzügliche Heckengehölze. Die baumartigen Sorten verdienen einen hellen Platz im Freistand. Mit Pflaumen lohnt sich auch ein Versuch auf Standorten, die für die meisten anderen Obstarten zu feucht oder gar durch kurzfristige Überflutungen gefährdet sind.

Die Befruchtungsverhältnisse sind bei den Pflaumen recht verwickelt. Es gibt selbstfruchtbare, teilweise selbstfruchtbare und selbstunfruchtbare Sorten. Immerhin sind die verschiedenen Pflaumenunterarten grundsätzlich gegenseitig befruchtungsfähig, also zum Beispiel auch Zwetschen, Mirabellen und Renekloden.

Ur-Obst®-Pflaumen werden in der Regel nicht durch bedrohliche Krankheiten oder Schädlinge gefährdet. Wellenweise können Pflaumenblattläuse in größerem Umfange gekräuselte Blätter bewirken. Bei einer naturgemäßen Umgebung mit Vielfalt an heimischen (Wild-) Pflanzen und damit Nützlingen ist das „Problem" bald gelöst. Ich konnte beobachten, daß eine nach Jahren zum ersten Mal heftig befallene 'Metzer Mirabelle' nach wenigen Wochen ohne menschliche Maßnahmen wieder ziemlich blattlausfrei war, ohne daß ein nennenswerter Schaden entstanden wäre.

Eine eingeschleppte Krankheit ist das gefürchtete Scharka-Virus, das ringförmige Flecken an Blättern, Fruchtschalen und/oder Kernen erzeugt. Bei empfänglichen Sorten können die Früchte ungenießbar werden und haben ring- oder pockenförmige Einsenkungen. Zum Glück gibt es viele scharkafeste Pflaumentypen, insbesondere bei den Urpflaumen.

Sehr eindrücklich war für uns in diesem Zusammenhang eine Exkursion zum Süßen See in Sachsen-Anhalt. Dort wachsen auf den buschwaldbedeckten Hängen nördlich des Sees viele verwilderte Hauszwetschen und andere

Pflaumen, aber auch Aprikosen, bedingt durch das wärmeverwöhnte alte Obstanbaugebiet in der Umgebung. Die Pflaumen und Aprikosen wiesen eine fast vollständige Durchseuchung mit dem Scharka-Virus auf. Mitten in diesen Beständen wuchsen auch Kriechen (*Prunus insititia*), Urpflaumen, die auch Haferpflaumen genannt werden. Sie zeigten in krassem Gegensatz zu ihrer Umgebung keinerlei Befallszeichen. Das Scharka-Problem ist also offensichtlich durch die Verwendung geeigneter, widerstandsfähiger Pflanzen lösbar.

Auch der Gesichtspunkt der **Ur-Obst®-Quellen bei den Pflaumen** zeigt die schier unendliche Fülle dieser Obstart oder, wie man vielleicht sagen muß, Obstartgruppe. Zur besseren Übersicht seien diese Quellen grob systematisiert. Es sind dies:

a) Alte, zum Großteil landschaftliche, Sorten der gängigen Unterarten, das heißt vor allem Zwetschen, Mirabellen und Reneklоden
Vor allem bei den Hauszwetschen haben sich hier zahllose gebietliche Formen entwickelt, die sich in Geschmack, Reifezeit, Fruchtgröße und -farbe, Wuchseigenschaften sowie Resistenzen unterscheiden. Während zum Beispiel die Hauszwetsche allgemein als scharkaanfällig gilt, gibt es offensichtlich in dieser Hinsicht erhebliche Unterschiede unter den Spielarten und Sorten. Diese Formen werden oder wurden zum Großteil wurzelecht gezogen, und zwar über Wurzelausläufer, zum Teil aber auch über Samen.
In diesen Kreis gehört zum Beispiel die 'Melker Hauszwetsche'. Ein Beispiel bei den Renekloden ist die jahrhundertealte Sorte 'Große Grüne Reneklode'.

b) Züchtungen mit alten Sorten
Hier ist beispielhaft wieder der russische Züchter I. W. Mitschurin zu nennen, der aus Kreuzungen zwischen Grünen Renekloden und Kriechen (Haferpflaumen) seine Sorten 'Reneklode Reforma' und 'Kolchos-Reneklode' erzielte. Übrigens kreuzte er auch Renekloden mit Schlehen, um Sorten mit großer Widerstandskraft zu erhalten.

c) Wildfunde und Zufallssämlinge aus dem Kreise der genannten Unterarten
Mit verheißungsvollen Wildfunden von Zwetschen und Zwetschenartigen ist eigentlich fast überall zu rechnen, abgesehen von klimatisch oder bodenbeschaffenheitlich sehr ungünstigen Gebieten. Man sieht diesen wildgewachsenen Fundzwetschen in der Regel schon an Wuchs und Zustand der Blätter an, ob es sich um einen gesunden, widerstandsfähigen Typ handelt.
Mit Funden wildwachsender Mirabellen und Renekloden ist nur in klimatisch begünstigten Gebieten zu rechnen. Wir haben vielversprechende Funde von Mirabellen und Renekloden namentlich in Rheinhessen, Unterfranken und Mähren gemacht.
Erst kürzlich hat ein Kunde unserer Baumschule aus dem Rheinland einen Sämling entdeckt, der recht große grüne, steinlösende Früchte mit Zwetschengeschmack an einer strauchigen Pflanze hervorbringt. Wahrscheinlich handelt es sich um einen Zufallssämling der 'Großen Grünen Reneklode' mit unbekannter wilder Einkreuzung.
Ein außerordentlicher Glücksfund war die Entdeckung eines großen Gebietes mit einer Fülle aus Samen gewachsener Obstpflanzen, vor allem Pflaumen, im mährischen Brünn. Dort befindet sich auf den Böschungen beiderseits eines Autobahnzubringers über mehrere hundert Meter eine unglaubliche Vielfalt von Pflaumensämlingen, darunter auch Renekloden und andere Rundpflaumen in verschiedensten Farben und Formen. Das ist nicht nur eine Schatzkammer wohlschmeckender Sorten, sondern auch eine Art Freiland-Labor, um die Anfälligkeit oder Widerstandskraft verschiedener Pflaumentypen zu studieren.

d) Die riesige Fülle der traditionell wurzelecht vermehrten Urpflaumenrassen
Diese Vielfalt ist so umfangreich, daß ihre Darstellung entsprechenden Fachwerken

überlassen werden muß (wie der bahnbrechenden Darstellung H. Wernecks *Die Formenkreise der bodenständigen Pflaumen in Oberösterreich* von 1958). Wir beschränken uns hier auf Formen, die in der gegenwärtigen Ur-Obst®-Anwendungsforschung von Bedeutung sind.

Eine große Gruppe sind hier die **Kriechen oder Haferpflaumen** (*Prunus insititia*) im engeren Sinne. Von diesen gab es wiederum unzählige Sorten, die wegen ihrer Widerstandskraft bestens geeignet waren für die Extensivkultur in großen Gärten und Dorffluren. Solche Sorten werden in Mitteleuropa heute fast ausschließlich zur Herstellung aromatischer Obstbrände verwendet. Dementsprechend sind viele Sorten verschollen oder ausgestorben. In anderen Gebieten sieht es zum Glück noch besser aus. Im geschichtsbewußten Britannien etwa bieten noch etliche Obstbaumschulen Kriechensorten an und in Skandinavien sind sie sehr geschätzt wegen ihrer Winterhärte und der Anbaueignung zum Teil bis zum Polarkreis. Auf diese Weise kommen benannte Kriechensorten in erster Linie aus diesen Gebieten in unseren Ur-Obst®-Schatz. Ein Beispiel dafür ist die finnische Sorte 'Himberg'.

Hierzu eine kurze Erläuterung. Vielleicht hat mancher den Einwand, solche Sorten aus Skandinavien oder dem Baltikum könne man nicht als heimisch bezeichnen. Wir müssen aber bedenken, daß es einen jahrhundertealten Sortenaustausch zwischen diesen Gebieten und Mitteleuropa gibt und daß viele Sorten eigentlich aus Mitteleuropa stammen, aber wegen ihrer Winterhärte nur im Norden überlebt haben. Das gilt nebenbei bemerkt auch für alte Rosensorten. Da der Staat die Erhaltung der Ur-Obst®-Biodiversität offensichtlich nicht als seine Aufgabe betrachtet (eine rühmliche Ausnahme ist etwa das schon erwähnte Mittelrhein-Steinobstprojekt), ist es ein Segen, daß einzelne Privatleute und -einrichtungen versuchen zu retten, was sie können. Diesen Privatinitiativen ist es auch bei den Kriechen und anderen Urpflaumen zu danken, daß etliche Sorten erst einmal dem Untergang entrissen werden. Solche Vorhaben gibt es beispielsweise in Oberösterreich (Linz und Braunau), Baden-Württemberg (Universität Tübingen) und Schleswig-Holstein (Stiftung Herzogtum Lauenburg). Jenseits der Thaya werden im mährischen Velká nad Veličkou alte Pflaumensorten dieser an Urpflaumen außerordentlich reichen Landschaft gesammelt. Solche Sammlungen bewahren sozusagen den Genschatz für künftige Obstzüchtungen.

Auch verheißungsvolle Wildfunde von Kriechen sind in noch nicht ausgeräumten Fluren keine Seltenheit. Auf einer Bergkuppe in Rheinhessen haben wir beispielsweise eine Krieche entdeckt, die so außergewöhnlich süß und aromatisch ist, daß wir sie 'Gau-Algesheimer Zuckerkrieche' nennen.

Eine Zwischenbemerkung für die eigene Obstpflanzenbestimmung: Die Kriechen werden oft mit den Kirschpflaumen (*Prunus cerasifera*) verwechselt, die ebenfalls mirabellenförmige Früchte tragen, die verschiedene Farben haben können (oft Gelb und Rot, seltener Blau; Grün so gut wie nie). Die Kirschpflaumen sind bedeutend häufiger als Kriechen, weil sie besonders oft als Pflaumenunterlagen verwendet werden. Kirschpflaumen blühen sehr früh (vor allen anderen Pflaumenartigen), fruchten oft schon im Früh- bis Hochsommer, haben kleine, nicht oder nur wenig und kurz behaarte Blätter, haben ein wäßriges Fruchtfleisch mit säuerlicher Schale und bilden keine Wurzelausläufer. Kriechen dagegen blühen und fruchten zusammen mit anderen Pflaumen, haben behaarte Blätter und Jungtriebe, ein eher sämiges aromatisches Fruchtfleisch und bilden Wurzelausläufer wie die meisten anderen Pflaumen. Kriechenfrüchte sind meistens blau, können aber auch gelb, rot, grün oder fast schwarz sein.

Eine weitere kulinarisch wertvolle Unterart der Urpflaumen sind die **Spillinge** (*Prunus domestica* ssp. *pomariorum*), deren Kultur im Süden des deutschen Kulturraumes bis in graue Vorzeit zurückreicht. Heute noch erhältliche Sorten sind der 'Gelbe' und der 'Gelbrote' oder 'Wohlriechende Spilling'. Bei der Pflaumenexkursion nach Mähren konnten wir reizvolle wilde Spillingsfunde machen, auch von strauchigen Formen. Allein von der Unterart der Spillinge gab und gibt es noch zahlreiche Sorten, die sich durch süßen und aromatischen Geschmack auszeichnen.

Die **Ziparten oder Ziberl** (*Prunus domestica* ssp. *prisca*) sind ein weiterer uralter Formenkreis, der heute im süddeutschen Raum noch als Brennpflaume genutzt wird. Die Ziparten mit ihren runden, kleineren Früchten in verschiedenen Farben besitzen besondere Eigenschaften, wie etwa die sehr späte Fruchtreife (ab Oktober), ihr oft langes Halten am Baum (manchmal über den ganzen Winter), das ungewöhnliche Farbspiel mit Grün-, Gelb-, Blau-, Violett- und Rosatönen, die kennzeichnende herb-aromatische Geschmacksnote und den kompakten Wuchs.

Die **Kuchelzwetschken** (nach Werneck *Prunus domestica* ssp. *culinaria*) bilden bis 4 m hohe Sträucher, deren Früchte einen beachtlichen Zuckergehalt haben und die besonders gern zum Kochen und Backen, aber auch zur Obstbrandherstellung genutzt wurden und werden. Sie sind in Mähren (wo sie auf tschechisch 'Durancien' genannt werden) und in Ober- und Niederösterreich zu finden.

Um den Reichtum und die Vielfalt anderer heimischer Unterarten und Formenkreise wenigstens anzudeuten, seien hier die Namen der übrigen oberösterreichischen Urpflaumenrassen aufgeführt: Zwispitz, Punzen, Bidlinge, Pemsen, Pfludern, Rotzwespen und Roßbauken.

Hoffentlich werden auch künftige Geschlechter noch aus diesem Reichtum schöpfen können.

Forschungsrichtungen

Bei der Formenfülle der Pflaumen sollte es eigentlich nicht schwierig sein, für jedes erwünschte Merkmal Sorten oder Typen zu finden. Das gilt auch für strauchige Formen für Obsthecken. Bei den Kriechen oder ähnlichen Urpflaumen kann man da leicht fündig werden. Die bereits erhältliche 'Himberg' zeugt davon. In der Mainzer Gemarkung fanden wir eine kriechenartige Wildpflaume mit auch nur mäßigem (mittelstrauchigem) Wuchs. Der 'Gelbrote' oder 'Wohlriechende Spilling' soll auf eigener Wurzel auch nicht höher als etwa 3 m werden. Auch mit Wildfunden in dieser Richtung ist stets zu rechnen.

Über kleinerwüchsige Renekloden verfügen wir dank Mitschurin. Bei den Zwetschen stehen die neueren Züchtungen (aus alten Sorten) 'Oda' und 'Topper' zur Verfügung.

Schwieriger wird es bei den Mirabellen. Mir ist bei den überkommenen Sorten keine kleinwüchsige bekannt. Abhilfe schaffen hier vielleicht Wildfunde. In Rheinhessen konnten wir an Hecken und Zäunen schon zwei kleinwüchsige, strauchige Mirabellen finden. Sie müssen noch auf Fruchtertrag und Virusfreiheit gesichtet werden.

Die wurzelechte Kultur hat bei den Pflaumen ja Tradition. Insbesondere bei den Zwetschen werden schon verschiedene Typen aus Wurzeltrieben gezogen. Entsprechendes gilt für die 'Große Grüne Reneklode'. Werneck geht auch von der Samenvermehrbarkeit der Urpflaumen aus. Bei der 'Kuchelzwetschke' machen wir uns das schon zunutze.

Immer muß ja auch die Widerstandskraft gegen das Scharka-Virus bedacht werden. Das gilt besonders für die Zwetschen. Die verschiedenen landschaftlichen Zwetschentypen und -funde werden erst einmal nach Augenschein beurteilt und dann länger beobachtet bzw. untersucht. Der Augenschein hat immerhin schon Zwetschentypen erbracht, die auch über längere Zeit weder am Laub noch an den Früchten irgendwelche Scharkasymptome zeigen.

Ein nebengeordneter Gesichtspunkt ist die Streuung der Reifezeiten, die besonders von Selbstversorgern immer wieder gewünscht wird. Ein Vierteljahr läßt sich bislang schon mindestens abdecken. Zeitliche Eckpunkte setzen bislang frühe Spillinge sowie die im Rahmen des Mittelrheinprojektes entdeckte

'Erntepflaume', die schon im Juli reift, auf der einen Seite, und die Ziparten und die schon erwähnte bei Mainz entdeckte kleinwüchsige Krieche, die im Oktober als letzte in der Pflaumenhecke Früchte trug, auf der anderen Seite.

Etwas spielerischer ist die Einbeziehung verschiedener, auch ungewöhnlicher Fruchtfarben. Rote oder grüne Zwetschen und Pflaumen etwa haben zumindest einen besonderen ästhetischen Wert. In dieser Hinsicht und auch zwecks Entdeckung neuer Geschmacksrichtungen lohnt es sich auch, weiterhin in der Schatzkammer der Urpflaumen zu stöbern.

Im Folgenden werden zuerst Zwetschen und ähnliche Kulturpflaumen beschrieben, dann in der weiteren Reihenfolge Renekloden, Mirabellen, Kriechen und sonstige Urpflaumen.

Zwetschensorten

'Melker Hauszwetsche'

Dieser niederösterreichische Typ wird über Ausläufer vermehrt und hat sich bisher als sehr gesund erwiesen.

Pflaume 'Oda'

Diese Pflaume bildet einen ungefähr 3 m hohen Strauch und ist damit sehr gut für Obsthecken geeignet. Die Früchte sind groß, violett, zwetschenartig, saftig, säuerlich-süß und wohlschmeckend, steinlösend und reifen im August oder September.

Die Sorte ist nicht selbstfruchtbar. Bisher ist die Sorte noch nicht auf eigener Wurzel verfügbar und deshalb nur eingeschränkt als Ur-Obst® zu bezeichnen.

Pflaume 'Sinikka'

Diese in Finnland kultivierte Sorte ist ein echtes Ur-Obst®. Sie wird wurzelecht angeboten und ist von großer Vitalität, Widerstandskraft und Frosthärte.

Sie wächst sehr gedrungen und bildet einen nur 3–4 m hohen Strauch. Die Früchte sind klein bis mittelgroß, von blauer Farbe und sehr wohlschmeckend. Die Sorte ist selbstfruchtbar und ein guter Pollenspender.

'Gelber Spainling'

Er steht in vielem den Zwetschen näher als den Spillingen. Es handelt sich um eine alte niederösterreichische Sorte, die echt aus Samen fallen soll. Die Früchte sind recht groß, gelb, honigsüß und aromatisch, reifen etwa im September.

'Wachspflaume'

Dabei handelt es sich um eine 4–5 m hoch werdende alte landschaftliche Sorte vom Niederrhein, wo sie hergebrachterweise wurzelecht aus Ausläufern vermehrt wird. Sie ist gesund, wuchskräftig und zeigt auch keinerlei Anzeichen von Virusbefall. Die Früchte sind gelb, sehr wohlschmeckend und süß.

'Experimentalfältets'

Diese schwedische Sorte aus dem 19. Jh. ist den Zwetschen zuzurechnen. Bei uns in der Baumschule hat sie sich als sehr gesund und widerstandsfähig erwiesen. Sie bildet nur Sträucher oder kleine Bäume. Die Früchte sind violett, klein bis mittelgroß, saftig, säuerlich-süß und wohlschmeckend sowie steinlösend. 'Experimentalfältets' ist selbstfruchtbar und ein guter Bestäuber.

'Farleigh Damson'

In England ist „Damsons" die Bezeichnung für Damaszenerpflaumen und umfaßt Formen, die den Wildpflaumen bzw. Kriechen nahestehen. 'Farleigh Damson' bildet auf eigener Wurzel 3–4 m hohe Sträucher von großer Robustheit und Gesundheit. Die Früchte sind dunkelblau, saftig, vom herbsüß-aromatischen Geschmack der Wildpflaumen und reifen im September. Die Sorte ist zumindest teilweise selbstfruchtbar.

'Zwetsche Sinzing'

Hierbei handelt es sich um einen Zwetschentyp aus Bayern, der stecklingsvermehrt wird. Der Baum wird ungefähr 4 m hoch und soll sehr krankheitsfest sein. Die Früchte sind etwas kleiner als die üblichen Hauszwetschen, aber besonders aromatisch.

'Späte Zwetsche Kirschkamp'

Dieser landschaftliche Typ stammt vom Niederrhein und wird über Ausläufer vermehrt.

Pflaume 'Oda'

Pflaume 'Sinikka'

Pflaume 'Gelber Spainling'

Pflaume 'Experimentalfältets'

Krieche 'Farleigh Damson'

Pflaume 'Rheingold'

Pflaume 'Topper'

'Große Grüne Reneklode'

Reneklode 'Reforma'

Blaurote Ringlotte Brünn

Rote Ringlotte Brünn

Die Pflanzen sind sehr gesund und zeigen auch keinerlei Anzeichen von Virusbefall. Die Früchte entsprechen denen der gewöhnlichen Hauszwetsche.

Die beiden folgenden in Geisenheim am Rhein gezüchteten Sorten sind in ihrer Ur-Obst®-Eignung noch nicht abschließend geprüft und sind auch bislang nicht auf eigener Wurzel verfügbar. Sie sind aber wegen ihres mäßigen, gedrungenen Wuchses, der etwa 3 m Höhe nicht überschreiten soll, von Interesse. Damit erscheinen sie gut geeignet für strauchige Obsthecken.

'Rheingold' (S)

Diese Pflaume wurde aus älteren Sorten gezüchtet. Die Früchte sind groß, gelb mit goldrotem Anhauch, und süß. Sie reifen von Ende August bis Anfang September.

'Topper' (S)

Diese neuere Zwetschensorte gilt als sehr widerstandsfähig gegen Krankheiten und auch das Scharka-Virus. Die Früchte sind blau, mittelgroß bis groß, süß, aromatisch und steinlösend, mit mittlerer Reifezeit. Die Sorte ist selbstfruchtbar.

Reneklodensorten

'Große Grüne Reneklode'

Die 'Große Grüne' ist gleichsam die Urform der Renekloden. Sie ist seit dem 16. Jahrhundert in Europa bekannt. Die Sorte bildet kräftige, mittelhohe Bäume. Sie eignet sich für die wurzelechte Vermehrung, entweder durch Ausläufer oder Stecklinge. Die Früchte sind grün bis goldgelb und saftig und schmecken köstlich süß und aromatisch. Sie eignen sich hervorragend für den Rohverzehr, auch für die Verarbeitung, sind aber zum Teil schwer steinlösend. Sie reifen von Ende August bis Anfang September. Die Sorte ist selbstunfruchtbar.

'Reneklode Reforma'

Diese Rundpflaume wurde von I. W. Mitschurin aus der 'Großen Grünen Reneklode' und einer Wildpflaume gekreuzt. Es ist eine strauchige, heckengeeignete Sorte mit großen, gelben, saftigen, säuerlich-süßen Früchten, die im August reifen. Entsprechend der Herkunft ist eine widerstandsfähige und sehr frostharte Sorte zu erwarten.

'Blaurote Ringlotte Brünn'

Dieser sehr robuste und gesunde Typ stammt von der genannten Sämlingsböschung in Brünn. Er fiel zunächst durch den gedrungenstrauchigen, früh verzweigenden Wuchs auf sowie durch den Fruchtbehang schon bei ungefähr 1,50 m hohen Pflanzen. Die mittelgroßen Früchte reifen im August und sind von köstlich süßem Wohlgeschmack. Madenbefall konnte am Fundort nicht festgestellt werden. Über die Ertragsstärke lassen sich noch keine Aussagen machen. Die Sorte ist noch nicht in Vermehrung.

Mirabellensorten

'Nanziger Mirabelle' ('Mirabelle von Nancy'):

Diese Mirabelle ist eine vorzügliche Sorte, die wahrscheinlich seit dem 15. Jahrhundert in Europa bekannt ist. Sie ist starkwüchsig und wächst zu Bäumen mit breitkugeliger Krone heran. Die goldgelben, sonnenseits rötlichen Früchte sind süß und aromatisch. Das Fruchtfleisch löst gut vom Stein. Die Früchte reifen von Ende August bis Anfang September und sind hervorragend für Frischverzehr, zum Einmachen, zur Konfitürenherstellung und zum Brennen geeignet. Die 'Nanziger Mirabelle' ist selbstfruchtbar und gilt als scharkagefeit. Sie ist auch auf eigener Wurzel zu bekommen.

'Mirabelle von Metz'

Sie ist sicher eine der ältesten erhaltenen Mirabellensorten. Sie wurde vor allem in Lothringen und in Hessen über lange Zeiten angebaut. Neben ihrer Widerstandskraft und abgesehen von ihren köstlichen Früchten macht sie vor allem ihr schwacher, eher strauchiger Wuchs bedeutsam für unsere Gärten. Die Früchte sind etwas kleiner als die der Nanziger, sie sind auch sehr süß und aromatisch und eignen sich für die gleichen Verwendungszwecke wie jene. Sie

'Nanziger Mirabelle'

'Metzer Mirabelle' – Blüte

'Metzer Mirabelle' – Frucht

reifen im August. Wegen ihres Wuchses ist die Sorte eine geeignete Mirabelle für Obsthecken. Laut manchen Quellen soll die 'Mirabelle von Metz' samenecht sein. Bei unseren Aussaatversuchen hat sie sich allerdings als nicht gut keimfähig erwiesen.

Kriechensorten

Krieche (*Prunus insititia*)

Unter diesem Namen der Zwischenart von Pflaume (*Prunus domestica*) und Schlehe (*Prunus spinosa*) werden verschiedene Typen angeboten. Das ist auch nicht verwunderlich, ist doch die Art sehr vielgestaltig und „Krieche“ oder „Haferpflaume“ Oberbegriff für eine Vielzahl verschiedener Formen und Ausprägungen. Meistens sind im Handel blaufrüchtige Typen mit etwa mirabellengroßen süßen bis herbsüßen Früchten oder unter der Bezeichnung 'Haferpflaume' ein badischer Typ mit grüngelben, mittelgroßen, süßen, saftigen Früchten mit schlechter Steinlöslichkeit. Die Haferpflaumen reifen Anfang September. Kriechen sind meist von schier unverwüstlicher Gesundheit und Frosthärte und hervorragend geeignet für die pflegearme Obsthecke. Allerdings sind sie nicht unbedingt schwachwüchsig, viele Typen wachsen vielmehr großstrauchig bis baumartig. Manche Kriechentypen sind auch fixiert und als Sorte benannt.

Krieche 'Himberg'

'Himberg' ist ein solcher als Sorte fixierter Typ. Sie ist von eher gebremstem Wuchs und soll zu ungefähr 3 m hohen Sträuchern heranwachsen. Damit empfiehlt sich die Sorte auch für etwas „übersichtlichere“ Obsthecken. Da sie in Nordeuropa kultiviert wird, ist sie von besonderer Frosthärte und eignet sich auch für Höhenlagen. Die Früchte sind mittelgroß, blaurot, süß-aromatisch und eignen sich gut für Rohverzehr und Kompott. Sie reifen im August bis September. Die Sorte ist selbstfruchtbar.

Kriecherl 'Martina'

Diese Sorte stammt aus der niederösterreichischen regionalen Gehölzvermehrung. Die

Krieche (*Prunus insititia*)

Krieche 'Himberg'

Krieche 'Martina'

Krieche 'Black Bullace'

Krieche 'Shepherd's Bullace'

Trnečka blau

Früchte sind blau, etwa mirabellengroß und sehr süß und wohlschmeckend. Auch getrocknet sind sie ein Leckerbissen.

Krieche 'Black Bullace'

„Bullace" ist die englische Bezeichnung für Krieche. Diese Sorte gehört zu den in England erhalten gebliebenen und dort nach wie vor vertriebenen Kriechentypen. Sie wächst auf eigener Wurzel zu einem großen Strauch oder kleinen Baum heran. Die Früchte sind dunkelblau, von der kriechenüblichen Größe, und schmecken aromatisch, aber säuerlich.

Krieche 'St. Julien'

Diese Sorte (*Prunus insititia* var. *juliana*) ist noch recht weit verbreitet, weil sie häufig als Obstunterlage benutzt wird. Die Früchte sind blau, aromatisch und besitzen oft auch eine beachtliche Süße.

Krieche 'Shepherd's Bullace'

Sie stammt auch aus dem britischen Kriechenschatz. Auf eigener Wurzel bildet sie einen aufrechtwachsenden, etwa 4 m hohen Strauch. Die Früchte sind grün und färben sich erst vor der Reife im Oktober gelblich. Sie schmecken eher herb, gewinnen bei Vollreife aber an Süße.

'Valašská Trnečka' und 'Bílá Trnečka'

Diese außergewöhnlichen ostmährischen Landrassen gehören mit großer Wahrscheinlichkeit in den Formenkreis der Kriechen. Eine ihrer Besonderheiten ist ihre mittelstrauchige Wuchshöhe von 2–3 m. Das dürfte unter den Pflaumen ziemlich einzigartig sein. Die 'Trnečky' sollen samenecht sein. Sie kommen nur in drei Dörfern in Ostmähren in wenigen Exemplaren vor und sind damit akut vom Aussterben bedroht. Ihre Früchte sind kriechenartig und blau ('Valašská Trnečka') bzw. grün ('Bílá Trnečka'). Sie reifen im Juli. Im Geschmack sind sie herbsüß und aromatisch. Sehr bemerkenswert und für den gesamten Ur-Obst®-Gegenstand von grundsätzlicher Bedeutung ist die Tatsache, daß sogar im Versuch künstlich herbeigeführte Infektionen mit Scharka und anderen Viren wirkungslos blieben. (Auskünfte von Prof. Vojtěch Řezníček, Universität Brünn, und aus Paprštein/Karešová/Navrátil: Results of plum pox virus transmission into germplasm of plums. Acta Hort. (ISHS) 478: 279–282).

Weitere Urpflaumensorten

'Löhrpflaume'

Die 'Löhrpflaume' ist wahrscheinlich im 19. Jahrhundert in der Schweiz entstanden. Sie ist heute noch im Anbau, vor allem als Brennpflaume zur Branntweinherstellung. Sie ist eine sehr widerstandsfähige Sorte, was auch hinsichtlich des Scharka-Virus gilt. Sie wächst kräftig und aufrecht. Die Früchte sind klein bis mittelgroß und rotviolett, sie schmecken süß und sehr aromatisch. Sie reifen von Mitte August bis Anfang September und eignen sich für Rohverzehr und Verarbeitung. Die Sorte ist teilweise selbstfruchtbar. Leider ist sie bislang nicht wurzelecht verfügbar.

'Kuchelzwetschke'

Diese Gruppe wird von Werneck nicht zu den eigentlichen Zwetschen gerechnet, sondern bildet eine eigene Unterart. Sie kann aus Samen vermehrt werden und bildet Sträucher oder kleine Bäume von 3–4 m Höhe. Die Früchte sind mittlerer Größe, rot- bis blauviolett und wohlschmeckend. Sie sollen beim Kochen und Backen noch süßer werden und werden wegen ihres hohen Zuckergehaltes und guten Aromas vor allem in Mähren zum Brennen von Sliwowitz genutzt.

'Damassine-Pflaume' ('Damaszenerpflaume')

Dieser Formenschwarm gehört zum Kreis der Halb- oder Rotzwetschen und steht den vorigen nahe. Unter dem Namen 'Damassine' sind die 'Damaszenerpflaumen' vor allem im Schweizer Kanton Jura reich vertreten. Da sie traditionell wurzelecht und auch über Samen vermehrt werden, haben wir hier eher einen sogenannten Formenschwarm gemeinsamer Herkunft, aber mit leichten Abweichungen vor uns. Die 'Damassine-Pflaumen' haben typischerweise einen starken, halbaufrechten Wuchs. Die Früchte sind verhältnismäßig klein, rosen- bis purpurrot mit Violett und saftig, süß und sehr aromatisch, gut steinlösend. Sie reifen von Mitte August bis Anfang September.

'Erntepflaume'

Die 'Erntepflaume' ist, wie oben schon erwähnt, eine alte rheinische Landsorte, die durch das Mittelrhein-Steinobstprojekt wieder Beachtung fand. Sie ist eine typische Sorte extensiver wurzelechter Obstheckenkultur. Sie gedeiht ohne jede Pflege vorzüglich und ist auf eigener Wurzel auch sehr frosthart. Besondere Krankheitsanzeichen sind an den Beständen nicht auszumachen.

Die Sorte bildet große Sträucher und zeitigt im Juli große Mengen kleiner, blauer Früchte mit süß-aromatischem Geschmack, der mit einer herben Wildfruchtnote gewürzt ist.

Kuchelzwetschke

'Gelber Spilling'
Es handelt sich hierbei um eine uralte Sorte, die wegen ihrer Beständigkeit in der Samenvermehrung in der Vergangenheit auch schon als eigene botanische Art angesehen wurde. Im 19. Jahrhundert war der 'Gelbe Spilling' in Bauerngärten noch recht verbreitet. Er bildet kleine bis mittelgroße Bäume. Seine Früchte sind gelb mit dünner weißlicher Bereifung und eher klein. Sie werden zahlreich ausgebildet und verbreiten als Besonderheit einen ausgeprägten Wohlgeruch. Ihr Geschmack ist süß und aromatisch bei etwas säuerlichem Geschmack der Schale. Sie sind steinlösend und reifen schon Anfang August.

'Gelbroter Spilling' ('Wohlriechender Spilling')
Auch diese Sorte ist eine jahrtausendealte Urpflaume. Im Gegensatz zu der vorigen ist sie eher von mäßigem Wuchse und deswegen wahrscheinlich auch besser für Obsthecken geeignet. Mit anderen Urpflaumen teilt sie die ausgesprochene Robustheit. Die Früchte sind klein bis mittelgroß und gelb bis weinrot. Sie schmecken sehr süß, lösen gut vom Stein und reifen von Juli bis August. Sie werden vor allem für Rohgenuß und Obstbrände genutzt.

Spilling

'Ziparte'
Auch diese Unterart ist uralt und reicht mit Sicherheit in vorrömische Zeit zurück. Bezüglich der Ausbildung einzelner Sorten scheint vieles unklar, so daß ich mich hier auf eine allgemeine Beschreibung begrenze, wohl wissend, daß

Gelbe Ziparte

Werneck mit seinem umfangreichen Wissen unterschiedliche Formenkreise der Ziparten oder Ziberln kurz beschreibt. Ich setze den Schwerpunkt auf noch im Baumschulhandel befindliche Typen.

Die ebenfalls sehr widerstandsfähige und frostharte Sortengruppe bildet Sträucher bis kleine Bäume mit recht kleinen Blättern aus. Die Behaarung der Blätter und Triebe ist (abgesehen von den Kirschpflaumen) unter den Pflaumen am schwächsten ausgeprägt. Die Früchte sind ziemlich klein und kugelig. In der Farbe sind sie sehr wandelbar, von Grün und Gelb über Rosenrot bis Violett. Sie sind herbsüß und saftig, oft ist die Schale säuerlich. Sie reifen im Herbst und können über Monate am Baum haften. Sie werden als Brennpflaumen angepflanzt, sind aber auch geeignet für den gesunden Rohgenuß.

Künftige Entwicklungen

Bei den Pflaumen liegt die Aufgabe der künftigen Ur-Obst®-Forschung weniger im Auffinden neuer Sorten als in der Sichtung und Nutzbarmachung der vorhandenen Fülle für die Bedürfnisse heutiger Gartenbesitzer und Obstanbauer. Sorten mit besonderem Geschmack, ausgeprägten Resistenzen und gebremstem, strauchigem Wuchs werden dabei besondere Aussichten haben. Viele Formen und Funde sind in der Sichtung. Je nach wirtschaftlicher Nachfrage werden mehr oder weniger davon vermehrt und angeboten werden können.

Bereifte Zwetsche Brünn

Grüne Reneklode Gau-Algesheim

Bunte Pflaume aus Vidče bei Rosenau

In der Prüfung befinden sich unter anderem Typen norddeutscher Urpflaumen (Kreeke, Kreete und Wiechel) aus der Lauenburger Sammlung Peter Schlottmanns, die einen mittelstrauchigen Wuchs haben sollen. Nach dem bisherigen Stand sieht es eher nicht so aus, daß sie diese Anforderung erfüllen könnten.

Verheißungsvoll sind weitere Funde von der Brünner Obstböschung. Hier ist besonders eine weißlich bereifte Zwetsche mit recht großen, köstlichen Früchten zu nennen, die am Fundort einen dichten Strauch von etwa 3 m Höhe bildet und sehr reich fruchtet. An Pflanze und Früchten waren keinerlei Krankheitsanzeichen erkennbar. Eine solche Sorte muß ein großer Gewinn für eine Obsthecke sein.

Ein weiterer aufregender Fund am selben Standort war eine ebenfalls strauchige, eher noch kleinwüchsigere Pflaume mit Früchten in etwas mehr als Mirabellengröße von grüner, bei Vollreife (im September) in Gelb übergehender Farbe. Alle Exkursionsteilnehmer waren sich einig, daß sie noch nie eine Pflaume von so köstlichem Geschmack verkostet hatten, den man nur annähernd mit sahnigsüß und aromatisch beschreiben kann. Schon die grünen, unreifen Früchte sind süß. Der Typ erhielt den Arbeitstitel 'Honigpflaume'. Leider ist das Laub nicht frei von Virusanzeichen, so daß die Sorte noch näher untersucht werden muß.

Von großstrauchigem Wuchs sind zwei dort aufgefundene wurzelechte Renekloden, eine rote und eine gelbe, die ebenfalls hochwertige große Früchte in reichem Ertrag liefern.

In Rheinhessen, bei Gau-Algesheim, wurde eine ebenfalls wurzelechte kleinerfrüchtige grüne Reneklode gefunden, die dort in etlichen Exemplaren in einer Art Hain wächst. Der Geschmack der Früchte ähnelt etwas dem der gerade beschriebenen 'Honigpflaume', ohne an ihn ganz heranzureichen.

Unter Beobachtung stehen auch verschiedene Spillingstypen, vor allem aus der Lausitz, aus Holstein und Mähren. Hier sind neben den Fruchteigenschaften Samenbeständigkeit und etwaiger mittelstrauchiger Wuchs wichtige Augenmerke.

Aus Rheinhessen stammen zwei Mirabellen-Wildfunde, die einen mittelstrauchigen, gedrungenen Wuchs zu haben scheinen. Eine gute Mirabelle mit solchen Wuchseigenschaften wäre ein großer Fortschritt.

Bei Rosenau (Rožnov) in Mähren fanden wir bei der Pflaumenexkursion einen einzigen, alten, teilweise schon abgestorbenen kleinen Baum mit großen, eiförmigen Früchten ungewöhnlicher Färbung. Sie waren reif rosenrot mit Schattierungen von Grün, Gelb und Blau. Das Fruchtfleisch war goldgelb und sehr süß und wohlschmeckend. Vermutlich handelt es sich um ein Überbleibsel der von Werneck beschriebenen Urpflaumenrassen. Der Mutterbaum existiert nun nicht mehr; zwei Kerne sind aber gekeimt, und wir sind sehr gespannt, ob sich Wernecks Aussage über die Samenbeständigkeit dieser Urpflaumen bewahrheitet.

Perspektiven als Ur-Obst® haben auch Wildfunde von Zwetschen oder anderen Kulturpflaumen mit Schleheneinschlag. Sie versprechen große Widerstandsfähigkeit, Heckeneignung und nicht zuletzt großartige, gehaltvolle Wildfruchtgeschmackserlebnisse. Wir haben eine solche Schlehenpflaume aus dem fränkisch-oberpfälzischen Raum, die Gesundheit, Reichfrüchtigkeit und guten, aromatischen Geschmack in sich vereint.

Die Möglichkeiten, neue Urpflaumensorten zu finden und für die Kultur zu erschließen, sind zum Glück noch reichhaltig. Im süddeutsch-südmitteleuropäischen Raum haben sich nach unserer Erfahrung beispielsweise das Oberwallis, die Schwäbische Alb, Rheinhessen (Gebiet um Gau-Algesheim) und Mähren als verheißungsvoll für neue Funde erwiesen. Zusätzlich sollte in den bestehenden verdienstvollen Sammlungen von Urpflaumen unbedingt nach weiteren Sorten für den Ur-Obst®-Anbau Ausschau gehalten werden, damit die Menschen unserer Zeit in den Genuß dieses vielfältigen Obsterbes kommen, und noch wichtiger, damit es künftigen Geschlechtern erhalten bleibt.

PFIRSICHE

Allgemeines zur Obstart

Der Pfirsich (*Prunus persica*) gehört zu den wärmeliebenden Obstarten und wird deswegen vor allem im Weinbauklima kultiviert. Diese Obstart ist allerdings schon seit wahrscheinlich über 1000 Jahren in Mitteleuropa vorkommend, so daß sich angepaßte landschaftliche Sorten und Rassen entwickeln konnten, auch solche, die in rauheren Lagen gedeihen.

Gewöhnlich brauchen Pfirsiche durchlässige, aber doch gut mit Wasser und Nährstoffen versorgte Standorte sowie eine ausreichende sommerliche Wärmesumme, um die Früchte ausreifen zu lassen. Allerdings ist bei kaum einer Obstart der Robustheitsunterschied zwischen neueren, großfrüchtigen veredelten Sorten und wurzelechten alten Formen so augenfällig wie bei den Pfirsichen. Die letzteren Sorten sind weit widerstandsfähiger und auch deutlich weniger anspruchsvoll an den Standort.

Im Gegensatz zu vielen anderen Obstarten sind die Pfirsiche von Hause aus keine Heckenpflanzen. Sie wollen eher luftig und besonnt stehen und wachsen gern im Freistand. Dort wo sie wild bzw. verwildert häufiger vorkommen, wie zum Beispiel in Rheinhessen, stehen sie meist auf Verbuschungsflächen, an Wegrändern oder am lichten Rande von Gehölzen.

Herkömmlich wurden die heimischen Pfirsichtypen oft am Rande von Weinbergen angepflanzt. Das alles zeigt uns deutlich den Weg zum Einsatz dieser Obstart im Ur-Obst®-Garten.

Sehr gut sind die Pflanzen zum Beispiel in einer Wiese aufgehoben oder als ansprechender (auch Blüten-)Strauch im Einzelstand. Sollte er in eine Wiese gepflanzt werden, ist zu berücksichtigen, daß der Pfirsich es auch im unteren Bereich nicht mag, wenn er von anderen Pflanzen eingewachsen ist. Zumindest bei jüngeren Bäumen lohnt es sich deshalb, den Stammfuß immer mal wieder freizustellen.

Die Befruchtungsverhältnisse sind beim Pfirsich recht übersichtlich. Fast alle Sorten sind selbstfruchtbar. Wie üblich kann die Anpflanzung verschiedener Sorten jedoch die Fruchtbarkeit erhöhen.

Bei den Pfirsichen ist die Zeitspanne zwischen Anzucht bzw. Anpflanzung auch bei samenvermehrten Pflanzen erfreulich kurz. Nach etwa zwei bis drei Jahren ist mit erstem Ertrag zu rechnen.

In der Pfirsichkultur sind einschneidende Krankheitsereignisse durchaus nicht ungewöhnlich. Gefürchtet ist zum Beispiel die Kräuselkrankheit, eine Pilzerkrankung, die im Frühjahr vor allem bei kühl-feuchter Witterung erscheint und die Blätter blasig auftreibt und kräuselt, so daß sie schließlich abfallen. Unter Umständen können auch Holz oder Früchte befallen werden. Im schlimmsten Falle kann der Baum allmählich eingehen.

Im konventionellen Anbau versucht man der Krankheit mit Spritzmaßnahmen Herr zu werden. Die Ur-Obst®-geeigneten Sorten des Pfirsichs sind aber so widerstandsfähig, daß sie weniger befallen werden und außerdem einen etwaigen Befall besser überstehen. Bekämpfungsmaßnahmen sind deswegen nicht notwendig. Der Baum wirft die befallenen Blätter ab, und nach wenigen Wochen hat der Neuaustrieb dafür gesorgt, daß die Pflanze wieder ein gesundes Aussehen hat.

Meine Hypothese ist dabei, daß die Anfälligkeit für die Kräuselkrankheit eine Reaktion der Pflanze auf eine Niederschlagshäufigkeit im Frühjahr ist, die sie in ihrer ursprünglichen Heimat nicht gewohnt ist. Die über lange Zeiträume durch Aussaat fortgepflanzten Weinbergspfirsiche konnten sich viel besser an die Klimaverhältnisse der neuen Heimat anpassen.

Gefürchtet ist auch das sogenannte Schlagsterben des Pfirsichs, bei dem in kurzer Zeit ganze Zweige oder sogar alle oberirdischen Teile absterben und braun werden. Als Ursachen sind Witterungseinwirkungen oder Krankheiten denkbar. Für okulierte Pflanzen auf fremder Unterlage ist ein solches Ereignis das sichere Todesurteil. Wurzelechte, robuste Pflanzen dagegen bauen sich in kurzer Zeit durch neue Bodentriebe wieder auf.

Dank ihrer schon langen Anwesenheit sind die Pfirsiche auch in Europa recht vielfältig. Die Obstart wird zunächst gewöhnlich in die behaarten eigentlichen Pfirsiche und die glattschaligen Nektarinen unterteilt. Allerdings ist diese Unterscheidung botanisch nicht tief verankert, denn „Nektarinen" können einfach aus gewöhnlichen Pfirsichen entstehen. Die Nektarinen haben beim Ur-Obst® keine Bedeutung erlangt. Oft sind die Sorten anfälliger als die gewöhnlichen Pfirsiche, und mir ist kein einziger in Mitteleuropa entstandener Typ bekannt.

Bei den eigentlichen Pfirsichen sind einige Begriffsklärungen nötig. Die alten samenechten Pfirsichrassen werden an Rhein und Mosel „Weinbergspfirsiche" genannt, in Österreich „Weingartenpfirsiche". Diese Unterscheidung ist ausschließlich sprachlich und bezeichnet keine verschiedenen botanischen Formen. Die Einführung älterer Pfirsichsorten in den Obsthandel hat neue Begriffsverwirrungen darüber gebracht, was denn unter einem „Weinbergspfirsich" zu verstehen sei. Die aus West- oder Südeuropa gelieferten breiten und flachen Tellerpfirsiche (*Prunus persica* var. *platycarpa*) werden im Handel oft (fälschlich) als 'Weinbergspfirsiche' angeboten, so daß viele Menschen meinen, Weinbergspfirsiche müßten platt sein. Die neue Beliebtheit des 'Roten Weinbergspfirsichs' oder 'Blutpfirsichs' von der Mosel wiederum hat zu der irrigen Annahme geführt, Weinbergspfirsiche müßten grundsätzlich rotfleischig sein.

Pfirsiche können ganz verschieden gefärbtes Fruchtfleisch haben. Die handelsüblichen sind in der Regel gelbfleischig, selten weißfleischig. Die urtümlichen Formen haben meist weißes (mitunter um den Kern rotgetöntes) Fruchtfleisch, können aber auch rot-, gelb- oder grünfleischig ein. Sogar violette Musterung kommt vor.

Die Weinbergs- oder Weingartenpfirsiche sind ein Ur-Obst® schlechthin. Sie sind in Europa entstanden, haben über lange Zeiträume gezeigt, daß sie mit sehr wenig oder gar keiner Pflege gedeihen können und sind dementsprechend sehr widerstandsfähig. Ihre genetische Vielfalt ist beachtlich. In einem einzigen rheinhessischen Ort zum Beispiel gibt es drei samenechte Weinbergspfirsichsorten, eine weiß-, eine gelb- und eine grünfleischige. Zu den eigentlichen Weinbergspfirsichen kommen als Ur-Obst®-Quellen dann noch andere ältere samenvermehrbare Sorten wie 'Roter Ellerstädter', 'Kernechter vom Vorgebirge' oder 'Proskauer'. Fast alle dieser samenechten Pfirsiche haben übrigens in der Reife ein ausgeprägtes köstliches Aroma.

Nicht zu unterschätzen sind auch bei den Pfirsichen die Wildfunde, die in wärmeverwöhnten Gebieten recht häufig sein können. Sie könnten in freier Natur nicht überleben, wenn sie nicht beachtliche Widerstandskräfte gegen Krankheiten und Witterungsunbilden hätten. Oft bringen sie auch besondere Geschmackserlebnisse wie ein nahe dem südhessischen Rüsselsheim aufgefundener wildwachsender grüner Pfirsich, der eine reizvolle mandelartig herbe Note aufweist.

Forschungsrichtungen

Angesichts der Vielzahl heimischer samenechter Pfirsichsorten gibt es kaum akute Suchbedürfnisse. Widerstandsfähigkeit gegen die Kräuselkrankheit bleibt ein wichtiger Punkt, aber die vorhandenen samenvermehrten Pfirsichsorten sind da auch schon recht befriedigend. Ein spannender Gesichtspunkt ist die Suche nach Typen, die die Standortbreite des Pfirsichanbaus erweitern, etwa trockenheitsverträgliche Sorten oder solche aus Höhenlagen, die auch unter rauheren klimatischen Umständen gute Früchte bringen. Hier gibt es schon verheißungsvolle Ansätze, etwa Sorten aus dem Böhmerwald oder den Voralpen.

Da Pfirsichbäume bzw. -sträucher ohnehin meist nicht allzu hoch werden, ist die Lage bezüglich strauchiger Formen ebenfalls recht entspannt. Dazu gibt es Sorten, deren schwächerer Wuchs bekannt ist, wie etwa 'Rubira'.

Schon früh sind auch schmalwüchsige Typen beschrieben und als eigene Form eingestuft worden (*Prunus persica* var. *pyramidalis*). Das nährt die Hoffnung, säulenförmige Formen zu finden, die in Gesundheit und Fruchtgüte die Ansprüche an Ur-Obst® erfüllen.

Sorten

'Rubira'

Diese Sorte wird auch als Unterlage für andere Pfirsiche verwendet, hat aber nichtsdestotrotz gute Früchte. Diese sind tiefrot mit hellem Fruchtfleisch, klein bis mittelgroß und von angenehmem Geschmack. 'Rubira' wächst als mittelgroßer Strauch, der mit seinen kräftig seidelbastfarbenen Blüten und dem dunkelroten Laub auch eine ansehnliche Zierpflanze ist. Die Sorte kann, vor allem als junge Pflanze, durchaus von der Kräuselkrankheit befallen werden, überwindet diese aber schnell. 'Rubira' gilt als recht anspruchslos. Dadurch und wegen des mittelstrauchigen Wuchses ist sie sehr gut für Hausgärten geeignet.

'Roter Ellerstädter'

Diese Sorte aus dem 19. Jahrhundert ist von Anfang an über Kerne vermehrt worden, so daß verschiedene leicht abweichende Klontypen entstanden sind. Der 'Rote Ellerstädter' ist auf eigener Wurzel sehr widerstandsfähig, auch bezüglich der Kräuselkrankheit. Er bildet ansehnliche Bäume. Die Früchte sind rotgelb mit weißem Fruchtfleisch, das um den Kern herum rot gefärbt ist. Sie sind saftig und sehr aromatisch, reifen im September.

'Kernechter vom Vorgebirge'

Dieser Pfirsich soll ein Abkömmling des 'Roten Ellerstädters' sein und ähnelt ihm dementsprechend. Die Bäume wachsen wohl etwas schwächer als bei diesem. Die Früchte gleichen stark denen des 'Roten Ellerstädters' und reifen ebenfalls im September. Auch der 'Kernechte vom Vorgebirge' ist empfehlenswert wegen seiner Widerstandsfähigkeit und auch der Anpassungsfähigkeit an Standort- und Klimabedingungen.

'Proskauer'

Diese aus Schlesien stammende samenechte Sorte ist entsprechend ihrer Herkunft besonders frosthart. Der Wuchs ist verhältnismäßig gedrungen. Der 'Proskauer Pfirsich' blüht spät, was ein großer Vorteil für rauhe Lagen ist. Die Früchte sind mittelgroß, gelb und dunkelrot,

Pfirsich 'Rubira'

Pfirsich 'Roter Ellerstädter'

Pfirsich 'Martha'

Pfirsich 'Typ Bromberg'

saftig und süß-säuerlich. Sie reifen von August bis September.

'Martha'

'Martha' ist ein samenechter Weinbergspfirsich, der traditionell von Sudetendeutschen im Böhmerwald angebaut wurde. Er stammt aus einer Höhenlage von ungefähr 900 m und gehört dementsprechend zu den frosthärtesten Sorten. Er soll im Holz bis –30 °C vertragen. Die Resistenz gegen Kräuselkrankheit ist gut. Die Früchte sind mittelgroß, rotbäckig und weißfleischig, süß, aromatisch und reifen im August. 'Martha' hat bei uns gezeigt, daß er auch noch mit ungünstigen Standorten (exponiert, trocken und nährstoffarm) zurechtkommt.

Weingartenpfirsich 'Typ Bromberg'

Dieser Typ (eigentlich ein Typengemisch) stammt aus einem Bestand von Pfirsichsämlingen in 750 m Höhe in der Buckligen Welt in Niederösterreich. Entsprechend ihrer Herkunft sind auch diese Pfirsiche sehr widerstandsfähig gegen Fröste, außerdem auch gegen die Kräuselkrankheit. Die Früchte sind klein bis mittelgroß, in der Regel weißfleischig und süß mit kräftigem Aroma. Sie reifen im August.

'Roter Weinbergspfirsich' ('Blutpfirsich')

Der 'Rote Weinbergspfirsich' ist eine Spezialität des Moseltales und wird deswegen manchmal schlichtweg 'Moselpfirsich' genannt. Auch er ist samenecht und hat eine lange Anbaugeschichte. Er unterscheidet sich in Aussehen und Geschmack erheblich von anderen Weinbergspfirsichen. Die Haut der Früchte ist pelzig behaart und von grauer Farbe. Das Fruchtfleisch ist blutrot und saftig, sehr aromatisch, aber eher herb. Dementsprechend ist er eine ausgezeichnete Verarbeitungsfrucht, zum Beispiel zum Einmachen oder für Konfitüre, aber weniger zum Rohverzehr geeignet.

Über die hier genannten Sorten hinaus eignen sich grundsätzlich so gut wie alle samenvermehrten Weinbergs- bzw. Weingartenpfirsiche als Ur-Obst®.

'Roter Weinbergspfirsich'

'Roter Weinbergspfirsich'

'Roter Weinbergspfirsich'

Künftige Entwicklungen

Bei den Pfirsichen ist der Handlungsbedarf deutlich begrenzter als bei anderen Obstarten. Es steht eine Vielzahl kernechter Sorten zur Verfügung und es gibt befriedigende Resistenzen gegen bekannte Krankheiten. Die verschiedenen landschaftlichen Herkünfte bringen eine Anpassung an unterschiedliche Standorte und Klimate mit sich. So bleiben zur Zeit eher abrundende Aufgaben.

Einige der alten Sorten, wie etwa der 'Proskauer Pfirsich', sollten näher für die Sichtung in Betracht gezogen und ihre Samenbeständigkeit ausgelotet werden. Die Auffindung eines gelbfleischigen Weinbergspfirsichs wäre ein Gewinn. In den klimatisch begünstigten Gebieten, wo Pfirsiche verwildert vorkommen, sollte auf Wildfunde mehr geachtet und ihre Eigenschaften sollten ausgewertet werden. Da Pfirsiche stecklingsvermehrbar sind, können auch nicht samenbeständige Typen gut wurzelecht weitergeführt werden.

Eine bessere Ordnung, Typisierung und Beschreibung der verschiedenen Weinbergspfirsiche wäre sehr wünschenswert. Auf diese Weise wäre es möglich, für Pfirsiche ein Ur-Obst®-Sortiment für unterschiedlichste Ansprüche zusammenzustellen. Nicht zuletzt wäre damit auch besser gewährleistet, daß die biologische Vielfalt unserer heimischen Pfirsichrassen für die Zukunft erhalten werden kann.

APRIKOSEN (MARILLEN)

Allgemeines zur Obstart

Die Aprikosen konnten, wahrscheinlich wegen ihrer klimatischen Ansprüche, nie einen Spitzenplatz im mitteleuropäischen Obstbau erringen. Nichtsdestotrotz sind sie besondere Früchte, die im vollreifen Zustande an Wohlgeschmack und Aroma kaum zu übertreffen sind. Obwohl die Marille eine Frucht mit eher südlichen Ansprüchen ist, gibt es sie wahrscheinlich schon seit gut zwei Jahrtausenden in Mitteleuropa. Wenngleich sie nur von einer einzigen botanischen Art, nämlich *Prunus armeniaca*, abstammt, hat sich in Europa doch eine beachtliche genetische Vielfalt eigener Sorten und auch samenechter Rassen entwickeln können.

Die wichtigsten Varietäten der Marille sind die Gemeine Aprikose (*P. armeniaca* var. *communis*), zu der die meisten Sorten gehören, und die Mandel-Aprikose (var. *dulcis*), die zusätzlich einen eßbaren, süßen Kern aufweist, für den es eine eigene Nutzungskultur gibt.

Der Anbau von Marillen konzentriert sich in Mitteleuropa auf Gebiete mit Weinbauklima. Aprikosen wachsen hauptsächlich im Mainzer Raum, am Süßen See in Sachsen-Anhalt, im nordöstlichen Österreich, mit Schwerpunkten in der Wachau und bei Wien, im südlichen Mähren, in Südtirol und in der Südschweiz. Da die heimischen Aprikosentypen recht vielfältig sind, gibt es in den kühleren Gebieten zumindest für die Hausgärten auch Anbaumöglichkeiten.

Aprikosen brauchen für Wachstum und Fruchtreife ausreichende Besonnung. Ähnlich wie die Pfirsiche mögen sie keine starken Temperaturschwankungen während der Wachstumsruhe und ebenso keine Nässe. Der Boden sollte eher trocken oder zumindest durchlässig sein. An sich sind Aprikosen nicht sonderlich frostempfindlich. Schwierigkeiten kann der frühe Blust bereiten (Spätfröste) oder ein zu feuchter Stand, vor allem im Winter.

Aprikosensorten gibt es auch in Höhenlagen, im südlichen Mitteleuropa, zum Beispiel im Wallis, in Südtirol und Kärnten, bis um die 1000 m Seehöhe.

In den Gebieten, wo Aprikosen bei uns verwildern, wachsen sie in besonnten Gebüschen und Hecken und auch auf Steinhaufen. Auch im Mainzer Raum finden sie sich nicht selten wildwachsend, an besonnten Waldrändern, entlang von Straßen und Bahnstrecken, in einem mir bekannten Fall sogar auf dem schmalen (gepflasterten!) Mittelstreifen an einer Autobahnauffahrt.

Für den Ur-Obst®-Garten heißt das, daß die Marille an einen besonnten, trockenen Platz gehört, im Einzelstand, aber, im Gegensatz zum Pfirsich, auch gern in eine Hecke an hellem Standort. Zur Heckeneignung der Aprikose trägt auch bei, daß sie eher als Kleinbaum, manchmal gar als Strauch wächst. In rauhen Lagen, zum Beispiel im Hochpustertal, wird sie auch geschützt an der Hauswand kultiviert. Wie die Pfirsiche sind auch die Aprikosen in der Regel selbstfruchtbar.

Die drei hauptsächlichen Gegenspieler des Aprikosenanbaus sind das Scharka-Virus (wie bei den Pflaumen), die Spitzendürre (wie bei den Weichseln) und das Schlagsterben oder Schlagtreffen (wie bei den Pfirsichen). Nach unserer Beobachtung tritt insbesondere die Spitzendürre (Monilia) in den letzten Jahren gehäuft auf und kann im schlimmen Falle die Blütentriebe großflächig zerstören.

Gegen Scharka und Spitzendürre hilft am ehesten die Nutzung entsprechend widerstandsfähiger Sorten, was zum Beispiel hinsichtlich des Scharka-Virus für 'Kuresia' gilt, die vom Süßen See stammt. Das beste Mittel in Sachen Schlagsterben, das meist von unzuträglicher Witterung bzw. starken Temperaturschwankungen ausgelöst und von Pilzen bewirkt wird, ist und bleibt die Verwendung wurzelechter Pflanzen, die sich rasch und gründlich aus der Wurzel erneuern können.

Merkwürdigerweise scheint es von den Aprikosen keine bekannte Ur-Obst®-Geschichte zu geben. Fast alle der heute bekannten Aprikosensorten sind in den letzten 100–200 Jahren

Wilde Aprikose an einem Waldrand in Rheinhessen

entstanden. Daher gilt es, auf noch erhaltene landschaftliche Marillentypen zu achten, insbesondere in den heutigen Mannigfaltigkeitsgebieten, vor allem im niederösterreichisch-mährischen, sachsen-anhaltinischen und rheinhessisch-pfälzischen Raum. Auch Wildfunde in den genannten Gebieten sind von besonderem Interesse.

Forschungsrichtungen

Aus dem älteren Schrifttum und neueren Erfahrungen wissen wir, daß es bei den Aprikosen zahllose erbfeste, samenbeständige Sorten und Formen geben muß. Im weiteren Sinne gehören dazu auch Typen mit einer mäßigen Schwankungsbreite, die sogenannte Formenschwärme ausbilden, bei deren einzelnen Formen die gemeinsame Zugehörigkeit gut zu erkennen ist. Es wäre sehr wünschenswert, wenigstens zum Teil den Stand bei den Pfirsichen zu erreichen, bei denen die samenechten Landrassen wie die Weinbergspfirsiche wohlbekannt sind. Hier könnte man weiterkommen, wenn man die Erkenntnisse älterer Obstanbauer nutzte und im übrigen fleißig Aussaatversuche anstellte.

Alte landschaftliche Sorten sind bislang übergebietlich leider kaum bekannt. Auch reichhaltig ausgestattete Aprikosen-Genbanken gibt es meines Wissens kaum. Die Sammlung des Obstforschungsinstitutes in Klosterneuburg ist hier wahrscheinlich eine Ausnahme. Die Kenntnis und Sichtung alter mitteleuropäischer Marillensorten ist jedenfalls unbedingt voranzutreiben.

Auch die Findung monilia- und scharkafester Sorten bleibt eine wichtige Aufgabe. Die sachsen-anhaltinische 'Kuresia' beweist, daß sich auch hier die Suche bei alten landschaftlichen Formen lohnt. Vielleicht werden unter den Sämlingen anfälliger Sorten resistente Typen gefunden werden. Gerade bei der klimaabhängigen Spitzendürre ist überhaupt die generative Vermehrung hinsichtlich Anpassung und Resistenz verheißungsvoll, wie das Beispiel der Weinbergspfirsiche zeigt.

Wilde Aprikose als Überlebenskünstler auf dem Mittelstreifen

Alte landschaftliche Sorten sind schließlich auch eine hoffnungsvolle Quelle für kleinerbleibende strauchige Formen, die ein großer Gewinn für Obsthecken und für kleinere Gärten wären. Erste Entdeckungen dazu gibt es in Niederösterreich und Rheinhessen.

Auch die genetische Vielfalt hinsichtlich Klimaanpassungen könnte man sich noch mehr zunutze machen. Sehr eindrucksvoll war für mich das Beispiel der 'Vinschgauer Marille' aus Südtirol, die auch noch in rauhen Lagen gedeiht, aber angeblich nicht in warmen Tieflagen. Tatsächlich gingen zwei nach Mainz mitgebrachte kräftige Pflanzen dieser Sorte innerhalb eines halben Jahres ein.

Unter der Berücksichtigung klimatisch spezialisierter Landschaftsrassen ließe sich die Anbau-Bandbreite der Aprikosen wahrscheinlich erheblich erweitern. Das gilt auch für verschiedene Böden. Die auf Sandboden wachsenden 'Mombacher Malede' sind ein Beispiel hierfür.

Sorten

'Französische Wurzelechte'

Hierbei handelt es sich um Marillensämlinge, die zu der Sorte 'Manicot' (R) gehören und die auch als Unterlage verwendet werden. Die Früchte sind kleiner als bei handelsüblichen Sorten, aber in der Regel von guter Geschmacksqualität. Mit einem leichten Schwanken der Fruchteigenschaften ist durch die generative Vermehrungsart zu rechnen. Bislang hat sich diese Sorte als gut krankheitsfest erwiesen. Damit steht hier eine gute wurzelechte Sorte mit allen Vorteilen dieser Vermehrungsweise zur Verfügung.

'Strauchige Frühmarille'

Diese Marille ist eine Wachauer Gebietssorte, die wegen ihrer Kleinwüchsigkeit in den Blick der Ur-Obst®-Erkundung kam. Die Strauchbäume der Sorte sollen 2–3 m hoch werden. Die Früchte sind eher klein, aber von guter Qualität. Die Sorte befindet sich noch in der Sichtung und eine wurzelechte Vermehrung ist noch nicht in Sicht.

'Strauchige Frühmarille'

Aprikose 'Velkopavlovička'

Mandelaprikose

'Typ Thermen'

Das Bemerkenswerte an dieser Aprikose ist zunächst ihre Herkunft aus 1100 m Meereshöhe im Wallis. Es handelt sich um Sämlinge. Die Pflanzen selbst haben sich in der Sichtung bislang als widerstandsfähig und anspruchslos erwiesen. Das Fruchten muß noch abgewartet werden.

'Ungarische Beste'

Die 'Ungarische Beste' ist eine altbekannte Sorte aus dem 19. Jahrhundert. Sie hat sich gut bewährt und zeichnet sich durch ihre saftigen sonnengelben Früchte sowie durch einen eher beschränkten Wuchs aus. Die Früchte reifen in der ersten Augusthälfte. Die Sorte soll verhältnismäßig beständig aus Samen fallen, so daß sie ein guter Anwärter für die wurzelechte Vermehrung ist. In Mähren wird diese Sorte gar als Unterlage für andere Aprikosen genutzt.

'Velkopavlovička'

Diese mährische Sorte steht in einer mir nicht näher bekannnten Beziehung zur 'Ungarischen Besten'. In ihrer Heimat zeitigt sie sehr wohlschmeckende ansehnliche Früchte mit süßem und aromatischem Fruchtfleisch und goldroter Schalenfarbe. Auch diese Sorte scheint sich recht gut samenecht fortpflanzen zu lassen.

'Vinschgauer Marille'

Das ist die oben schon erwähnte überkommene Südtiroler Sorte für rauhe Lagen. Die Bäume sollen verhältnismäßig kleinwüchsig und ziemlich krankheitsfest sein (in dem ihr zusagenden Klima). Die Früchte sind gelb und eher klein, und haben ein ausgezeichnetes Aroma.

Rheinhessische Mandelaprikose

Dieser Typ ist noch nicht endgültig bestimmt und trägt daher noch keinen echten Sortennamen. Er wurde im Rahmen des Steinobstprojektes Mittelrheintal in Rheinhessen aufgefunden. Die Sorte ist nur schwachwüchsig, so daß sie von Interesse für Obsthecken ist. Die Früchte sind goldrot und sehr süß und aromatisch, so daß die Sorte als geschmacklich hervorragend eingestuft wird. Sie reifen Mitte August. Wegen ihrer Herkunft ist anzunehmen, daß die Rheinhessische Mandelaprikose wärmeliebend ist.

Künftige Entwicklungen

Es wird künftig wesentlich darum gehen, mehr landschaftliche Aprikosensorten aufzufinden und zu sichten. In diesem Zusammenhang ist die Erkundung von Vorkommensschwerpunkten, zum Beispiel der Wachau, wichtig. Dabei sind immer wieder Aussaaten vorzunehmen, um den Grad der Samenbeständigkeit zu ermitteln. Auch eine Verbesserung von Sorteneigenschaften kann damit angestrebt werden. Eine sonst vielversprechende kernechte Pfälzer Aprikosensorte zum Beispiel erwies sich bei uns als anfällig für Spitzendürre. Es besteht die Hoffnung, unter den Sämlingen Typen mit mehr Resistenz zu finden.

Die Suche nach kleinerwüchsigen strauchigen Formen bleibt ebenfalls ein wichtiges Ziel. Die 'Strauchige Frühmarille' und die Rheinhessische Mandelaprikose werden hier weiter beobachtet werden. Eine weitere kleinwüchsige Sorte soll es in Göttweig geben, was auch zu prüfen wäre.

Aprikosensämling Brünn

Aprikosensämling Brünn

Erstrebenswert wäre es auch, ältere und urtümlichere Sorten zu finden. Die 'Grüne Wachauer Urmarille' etwa, die vor 1700 entstanden und sehr aromatisch sein soll, wäre eine sehr wertvolle Erwerbung für unsere Ur-Obst®-Sichtung.

Im Gange sind Sichtungen von Aussaaten einiger vielversprechender Marillensorten und -wildfunde. Dazu gehört zum Beispiel ein wildgewachsener Sämlingstyp von der sagenhaften Brünner Obstböschung, der gesunde, vitale Bäumchen mit Früchten von honigartiger Süße und ausgezeichnetem Aroma hervorbringt. Weitere Sämlingsreihen stammen von der im Wallis hergebrachten Sorte 'Luizet' und von einem rheinhessischen Wildfund.

Wünschenswert wäre es auch, weitere rheinhessische Funde zunächst durch Veredelung zu sichern und dann weiter zu beobachten. Darunter ist einer, der in einer beschatteten Hecke am Waldrand gedeiht, sowie der schon erwähnte Überlebenskünstler vom Pflasterstreifen der Autobahnauffahrt.

QUITTEN

Allgemeines zur Obstart

Die Quitte hat in Mitteleuropa wohl noch nie eine herausragende Rolle als Obst gespielt, obwohl sie hier mindestens seit dem 9. Jahrhundert angebaut wird. In den letzten Jahrzehnten ist ihre Beliebtheit eher noch weiter gesunken. Ein Grund dafür mag sein, daß die Früchte der meisten Sorten in unserem Klima nicht genügend ausreifen, so daß sie zwar zur Verarbeitung, aber nicht zum Rohverzehr geeignet sind.

Diese geringe Aufmerksamkeit hat die Quitte aber nicht verdient, denn sie hat Vorzüge, die sie mit keiner anderen Obstart teilt. Dazu gehört ihr unverkennbarer köstlicher Duft, der schon die Römer veranlaßte, sie in Schalen zur Aromatisierung von Empfangsräumen aufzustellen. Außerdem hat sie eine große mythische Bedeutung, unter anderem als Frucht der Liebe und Fruchtbarkeit. Wenn in antiken Mythen von „goldenen Äpfeln" die Rede ist, sind wohl meist Quitten gemeint.

Die Quitte ist zwar überwiegend eine Verarbeitungsfrucht, aber dafür eine besonders vielseitige und köstliche. Aus ihr lassen sich Gelees, Marmeladen, Saft und Konfekt mit unvergleichlichem Wohlgeschmack herstellen. Außerdem müssen wir uns den Rohverzehr dieser Frucht auch nicht ganz versagen, denn es gibt durchaus Sorten, die dafür ausreichend süß und weich werden. Bei manchen kann man auch durch etwas Nachreifenlassen nachhelfen.

Die Quitten werden nach ihrer Fruchtgestalt allgemein in Birnen- und Apfelquitten unterschieden, wobei die Birnenquitten meist die größere Wertschätzung genießen. Man darf diese Unterteilung allerdings nicht überbewerten, weil sie nicht tiefer botanisch verankert ist und es auch etliche Übergangsformen gibt.

Obwohl die Quitten schon im östlichen Ostseeraum an die Grenzen ihrer Winterhärte stoßen, sind sie in vielen Gegenden Mitteleuropas verwildert. Sie wachsen dann als Heckenstrauch, an sonnigen Hängen oder an Waldrändern. Im Ur-Obst®-Garten finden sie dementsprechend ihren Platz in besonnten Hecken oder auch als Einzelgehölz, das dank seinen großen Blättern und hellrosenfarbenen Blüten auch eine ansehnliche Zierpflanze ist.

Quitten mögen eher warme Lagen und warme Böden, die auf keinen Fall staunaß sein dürfen. Gegen Blütenfrost sind sie nicht empfindlich, weil sie verhältnismäßig spät blühen. Eine ausreichende sommerliche Wärmesumme ist wichtig, damit die Früchte befriedigend ausreifen. Zur Selbstfruchtbarkeit der Quitten gibt es verschiedene Meinungen. Vermutlich aber sind die Quitten in der Regel nicht auf Fremdbestäubung angewiesen.

Bei Quitten können in Maßen auch Krankheiten auftreten. Pilzbedingt sind die Blattfleckenkrankheit, bei der das Laub von dunkelbraunen Flecken übersät ist und später abfällt, und die Fruchtfäule, bei der die Früchte schon am Strauch braun und weich werden und oft kreisförmige Pilzmuster zeigen. Um solcherlei Befall entgegenzuwirken, heißt es, feuchte Lagen und Böden zu meiden und widerstandsfähige Sorten zu pflanzen, wie sie das Ur-Obst® umfaßt. Grundsätzlich zählt die Quitte wie auch etwa die Birne zu den möglichen Wirtspflanzen des Feuerbrandes.

Was den Schatz an potentiellem Ur-Obst® betrifft, gibt es zum Glück Mannigfaltigkeitsgebiete der Quitte, zum Beispiel das Rheingebiet vom Elsaß bis zum Mittelrhein, Franken und Niederösterreich, wo es eine überkommene Anbaukultur dieser Obstart mit zahlreichen landschaftlichen Sorten und (oft unbenannten) Typen gibt. Bemerkenswerterweise werden diese Gebietssorten traditionell oft wurzelecht vermehrt, und zwar über Wurzelsprosse, aber auch über Samen. Offensichtlich gibt es hier, für ein Kernobst eher ungewöhnlich, etliche samenbeständige Sorten.

Diese alten bodenständigen Quittensorten sind ein schier unerschöpflicher Quell möglichen Ur-Obstes®, sofern sie nicht vorher ausgerottet wurden. Mir ist bislang nur ein einziger Sammler und Anbauer bekannt, der sich um die Rettung und Erhaltung solcher landschaftlicher Sorten kümmert, und zwar im Mustea-Projekt in Mainfranken.

Neben noch erhaltenen (wurzelechten) Landsorten sind freilich auch bei den Quitten Wildfunde grundsätzlich von Interesse.

Forschungsrichtungen

In den letzten Jahren rücken Quittensorten mehr in den Vordergrund, die für den Rohverzehr geeignet sind. Hier gibt es auch schon erste Entdeckungen wie die Sorte 'Krymsk' oder die aus dem fränkischen Quittenprojekt hervorgegangene 'Multiforma Franconia'.

Gut wurzelecht vermehrbare Quittensorten sind ebenfalls im Brennpunkt. Besonders solche sind von Interesse, die auch echt aus Samen fallen. Von einigen Formen wird dies behauptet, aber nur Aussaatversuche können hier Klarheit bringen. Zum Teil gibt es schon ermutigende Ergebnisse, wie im Falle der 'Steirischen Birnenquitte'. Eine in Westheim in Franken gefundene Birnenquitte läßt sich offenbar sehr gut aus Wurzelausläufern vermehren.

Quitte von Angers

Quitte 'Krymsk'

Quitte Westheim

Quitte Westheim

'Steirische Birnenquitte'

Bei allen aufgefundenen Quittentypen muß in der Sichtung dann ermittelt werden, wie es mit der Widerstandskraft vor allem gegen Blattfleckenkrankheit und Fruchtfäule aussieht. Solche Eigenschaften sind selbstverständlich Voraussetzung für die Aufnahme in das eigentliche Ur-Obst®. Ein weiteres Desiderat sind mittelstrauchige Quittensorten, die sich in die niedrigere Ur-Obst®-Hecke einfügen.

Sorten

'Quitte von Angers'

Diese Sorte steht wurzelecht reichlich zur Verfügung, weil sie auch als Unterlage verwendet wird. Sie ist widerstandsfähig gegen Krankheiten und wächst strauchig und gedrungen. Sie hat verhältnismäßig kleine und etwas steinzellige, aber aromatische und für die Verarbeitung gut nutzbare Früchte.

'Krymsk'

Die Besonderheit dieser Sorte ist, daß die Früchte roh verzehrt werden können, weil sie ausreichend weich und süß werden. Sie bildet einen etwa 4 m hohen Strauch. Die Früchte sind mittelgroß und reifen im Oktober. Abgesehen vom Rohverzehr sind sie auch für die Verarbeitung geeignet.

'Pucher Weg-Leitl' und 'Großweikersdorf-Kitzler'

Diese sind zwei Quittenfunde, die über die niederösterreichische Regionale Gehölzvermehrung verbreitet wurden. Die Früchte sollen von guter Qualität sein, sind aber hier bei uns noch nicht bonitiert worden. Bemerkenswert auf jeden Fall ist bei beiden Sorten die mäßige Wuchshöhe von bis zu 3 m und die Gesundheit der Pflanzen, die bei uns seit Jahren unter ungünstigen Standortbedingungen beobachtet werden.

'Multiforma Franconia' ('M. Frankonia')

Diese Sorte ist eine fränkische Fundsorte aus dem Mustea-Projekt, die auffallende Eigenschaften aufweist. Sie zeitigt ganz verschiedene Fruchtformen und -größen am selben

Strauch. Insgesamt sind die Früchte aromatisch, saftig, säurearm und haben wenig Steinzellen. Sie sind vermutlich auch für den Rohverzehr geeignet. Der Strauch wächst langsam und ist sehr frosthart und widerstandsfähig gegen Feuerbrand.

'Westheim'

Diese Quitte ist ein Fund aus dem gleichnamigen mainfränkischen Ort. Sie wuchs dort als Hecke von etwa 2 m hohen gesunden, wurzelechten Sträuchern. Die Frucht ist eine große Birnenquitte, über deren genauere Eigenschaften noch nichts bekannt ist. Die Sorte, die pomologisch noch nicht zugeordnet wurde, ist verheißungsvoll für Obsthecken.

'Steirische (Birnen-)Quitte'

Wie der Name schon sagt, ist dies eine landschaftliche Sorte. Sie scheint samenecht sowie gesund und widerstandsfähig zu sein. Die Früchte sind verhältnismäßig groß und gut für die Verarbeitung geeignet.

Künftige Entwicklungen

Auch bei den Quitten müssen noch mehr Bemühungen unternommen werden, sie auf eigene Wurzel zu bekommen, was gerade bei dieser Obstart als lösbare Aufgabe erscheint.

Der Gesichtspunkt der roh verzehrbaren Quitten sollte weiterverfolgt werden, weil dies die Nutzungsbreite und Beliebtheit dieses Obstes beträchtlich steigern kann. Schließlich ist sein gesundheitlicher Nutzen schon lange bekannt, der über den stofflichen Gehalt an den Vitaminen B und C sowie Pektin sicher noch hinausgeht. In Sachen Rohverzehr könnte auch ein Gattungsbastard der Quitte von Interesse sein, nämlich die Quittenbirne X *Pyronia veitchii*, die wohlschmeckende Früchte hervorbringen soll.

Gespannt darf man darauf sein, welche Sorte aus der Sichtung mittelstrauchiger Formen als besonders geeignet hervorgeht. Die oben erwähnten österreichischen und fränkischen Fundsorten werden darauf hin beobachtet.

Überhaupt ist es wichtig, den Schatz der landschaftlichen Quittentypen näher zu untersuchen. Das gilt besonders für die in Franken und Niederösterreich gesammelten. Den verschiedenen Resistenzen muß dabei ein besonderes Augenmerk gelten, denn auch Wildtypen können unter Umständen anfällig beispielsweise gegen die Blattfleckenkrankheit sein.

FEIGEN

Allgemeines zur Obstart

Die Feige gilt als eine mediterrane Pflanze schlechthin. Trotzdem wird sie seit Jahrtausenden auch schon in Mitteleuropa angebaut, namentlich in den Gebieten mit Weinbauklima. Insgesamt ist sie eine so uralte Kulturpflanze, daß ihre ursprüngliche Wildheimat gar nicht mehr sicher zu ermitteln ist. Die ältesten bekannten Feigenkulturen werden vor 5000 Jahren angesetzt. Bei dieser Bedeutung für den Menschen ist es nicht verwunderlich, daß sie seit langen Zeiten Eingang in die weltliche und religiöse Literatur gefunden hat. Auch in der Bibel ist sie öfter erwähnt, unter anderem in den Evangelien.

Feigen haben viele Besonderheiten, die sie von anderem Obst unterscheiden. Eine entscheidende davon sind die außerordentlich verwickelten Befruchtungverhältnisse, bei denen ein kleines Kerbtier, die Feigen-Gallwespe, sowie männliche Pflanzen (Bocksfeigen) und die eigentlichen Fruchtfeigen eine sehr komplexe Rolle spielen. Zum Glück braucht uns das vom praktischen Standpunkt aus nicht sonderlich zu interessieren, weil es jenes bestäubende Tierlein bei uns sowieso nicht gibt und wir eine ganze Reihe jungfernfrüchtiger (parthenokarper) Sorten zur Verfügung haben, die ohne die Fremdbestäubung voll entwickelte Früchte hervorbringen.

Feigen werden in der Regel stecklingsvermehrt und fruchten schon als junge Pflanze. In unseren Breiten zeitigen sie ihre Früchte, die im Winter davor schon angelegt sind, im

Wildwachsende Feige, Südtirol

Spätsommer bis Herbst. Allerdings kommt es durchaus vor, daß geeignete Feigensorten in klimatisch begünstigten Gebieten wie etwa der Rheinpfalz und in warmen Jahren auch zwei Ernten bringen.

Die Sache mit den im Winter angelegten Früchten weist schon auf die entscheidende Schwachstelle dieser Pflanze in Mitteleuropa hin, nämlich ihre Frostempfindlichkeit. Bei den meisten Sorten kann es bei Frösten unter –10 °C schon Schäden geben. Für den Fortbestand der Pflanze verhängnisvoll sind dabei nur Wurzelfröste, denn Erfrierungen der oberirdischen Teile werden durch Neuaustrieb und das schnelle Triebwachstum rasch wieder ausgeglichen. Glücklicherweise gibt es auch mitteleuropäische Feigensorten, die an unser Klima angepaßt sind und von denen einzelne Pflanzen oder Bestände schon über 100 Jahre überdauert haben. Das gilt zum Beispiel für den Bestand an der Maienburg nahe Meran in Südtirol. Angeblich soll es heimische Sorten geben, die bis zu –25 °C aushalten können. Wir haben bei uns im Weinbauklima zwar kaum je solche Temperaturen, aber wir haben verschiedene heimische Feigenherkünfte zum Beispiel an dem offenen Nordosthang der lebenden Genbank angepflanzt, wo sie seit fast zehn Jahren alle Winter ungeschützt überstanden haben.

Auch bei den härtesten Feigensorten muß jedoch berücksichtigt werden, daß sie im jungen Zustand und frisch gepflanzt mindestens zwei Jahre noch Winterschutz brauchen, vor allem wenn man die oberirdischen Teile retten will. Wenn das Holz etwas besser ausgereift ist und die Pflanze sich an den Standort gewöhnt hat, kommt die Winterhärte der betreffenden Sorte voll zum Tragen.

Für das Überleben im Winter ist die Wahl des Standortes sehr wichtig. Das betrifft nicht nur die sofort einleuchtende Empfehlung, einen geschützten Platz zu wählen, etwa an einer Südwand (nicht jeder quält die Pflanzen so wie wir zu Sichtungszwecken). Auch der Untergrund ist von entscheidender Bedeutung. Nur zu oft ist das Frostproblem der Feige in Wirklichkeit ein Nässeproblem. Feigen brauchen auch im Winter eher trockene Füße. Dann sind sie deutlich härter. Diese geeigneten Standortverhältnisse sind zum Beispiel durch Pflanzung an einen abschüssigen Standort wie etwa eine

Böschung zu erzielen. Auch kann man den Boden an der Pflanzstelle mit Splitt, Steinen oder Sand auflockern, so daß die Feuchtigkeit besser abzieht.

Auch die Feigen zeigen uns durch ihre Wildvorkommen in Mitteleuropa, welche Wachstumsverhältnisse sie mögen. Sie gedeihen hier vor allem südexponiert auf steinigen oder schottrigen Standorten, gern an Felsen und Mauern. Im Ur-Obst®-Garten sollten sie dementsprechend einen Platz bekommen, der ihren Vorlieben entspricht. Es ist offensichtlich, daß der Feigenstrauch keineswegs eine Heckenpflanze ist, sondern Freistand an einem geeigneten Standort braucht. Zu bedenken ist dabei sein Raumbedarf, denn die Sträucher pflegen auch beachtlich in die Breite zu gehen. Da die Pflanze auch einen hohen Zierwert hat, bietet sich zum Beispiel ein Platz in Hausnähe an.

Der Feigenbaum wird kaum von nennenswerten Krankheiten heimgesucht. Gewisse Schäden an den Blättern müssen nicht weiter beunruhigen.

Durch ihre lange Anwesenheit in Mitteleuropa haben die Feigen hier ein eigenes Ur-Obst®-Potential entwickelt. Dazu zählen vor allem alte landschaftliche Sorten und Hausfeigen in den klimatisch begünstigten Gebieten wie Rheinpfalz, Südtirol und dem pannonischen Raum im östlichen Österreich. Dazu kommen die Wildfunde aus denselben Gegenden, sofern sie schmackhafte Früchte hervorbringen, was keineswegs selbstverständlich ist. In Meran wird sogar erfolgreich eine wilde blaue Feige aus Samen vermehrt. Noch größere Meister der klimatischen Anpassung sind wahrscheinlich bewährte Hausfeigen aus kühleren Gebieten. Solche gibt es in gar nicht so kleiner Zahl nordwärts bis zum westlichen Ostseeraum.

Forschungsrichtungen

Bei den Feigen für unsere Erdgegend dreht sich naturgemäß alles um die **Winterhärte**. Wer die verschiedenen Gartenfeigen im Weinbauklima beobachtet, stellt fest, daß diese auf die bisweilen auftretenden harten Winter ganz unterschiedlich reagieren, auch wenn sie an einem vergleichbaren Standort stehen und ähnlich alt sind. Die Bandbreite reicht dann von weitgehendem Herunterfrieren bis zu nur

Wildwachsende Feige, Südtirol

geringen Schäden an den oberirdischen Teilen. Das bedeutet, daß es bei den bei uns angepflanzten Feigentypen offensichtlich bedeutende Unterschiede bei der Winterhärte gibt. Hier heißt es, die Augen offenhalten und harte Formen sammeln und diese über einige Winter sichten. Auf diese Art sollen ja schon Typen mit Winterhärte bis –25 °C entdeckt worden sein. Solche Feigensorten erkennt man oft auch daran, daß sie im Weinbauklima zwei Ernten im Jahr ermöglichen können. Solche Sorten sind zum Beispiel aus der Pfalz bekannt. Vor allem die Anpflanzung solcher Typen nebeneinander wird im Lauf der Jahre deutliche Aufschlüsse bringen. Völlig offen scheint mir dabei, ob eher Sorten aus dem pannonischen Raum mit harten Wintern und warmen Sommern oder solche aus dem ozeanisch getönten Raum mit milderen Wintern, aber auch kühleren Sommern insgesamt besser abschneiden werden.

Kein dringendes Erfordernis ist bei den Feigen die Suche nach etwaigen Resistenzen. Von größerem Interesse könnte dagegen angesichts des recht ausladenden Wuchses vieler Sorten die Findung gedrungener, kleinerwüchsiger Typen aus dem mitteleuropäischen Raum sein. Solche kleinwüchsigen Formen sind mir bislang nur aus exotischen Herkünften bekannt.

Sorten

'Fehmarn'

Die Sorte stammt von dem gleichnamigen Ostsee-Eiland und ist deshalb ziemlich winterhart. Die Sträucher werden 3–5 m hoch und tragen reichlich eher kleine, süße, gelbviolette Früchte.

'Bornholms Diamant'

Diese ist eine andere Sorte aus dem Ostseeraum mit entsprechender Winterhärte. Sie trägt recht große grüne bis bräunlich-rote Früchte.

'Westhalten'

Dieser Typ wurde nahe der gleichnamigen oberelsässischen Gemeinde aufgefunden, und zwar als kräftiger Strauch auf freiem Feld wachsend und trotzdem ohne erkennbare Frostschäden. Dieser freie Stand des Strauches ist in Mitteleuropa ungewöhnlich und verheißt gute Winterhärte. Über Deckungsgleichheit mit einer benannten Sorte ist nichts bekannt. 'Westhalten' trägt gut ausgebildete violette Früchte mit rotem Fruchtfleisch.

'Bozner Zuckerfeige'

Diese Sorte wird in Bozen hergebrachterweise als Hausfeige ausgepflanzt. In Mainz hat sie sich als sehr hart erwiesen und selbst etliche Jahre in offenem Stand am Nordosthang ohne Winterschutz überstanden. Über Farbe und Geschmacksnote der Früchte können wir noch keine Aussage treffen.

'Zaubergartenfeige'

Diese aus dem östlichen Österreich stammende Sorte soll zu den frosthärtesten gehören. Bei uns haben sich die Pflanzen bislang als sehr

Feige 'Fehmarn'

Feige 'Westhalten'

widerstandsfähig und winterhart erwiesen. Sie fruchten schon als junge Pflanze. Die Früchte sind gelbgrün mit braunvioletter Deckfarbe.

'Galgenen' und 'Feldthurns'

Zwei Feigentypen von Höhenstandorten in der Schweiz (1000 m) bzw. Südtirol (850 m) sind 'Galgenen' und 'Feldthurns', benannt nach ihren Fundorten. Eine gute Winterhärte kann vorausgesetzt werden. Im übrigen wurden diese Sorten von uns noch nicht geprüft.

Künftige Entwicklungen

Zum Glück gibt es etliche Sammler und Liebhaber, die sich um die mitteleuropäischen Fund- und Hausfeigen kümmern. Allerdings gibt es bei dieser Formen- und Sortenfülle noch viel Sichtungsarbeit zu leisten. Dabei sind verschiedene Faktoren zu beachten, die die Fragestellung der Winterhärte etwas unübersichtlich machen. Die Frosthärte des Holzes ist bei entsprechenden Wintern leicht festzustellen. Aber es gibt auch Sorten, die in den ersten Wintern bodeneben abfrieren, sich dann neu aufbauen und erst allmählich volle Frosthärte erreichen. Auch diese Typen sind im Grunde als winterhart zu bezeichnen, auch wenn es am Anfang nicht so aussieht. Als dritter Wirkumstand kommt die Frage der Fruchtbildung hinzu. Nicht jede Feige mit frosthartem Holz kann auch Früchte in erforderlicher Größe und Güte ausbilden. Erstrebenswert sind Feigentypen, die möglichst viele Fruchtansätze erst im Frühjahr ausbilden und diese dann im selben Jahr zur Reife bringen. Mehrfachtragende sind dann selbstverständlich ein zusätzliches Plus.

Im Freiland bei uns ungeschützt ausgepflanzte 'Bozner Zuckerfeige' und 'Ingelheimer Feige' haben zwar bisher alle Winter überstanden, etliche sogar ohne Zurückfrieren, aber ob und wann sie es zum Fruchten bringen, ist noch ungewiß. Auch auf das Verhalten von 'Westhalten' wird man gespannt sein dürfen.

SCHALENOBST (HASELNÜSSE, WALNÜSSE UND MANDELN)

Allgemeines zu den Obstarten

Die hier als Schalenobst zusammengefaßten Obstarten Haselnuß, Walnuß und Mandel gehören nicht nur botanisch zu verschiedenen Arten und sogar Familien, sondern haben auch in Mitteleuropa eine ganz unterschiedliche Geschichte. Die Haselnuß (*Corylus avellana*) ist hier urheimisch, die Mandel (*Prunus dulcis*) nicht und bei der Walnuß (*Juglans regia*) scheiden sich die Geister. Die einen vertreten die übliche Römer-Hypothese, andere gehen von der ursprünglichen Beheimatung der Art in Mitteleuropa aus und verweisen auf die Steinnuß (*Juglans regia* var. *germanica*) der Donau-Auenwälder.

Haselnuß

Die Lage bei den Haselnüssen in Sachen Ur-Obst® ist viel schwieriger, als man denken sollte. Die heute allgemein angebotenen und gepflanzten Haselnüsse sind nämlich durchaus nicht *Corylus avellana*, die heimische Waldhasel, sondern ein Gengemisch aus dieser und der südosteuropäisch-westasiatischen Lambertsnuß (*Corylus maxima*). Diese Hybriden sind auch für den Laien leicht zu erkennen, denn bei ihnen sind die Hüllblätter um die Nuß länger als die Nuß selbst, bei der heimischen Waldhasel aber sind diese kürzer.

Diese Entwicklung ist auch vom Standpunkt der biologischen Vielfalt verheerend, denn 1887 beschreibt Franz Goeschke noch um die 20 Sorten der echten Waldhaselnuß, die samt und sonders verschollen sind. Nur sehr mühsam gelingt es, wieder einige Sorten der Waldhasel zu ermitteln.

Die Waldhasel ist von Hause aus eine ideale Nutzpflanze für den Ur-Obst®-Garten. Da sie in der Natur an entsprechenden Standorten vorkommt und im Bereich größerer Bäume gut gedeiht, ist sie auch hervorragend für den Waldgarten geeignet. Sie wächst auf fast allen Böden, außer auf stark sauren, und kann trockene und feuchte Standorte sowie Sonne oder Halbschatten vertragen. Sie kann also gleichermaßen in Hecken, im sonnigen oder halbschattigen Freistand oder am Rande von Baumpflanzungen bzw. Hainen gepflanzt werden.

Haselnüsse sind zwar einhäusig, aber getrenntgeschlechtig. Das heißt, sie besitzen am selben Strauche männliche und weibliche Blüten. Überwiegend sind sie zwar grundsätzlich selbstfruchtbar, aber die Anwesenheit eines weiteren Haselnußklones in der näheren oder weiteren Umgebung sichert und verbessert den Fruchtertrag.

Erntezeit für Haselnüsse ist der September, wobei die reifen Nüsse am besten durch Schütteln geerntet werden können. Da die Früchte schalenlos schnell ranzen, ist der Verzehr frisch geernteter Haselnüsse ein besonderer Genuß. Nur dann entfalten sie auch ihre Geschmacksfülle, die je nach Sorte unterschiedlich sein kann. Außer ihrem Geschmack bieten die Nüsse auch Vitamin B und E, Eisen und weitere Spurenelemente.

Die Haselnuß eignet sich für eine große Bandbreite von Standorten und Klimaten. Echte *Corylus avellana* ist übrigens auch deutlich frosthärter als die handelsüblichen Hybriden. Bedrohliche Krankheiten sind bei Haselnüssen nicht zu befürchten.

Man kann annehmen, daß schon unter Steinzeitverhältnissen besonders großfrüchtige oder wohlschmeckende Waldhasel gezielt angepflanzt wurden. Die Nüsse spielten damals eine wichtige Rolle in der Ernährung. Erst in der Neuzeit tauchten die sogenannten Zellernüsse auf, die vor allem größere Früchte und Erträge bringen. Ihre Abstammung und Herkunft sind nicht völlig aufgeklärt.

Von der echten Waldhasel wurden im Laufe der langen Zeiträume zahlreiche Auslesen entwickelt, die unter anderem besonders süße Nüsse, solche mit mandelartigem Geschmack, eine besonders frühe Reife oder auch einen niedrigen Wuchs aufwiesen. Dieser Schatz muß, wie oben schon erwähnt, heute als verschollen gelten. Ganz wenige Sorten mit Obstwert haben sich wenigstens in beschränktem Umfange als Ziersträucher erhalten können, wie die 'Eichenblättrige Haselnuß' (*Corylus avellana* 'Heterophylla'). So bleiben in Sachen Ur-Obst® im wesentlichen Wildfunde, die bei dem Alter der Haselnußkultur durchaus übriggebliebene alte Auslesen darstellen können.

Walnuß

Die Walnüsse sind deutlich anspruchsvoller als die Haselnüsse. Sie kommen ursprünglich aus wärmegetönten Auenwäldern und lieben dementsprechend tiefgründige, nährstoffreiche, nicht zu trockene Standorte in klimatisch günstigen Gegenden. Ihre Blüten sind spätfrostempfindlich, was die klimatische Anbaubandbreite deutlich einschränkt. Allerdings gibt es auch eine gewisse genetische Variabilität bei den Sorten.

Walnüsse sind an und für sich kein Heckengehölz. Zum einen vertragen sie sich nicht mit allen Pflanzen, zum andern sind ihre Blätter an Standorten mit nicht ausreichender Luftbewegung zum Teil pilzgefährdet. Am besten stehen sie daher im Freistand oder in lockeren Gehölzpflanzungen.

Die Befruchtungsverhältnisse der Walnuß haben Ähnlichkeiten mit denen der Haselnuß. Auch die Walnuß ist einhäusig, hat aber getrennte männliche und weibliche Blüten an derselben Pflanze. Diese müssen nicht notwendig gleichzeitig aufblühen, so daß sich je nach Sorte die Möglichkeit der Selbstbestäubung oder das Angewiesensein auf Fremdbestäubung ergibt. Außerdem gibt es auch noch ganz oder teilweise apomiktische Typen, die also ohne Aufnahme fremder Erbträger die Mutterpflanze kopieren.

Leider findet man auch in Fachveröffentlichungen Sätze wie „Veredelungen sind Sämlingen fast immer überlegen, da diese sehr stark aufspalten", was den eben umrissenen Sachverhalten nicht entspricht. Es gibt durchaus samenechte Walnußrassen.

Walnüsse sind sehr nahrhaft, vor allem wegen ihres wertvollen Öles. Weniger bekannt ist die Tatsache, daß sie auch reichlich Vitamine enthalten, vor allem Vitamin C, und zwar deutlich mehr als Zitronen.

Walnußlaub hält angeblich Stechmücken fern. Ob das stimmt oder in den Bereich der Legende zu verweisen ist, entzieht sich meiner Beurteilung.

Beim Anbau von Walnüssen sind weitere Besonderheiten zu berücksichtigen. Abgesehen davon, daß Schnitte beim Ur-Obst® sowieso nichts zu suchen haben, ist der Nußbaum besonders schnittempfindlich, weil er nach Beschneidung sehr viel Saft verliert, was man als „Bluten" bezeichnet. Das gilt vor allem für die Vegetationszeit. Außerdem sondern Blätter und Fruchthüllen des Nußbaumes wuchshemmende Stoffe ab, die dazugepflanzte Gewächse empfindlich schädigen können, vor allem solche mit flachem Wurzelwerk.

Bis auf die schon erwähnte Pilzerkrankung der Blätter, die mit dem Sternrußtau der Rosen verwandt ist, war die Walnuß recht schädlingsarm. Leider muß man sagen „war", weil auch hier unlängst ein exotischer Schädling mit verheerender Wirkung eingeschleppt wurde. Die Walnußfruchtfliege (*Rhagoletis completa*) stammt wie viele andere verhängnisvolle Schadorganismen aus Nordamerika und breitet sich zur Zeit in Europa, schwerpunktmäßig auch in Mitteleuropa aus. Die befallenen Nüsse beginnen zu faulen und werden schließlich schwarz und ungenießbar. Menschlicher Leichtsinn und mangelnde staatliche Aufsicht haben also auch bei den Walnüssen wieder eine Pandora-Büchse mit unberechenbaren Folgen geöffnet. Allfällige Resistenzen müssen noch erforscht werden.

Die möglichen Ur-Obst®-Quellen bei den Walnüssen sind recht übersichtlich. Es kann sich dabei nur um alte landschaftliche Sorten handeln, die idealerweise samenecht sind, oder um Zufallssämlinge mit besonders guten und vitalen Eigenschaften. Daß sich eine strauchige samenechte Sorte wie die 'Strauch-Walnuß' (*Juglans regia* var. *fertilis*) erhalten hat, ist als ausgeprochener Glücksfall zu bezeichnen.

Mandel

Die Mandel ist das seltenste und auch anspruchsvollste der drei hier aufgeführten Schalenobstarten. Ihre Anforderungen an das Klima sind noch deutlich höher als die der Walnuß. Die Mandel braucht vor allem eine ausreichende Menge Sommerwärme, und ihr früher Blust zwischen Januar und Anfang April schließt sie für ausgesprochene Spätfrostlagen aus.

Dort wo die Mandel wildwachsend vorkommt, also vornehmlich in der Pfalz, im Wallis und an der Wiener Thermenlinie, gedeiht sie auf trockenen, felsigen Hängen. Dementsprechend braucht sie im Ur-Obst®-Garten einen warmen, trockenen Standort, gern in Verbindung mit sich erwärmenden Steinen. Da die Bäume bis zu 6 m hoch werden können, passen sie auch in eine lichte Großstrauchhecke mit entsprechenden Bedingungen. Die Mandel ist nicht geeignet für Höhenlagen oder für kühl-feuchtes Klima.

Es gibt Bäume mit süßen oder mit bitteren Mandeln und solche, an denen beide Spielarten vorkommen. Der Geschmack der Bittermandeln rührt von dem Gehalt an Blausäure her, so daß sie zum Verzehr nur bedingt geeignet sind. Der Geschmacksunterschied ist botanisch nicht fixiert. Aussaaten können meistens (mit Ausnahmen) grundsätzlich beide Formen ergeben. Es ist unbestritten, daß die (Süß-)Mandel eine gesundheitlich sehr wertvolle Frucht ist.

Wildwachsende Süßmandel in Südtirol

Die meisten Mandeln sind nicht selbstfruchtbar. Allerdings ist es sehr praktisch, daß nicht nur eine andere Mandelsorte als Befruchter dienen kann, sondern auch ein Pfirsichbaum.

Was Schäden und Krankheiten betrifft, ist es neben Witterungseinflüssen vor allem die von anderen Obstarten bekannte Blüten-Monilia (Spitzendürre), die die Pflanzen beeinträchtigen kann. Auch hier ist die Sortenwahl der entscheidende Punkt.

Ur-Obst® können zum Beispiel landschaftliche Mandelsorten liefern, die es in der Pfalz und in Niederösterreich gibt. Desgleichen heißt es, in den schon oben genannten Verwilderungsgebieten Ausschau nach wildwachsenden Pflanzen halten, die vielversprechend für die Kultur sein könnten.

Forschungsrichtungen

Bei den **Haselnüssen** ist zunächst einmal die überragende Aufgabe, nach noch erhaltenen alten Sorten der heimischen Waldhasel zu suchen. Solche könnten sich noch in alten Gärten oder Sammlungen befinden. Im übrigen finden sich in Siedlungnähe oder bei alten Hofstellen immer wieder Haselhecken, in denen auffällige Sträucher wachsen, die botanisch eindeutig zur Waldhasel gehören, aber bemerkenswert große Früchte und Fruchtstände haben. Fruchtstände von zwölf Nüssen und mehr kommen da durchaus vor. Möglicherweise haben wir hier alte verschollene oder noch nie beschriebene Kultursorten vor uns. Auch in diesem Beispiel müssen wir uns beeilen, damit die allgemeine Heckenvernichtung nicht auch noch diese wertvollen Überlebenden für immer beseitigt.

Da Haselsträucher doch beachtliche Ausmaße erreichen, legt sich ein anderes Forschungsziel nahe. Haseln mit einem gebremsten Wuchs wären ein echter Gewinn, damit auch Besitzer kleiner Gärten sich dieser Frucht erfreuen können. Es gibt erste Ergebnisse, die zeigen, daß dieses Ziel erreichbar ist.

Bei den **Walnußbäumen**, die ja gewaltig werden können, ist die Suche nach kleinkronigen bzw. strauchigen Formen noch wichtiger. Hier gibt es bereits gute Ansätze. Die genannte 'Strauch-Walnuß' gehört dazu.

Walnüsse aus Stecklingen zu vermehren, ist leider nicht möglich. So bleibt als wurzelechte Vermehrungsart nur die Aussaat. Um sortenechte Pflanzen zu bekommen, müssen erbfeste Sorten gefunden werden, die in vielen Fällen apomiktisch sein werden.

Schließlich wird die neu eingeschleppte Walnußfruchtfliege die Forschung vor ganz neue Herausforderungen stellen. Gibt es Resistenzen bei unseren Walnüssen? Wo findet man sie? Es ist zu befürchten, daß die konventionelle Forschung wieder auf ihren üblichen „Ausweg" der Hybridisierung mit exotischen Arten verfallen wird.

Ein Wunschziel bei den **Mandeln** sind samenechte Süßmandeln, bei denen auch die Sämlingsnachkommenschaft fast ausschließlich süße Mandeln hervorbringt. Im Falle der Mandel 'Gießhübel' scheinen wir dem Ziele schon sehr nahe gekommen zu sein.

Auch bei den Mandeln sind kleinwüchsige, strauchige Sorten sehr erstrebenswert. Die Sorte 'Tesarova' zeigt, daß dieses Ziel erreichbar ist.

Die Erkundung wildwachsender Mandelbestände ist weiterhin wichtig. Aus eigener Erfahrung können wir solche aus der Pfalz, Südtirol und von der Wiener Thermenlinie bestätigen. Bei den Sichtungen muß geprüft werden, ob es sich jeweils um ganzüberwiegend süße Mandeln tragende Typen handelt.

Sorten

Haselnüsse

'Frühe Lange Zellernuß'

Es handelt sich hierbei um eine alte Sorte, die der echten Waldnuß sehr nahesteht. Die Nüsse sind groß und länglich, süß und sehr wohlschmeckend. Die Sorte ist auch wurzelecht in Ur-Obst®-Qualität verfügbar.

'Eichenblättrige Haselnuß' ('Geschlitztblättrige Waldnuß')

Die 'Eichenblättrige Haselnuß' ist eine der ganz wenigen Überlebenden der im 19. Jahrhundert beschriebenen echten Waldhaselsorten. Die Nüsse sind kleiner als bei den heute üblichen Haselnußsorten, aber wohlschmeckend. Sie reifen früh, schon Ende August bis Anfang September. Als zusätzlichen Vorzug besitzt die Sorte den Zierwert ihrer eichenartig eingeschnittenen Blätter.

'Goldhasel'
Diese Sorte ist ebenfalls eine der alten Haselsorten. Sie ist nicht geeignet, wenn der Fruchtertrag im Vordergrund stehen soll, da sie recht kleine Nüsse trägt, wenn diese auch durchaus wohlschmeckend sind. Somit ist sie eher als „Naschobst" einzustufen. Auch diese Sorte hat einen besonderen Zierwert durch ihre goldgrünen bis gelben Blätter, deren Farbe sich auch auf Kätzchen und Rinde der jungen Zweige erstreckt. Laut Goeschke soll die Sorte eine niedrige, buschige Wuchsgestalt haben. Ein Exemplar, das ich im Botanischen Garten Brünn sehen konnte, war allerdings hochwüchsig. Ob das an der allfälligen Veredelungsunterlage liegt oder es sich um einen anderen Sortenklon handelt, ist einstweilen nicht zu entscheiden.

Walnüsse

'Strauch-Walnuß'
Sträucher dieser Spielart (*Juglans regia* var. *fertilis*) wurden in einem alten Garten in Wien aufgefunden. Sie waren offenbar aus Samen gezogen und hatten in offensichtlich ausgewachsenem Zustand eine Wuchsgröße von etwa 4 m Höhe mit ebensolcher Breite. Die Sorte hat etwas kleinere wohlschmeckende Früchte, die auch schon von jüngeren Pflanzen erbracht werden. Da die Sorte als samenecht gilt, ist es möglich, sie als echtes Ur-Obst® auf eigener Wurzel zu ziehen.

'Broadview'
Diese Sorte ist für den Ur-Obst®-Garten von Interesse, weil sie nur kleine Bäume bildet und apomiktisch ist, so daß eine wurzelechte Vermehrung möglich ist. 'Broadview' soll sehr frosthart sein und Temperaturen von –30 °C aushalten können. Die Nüsse reifen von Oktober bis November und sind wohlschmeckend.

'Mini Multiflora Nr. 14'
Das ist eine Zwerg-Walnuß aus Holland. Sie ist selbstbestäubend und setzt schon als junge Pflanze Nüsse an, die mittelgroß sind und gut schmecken. Da die Sorte zumindest teilweise apomiktisch ist, bestehen Aussichten, sie irgendwann auf die eigene Wurzel zu bekommen.

'Rita'
'Rita' ist eine Sorte, die ursprünglich aus den Karpaten stammt. Die Pflanze als solche ist dementsprechend gut frosthart. Allerdings blüht sie verhältnismäßig früh, so daß sie für Blütenfrost empfänglich ist. 'Rita' ist eher schwachwüchsig und bildet kompakte Bäume. Die Nüsse sind verhältnismäßig groß und reifen in der ersten Oktoberhälfte. Die Sorte ist selbstbestäubend.

'Wunder von Monrepos'
Dies ist eine an der Forschungsanstalt Geisenheim am Rhein entstandene widerstandsfähi-

'Frühe Lange Zellernuß'

'Eichenblättrige Haselnuß'

'Strauch-Walnuß'

Walnuß 'Rita'

Mandel 'Gießhübel'

Mandel 'Palatina'

Mandel 'Palatina'

Mandel 'Tesarova'

ge Sorte mit mäßigem Wuchs. Sie ist reichtragend und liefert wohlschmeckende Früchte. Die Sorte ist apomiktisch und dementsprechend selbstfruchtbar.

Mandeln

'Gießhübel'

Dieser Typ ist ein Ur-Obst® im klassischen Sinne. Er stammt aus einem Wildbestand an der Wiener Thermenlinie. Es handelt sich um eine Süßmandel, die aus Samen vermehrt wird und sich als beständig erwiesen hat. Die Sämlinge zeigen sich bei uns sehr gesund und anspruchslos. Entsprechend der Herkunft wird die Sorte eher für Weinbauklima empfohlen.

'Palatina'

Diese Sorte wird auch 'Pfälzer Fruchtmandel' genannt. Sie hat sich bei uns als widerstandsfähig und vital erwiesen, auch nach Auspfanzung auf dem offenen Nordosthang. Die großen Mandeln sind süß und wohlschmeckend, dünnschalig und von Hand zu öffnen. Die Sträucher werden etwa 4–5 m hoch. Die Sorte ist selbstfruchtbar.

'Tesarova'

'Tesarova' ist eine bahnbrechende Neuheit bei den Mandeln. Der Strauch wird nur ungefähr 2,5 m hoch, ist recht krankheitsfest und trägt süße Mandeln von ansehnlicher Größe. Dies ist die erste Süßmandelsorte, die für niedrige Obsthecken geeignet ist.

Künftige Entwicklungen

Die vielversprechendsten Neuerungen bei den **Haselnüssen** werden Sorten mit deutlich schwächerem Wuchs sein, die zur Zeit in der Sichtung sind. Es handelt sich um einen unbekannten Zellernuß-Typ mit 3–4 m Wuchshöhe und um eine Waldhasel, die etwas höher wird, aber immer noch deutlich niedriger bleibt als ihre Artgenossen. Beide Typen bringen guten Ertrag und stammen aus der Haselnußsammlung in Pure/Lettland.

Die oben schon erwähnten groß- und reichfrüchtigen Waldhaseln aus alten Siedlungshecken sind zweifellos ein lohnendes Erkundungsfeld; ihre neue Inkulturnahme wird aber erst möglich sein, wenn es einen entsprechenden Markt für heimische Waldhaseln gibt.

Bei den **Walnüssen** stehen zur Zeit klein(er)wüchsige Formen im Brennpunkt. Die bisher einzige strauchige Sorte ('Strauch-Walnuß') wird ergänzt werden durch die oben beschriebene 'Mini Multiflora Nr. 14' und möglicherweise zwei weitere Zwergsorten osteuropäischer Herkunft.

Ein großer Sprung nach vorne wäre es, eine kleinerwüchsige apomiktische Sorte (wie z. B. 'Wunder von Monrepos') durch beständige Samenvermehrung auf eigener Wurzel zur Verfügung stellen zu können.

Bei den **Mandeln** sind weitere samenechte süße Sorten zur Zeit nicht in Sicht. Eine interessante neue Züchtungsrichtung hat der österreichische Liebhaber und Züchter Fritz Kummer angestoßen. Er hat die Süßmandel (*Prunus dulcis*) mit der in Österreich heimischen Zwergmandel (*Prunus tenella*) gekreuzt – mit dem Ergebnis einer reichblühenden strauchigen Pflanze mit dem Namen 'Tendul' (aus *tenella* und *dulcis*). Deren Früchte sind zwar groß, aber sehr hartschalig. Das könnte jedoch eine Weiterzüchtung ändern. Die Einkreuzung der

Zellernuß aus Pure

Waldhasel aus Pure

'Tendul'

Zwergmandel ist in zwiefacher Hinsicht verheißungsvoll. Sie kann nämlich sowohl kleineren Wuchs als auch größere Frosthärte induzieren. Nur nebenbei sei bemerkt, daß auch manche Typen der Zwergmandel durchaus eßbare Früchte hervorbringen.

WEINREBEN

Allgemeines zur Obstart

Ähnlich wie die Feigen gehören die Weinreben zum uralten Kulturbestand der Alten Welt. Die Art ist in ihrer Wildform *Vitis vinifera* ssp. *silvestris* in Mitteleuropa heimisch, und ihre Kultursorten werden hier seit Jahrtausenden kultiviert. Schwerpunkte sind dabei die Gebiete von Rhein und Donau sowie ihrer Nebenflüsse, also dieselben, wo auch die Wildformen vorkommen und die dem Wein klimatisch günstig sind.

Die Wilde Rebe *Vitis vinifera* ssp. *silvestris* (nicht zu verwechseln mit dem sogenannten „Wilden Wein", der zu der asiatisch-amerikanischen Gattung *Parthenocissus* gehört und richtig „Jungfernrebe" genannt werden muß) ist eine zweihäusige Auenwaldpflanze, die in den Flußauen vor allem von Rhein, Donau und March bis in die Kronen der Bäume klettert. Sie mag folglich Schatten und reichlich Feuchtigkeit.

Im Gegensatz dazu ist die Kulturrebe (*Vitis vinifera* ssp. *vinifera*) einhäusig, das heißt, mit männlichen und weiblichen Blüten auf derselben Pflanze, und wird auf sonnigen und mäßig trockenen Standorten gezogen. Der Anbau der Europäischen Kulturrebe ist auf warme und milde Landstriche Mitteleuropas begrenzt, weshalb man ja geradezu von „Weinbauklima" spricht.

Ende des 19. Jahrhunderts kam es zur Katastrophe des europäischen Weinbaus, als gleich drei verheerende Schadorganismen aus Nordamerika eingeschleppt wurden: die Reblaus und die Mehltaupilze *Oidium* und *Peronospora*. Die Reblaus, die vor allem auf der Wurzel schmarotzt, wird seitdem durch die Pfropfung der europäischen Reben auf amerikanische Arten als Unterlage in Schach gehalten. Hier zeigt sich wieder die grundlegende Gefahr der Verbringung von Organismen von einem Erdgebiet in ein anderes, das mit diesem geographisch nicht in Verbindung steht. Lebewesen, die über viele Jahrtausende in gemeinsamer Evolution standen, sind in das Ökosystem eingepaßt und richten keine verheerenden Schäden an. Treffen sie aber auf ein fremdes Ökosystem, können sie dort gewaltige Zerstörungskraft entfalten, weil die dortigen Organismen auf diesen neuen Mitspieler in keiner Weise vorbereitet sind. Die amerikanischen Reben „kennen" die Reblaus und jene Mehltaupilze schon seit Tausenden von Jahren und haben sich auf sie eingestellt. Katastrophenträchtig sind dementsprechend Organismen aus den von uns entfernten Erd-

Wilde Rebe (*Vitis vinifera* ssp. *silvestris*) im Auenwald

gebieten mit ähnlichem Klima, also vor allem Nordamerika und Ostasien. Das hat sich schon tausendfach gezeigt, aber leider bislang keine wirksamen Lernprozesse bei den zuständigen Fachleuten ausgelöst.

Das zeigt sich auch daran, daß in den Fällen solcher Invasionen meist der Teufel mit Beelzebub ausgetrieben wird, indem nun weitere Pflanzen oder Tiere aus den entlegenen Herkunftsgebieten herangebracht werden, die die Gefahr bannen sollen. Bei den Reben sind dies amerikanische Wildarten, die mit europäischen Sorten gekreuzt werden, um auf diese Weise sogenannte Resistenzreben zu erzielen. Leider sind diese Einkreuzungen meist dem Geschmack der Trauben nicht zuträglich, da die europäischen Reben in dieser Hinsicht unübertrefflich sind und die amerikanischen ziemlich gruselig schmecken.

Die so gewonnenen „Resistenztrauben" sollen vor allem Feiung gegen die Mehltaupilze bringen. Dazu kommt, daß die „Amerikaner" deutlich frosthärter als die Europäerrebe sind, so daß sie auch noch in rauheren Gebieten angebaut werden können.

Wie oft in solchen Fällen machen sich die Züchter kaum die Mühe, die Resistenzpotentiale der heimischen Art in deren genetischer Vielfalt in den Blick zu nehmen. Wir wissen, daß diese bei der Europäerrebe durchaus existieren. Das haben Aussaatversuche ergeben, Funde in alten, aufgegebenen Weinbergen und das, was die Forstwirtschaft von den wilden Rebrassen noch übriggelassen hat.

Amerikanerhybriden kommen sowieso als Ur-Obst® nicht in Frage. Zum Glück hat die Europäische Weinrebe in ihrer langen Kulturgeschichte unzählige Sorten und Typen ausgebildet. Manche Sorten sind uralt, wie etwa der 'Schwarzriesling'. In dieser Vielfalt der alten Anbausorten finden sich durchaus Reben, die ohne besondere Pflege gedeihen und von bedrohlichen Krankheiten verschont werden.

Eindringlich veranschaulicht wird dieser Sachverhalt durch die Entdeckung eines ungefähr 200 Jahre alte Weinberges in der Kurpfalz, auf dem sich noch die ursprünglichen Rebstöcke befanden. Von diesen waren etliche noch heute bekannten Sorten zuzuordnen, viele andere sind heute unbekannt. Obwohl die Reben damals noch durchgehend auf eigener Wurzel gepflanzt wurden, waren manche frei von Reblausbefall. Das Gleiche galt für andere Krankheiten. Kaum zu glauben, daß die zuständigen staatlichen Stellen die Erhaltung dieser Reben für unwichtig hielten und jede Unterstützung ablehnten. So blieb es wieder einer Privatperson vorbehalten, wenigstens die wichtigsten der Reben in eine selbst finanzierte Erhaltungssammlung zu überführen.

Eine weitere Quelle für Ur-Obst®-Reben sind Verwilderungen, die sich in den Hecken der Weinbaugebiete finden. An den ohne menschliche Betreuung wachsenden Reben läßt sich im Herbst gut erkennen, ob sie ausreichend eigene Resistenzen besitzen. Wir haben auf diesem Wege in Rheinhessen und der Pfalz schon mehrere verheißungsvolle Typen gefunden, die unter anderem völlig frei von Mehltau sind.

Eine sehr bedeutende Quelle Ur-Obst®-fähiger Rebsorten haben wir uns in den letzten 150 Jahren leider weitgehend selbst zerstört. Unsere in den Flußauen wachsenden Wildreben waren von einer überraschenden genetischen Vielfalt. Dieses Wissen verdanken wir dem Apotheker und Weinbaufachmann Johann Philipp Bronner (1792–1864), der in den Rheinauen zwischen Rastatt und Speyer 36 verschiedene und deutlich unterschiedliche Formen der Wilden Rebe dokumentierte und sie zum Teil auch aufpflanzte. Eine von diesen hat es sogar bis in die heutige Zeit geschafft und ist in die Weiterzüchtung eingegangen, die 'Orangetraube', deren süße gelbe Trauben nach Orangenblüten duften.

Der Botanische Garten Karlsruhe hat die sehr verdienstvolle Aufgabe übernommen, heimische Wildreben zu sammeln und auf Eigenschaften und insbeondere Resistenzen zu untersuchen. Es gibt dabei erste wichtige Entdeckungen.

Leider kann man nach der Einschleppung der amerikanischen Rebkrankheiten nicht mehr allgemein davon ausgehen, daß Wildreben grundsätzlich robust seien. Viele von ihnen werden von diesen Schadorganismen auch befallen. Erst eine genauere Sichtung kann hier Klarheit bringen.

Hat man für den Garten eine widerstandsfähige Europäerrebe gefunden und wohnt nicht gerade in einer rauhen Lage, ist der Anbau im Grunde recht problemlos. Wir halten unsere Reben in der Baumschule und angepflanzt in Hausgärten völlig spritzmittelfrei.

Da es beim Ur-Obst® nur wenige Kletterpflanzen gibt, sind Reben sehr wichtig zur Erschließung neuer Räume für den Obstgarten. Die Weinrebe ist eine Rankpflanze, die lange Triebe macht und deswegen zunächst einmal für Hauswände, Pergolen und Lauben gut geeignet ist. Dabei sind größere Wuchsflächen zu bevorzugen, damit die Rebe möglichst wenig beschnitten werden muß. Die Weinrebe kann im Gegensatz zum „Wilden Wein" (*Parthenocissus*) nicht an glatten Wänden emporklimmen, sondern braucht Rankhilfen. Von Natur aus ist die Weinrebe dazu geschaffen, Bäume zu beklettern. Wenn man ihr diese Möglichkeit im Garten bieten kann, ist das freilich ideal. Bedacht werden muß dann nur noch die Frage des Beerntens.

Bei Ur-Obst®-Reben sind keine besonderen Schädlinge zu befürchten. Allenfalls können bei besonders süßen Trauben wie dem 'Frühen Gelben Malinger' die Wespen in Wettbewerb mit den menschlichen Nutzern treten.

Forschungsrichtungen

Im Vordergrund der Auslese und Sichtung stehen naturgemäß die **eingeschleppten Krankheiten**. Da die amerikanischen Mehltaupilze nun schon eine Weile in Europa sind, gibt es dazu auch schon einige Erfahrungen, und es kristallisieren sich Resistenzen heraus. Sehr bemerkenwert ist in diesem Zusammenhange die Auskunft eines Winzers, daß die Spritzungen die spezifische Widerstandskraft der Pflanzen schwächen und die innewohnenden Resistenzen demzufolge nur bei Reben feststellbar sind, die mindestens zwei bis drei Jahre ohne „Pflanzenschutz" gewesen sind.

Als neuer Schädling dräut nun die asiatische Kirschessigfliege (*Drosophila suzukii*), die weitere Ausleseziele nahelegt, zum Beispiel festere Schalen insbesondere bei roten Trauben. Nachgeordnet kann noch an das Ziel größerer Frosthärte gedacht werden, wobei von Interesse ist, daß die mitteleuropäischen Wildreben als Träger der entsprechenden Eigenschaft angesehen werden. Sie sind widerstandsfähiger gegen Kälte als die meisten Kulturreben. Das wirkt sich auch bei Einkreuzungen aus.

Sorten

In der folgenden Sortenaufstellung werden hybride „Resistenztrauben" aus den oben genannten Gründen nicht berücksichtigt. Schrifttumshinweis: Ausführliche Darstellungen von Rebsorten finden sich im *Farbatlas Rebsorten* von Ambrosi u. a.

'Früher Gelber Mal(l)inger'

Diese Sorte aus dem 19. Jh. ist eine süße Qualitätstraube, die sich hervorragend für die Tafel eignet. Die Früchte reifen schon früh, etwa Ende August. In einem Teil des Fachschrifttums wird ihr eine gewisse Anfälligkeit bescheinigt, was wir aber bislang nicht bestätigen können.

'Ortega'

Diese Sorte ist empfehlenswert als Tafeltraube und zur Weinbereitung. Die Beeren sind mittelgroß, gelb, süß und würzig. Sie ist ebenfalls frühreifend. 'Ortega' gilt als widerstandsfähig gegen Krankheiten und als wenig frostanfällig, so daß sie auch für Hausgärten außerhalb des Weinbauklimas von Interesse ist.

'Schwarzriesling'

Diese ist eine sehr alte Sorte, die wahrscheinlich vom Blauen Spätburgunder abstammt und mit dem 'Riesling' nichts zu tun hat. Die Blätter sind auffallend weißfilzig, was ihre Widerstandskraft gegen Pilzbefall fördert. Der 'Schwarzriesling' reift eher spät und zeitigt schwarzblaue, kleine bis mittelgroße Beeren mit fruchtigem, saftigem Geschmack.

'Orangetraube'

Diese Sorte wurde, wie oben schon erwähnt, unmittelbar aus der heimischen Wildrebe entwickelt. Sie ist weniger wüchsig als andere Sorten und deswegen vielleicht bedeutungsvoll für kleinere Kletterflächen. Außerdem besitzt sie die größere Frosthärte der Wilden Reben. Die Beeren sind grünlich-gelb und honigsüß mit der besagten Note von Orangenblüten. Die Reifezeit ist mittel. Die 'Orangetraube' soll um Klosterneuburg noch angebaut werden, ist aber schwer zu bekommen.

'Goldburger'

'Goldburger' ist eine Kreuzung zwischen der 'Orangetraube' und dem 'Welschriesling', die in Klosterneuburg erzielt wurde. Mit der 'Orangetraube' teilt die Sorte die gute Winterfrostverträglichkeit, die kleinen gelbgrünen Beeren und die mittlere Reifezeit. Die Kreuzung mit dem widerstandsfähigen 'Welschriesling' ist eine ausgesprochen glückliche Verbindung, die die verhältnismäßige Pilzfestigkeit des 'Goldburgers' bewirkt hat. Leider ist auch der 'Goldburger' nicht leicht zu bekommen.

'Weiße Berntaler' (Arbeitsname)

Diese Rebe wurde in einem aufgegebenen Weinberg in der Pfalz gefunden, wo sie im Oktober bei reichem Fruchtbehang keinerlei Mehltausymptome aufwies. Dieser Befund hat sich in jahrelanger Beobachtung bei uns bestätigt. Die kleineren gelblich-grünen Früchte haben wenig Kerne und sind köstlich süß mit guter Würze. Die genaue Sortenzuordnung muß noch vorgenommen werden.

'Blauer Zweigelt'

Diese Sorte wurde 1922 von Fritz Zweigelt in Klosterneuburg durch Kreuzung zweier Europäerreben erzielt. Der 'Blaue Zweigelt' ('Zweigeltrebe') ist eine frostverträgliche frühe Sorte. Die blaue Beere ist mittelgroß und saftig. Die Empfindlichkeit für Pilzkrankheiten ist gering. Angesichts der Bedrohung durch die asiatische Kischessigfliege, die vor allem die blauen Trauben befällt, ist die Hartschaligkeit des 'Blauen Zweigelts' von großem Interesse. Die Sägewerkzeuge dieses Kerbtiers können härtere Schalen schlecht durchdringen.

'Modrý Janek' ('Blauer Hans')

Diese Sorte ist eine alte sudetendeutsche Hausrebe, die sich durch Winterhärte und Mehltaufestigkeit auszeichnen soll. Sie trägt kleine blaue Trauben mit gutem Geschmack. Vor allem die jüngeren Blätter sind filzig und tief gebuchtet. Leider ist es uns bislang nicht gelungen, Material von dieser verheißungsvollen Rebsorte zu bekommen, die ungefähr 150 Jahre alt sein soll. Die Angelegenheit wird dadurch noch verschwierigt, daß sich in tschechischen Sammlungen zum Teil falsche Klone befinden.

Künftige Entwicklungen

In der weiteren Sortensichtung wird sich angesichts der eingedrungenen invasiven Schadorganismen fast alles um entsprechende **Resistenzen** drehen, damit der Ur-Obst®-Anspruch der Behandlungsfreiheit weiter verwirklicht werden kann. Dies gilt freilich zunächst für Hausreben. Aber auch im Erwerbsanbau ließe sich gewiß noch einiges herausholen, wenn widerstandfähige Europäer-Sorten verwendet würden und man sich vielleicht auch der alten Gepflogenheit erinnerte, Sorten und Klone ge-

'Früher Gelber Mallinger'

'Schwarzriesling'

'Weiße Berntaler'

mischt anzubauen. Beiden Vorgehensweisen stehen allerdings die heutigen strengen Anbau- und Sortenreglementierungen entgegen. Aber vielleicht sind ja auch Behörden mitunter lernfähig.

Noch mehr verheißungsvolle alte Sorten harren der Erprobung, und zahlreiche wilde Sämlingsfunde müssen weiter beobachtet werden. In der Sichtung befinden sich zum Beispiel ein blaufrüchtiger Typ aus Rheinhessen und vier Zufallssämlinge, die uns freundlicherweise ein Winzer aus dem nördlichen Anbaugebiet Saale-Unstrut in Sachsen-Anhalt hat zukommen lassen. Die letzteren werden bei uns nun schon über zehn Jahre unter völligem Verzicht auf Spritzungen beobachtet und hatten noch nie irgendwelche Anzeichen von Mehltau. Die Beeren sind eher klein und in Vollreife im Oktober süß und fruchtig.

Das verdienstvolle Wildrebenprojekt in Karlsruhe sollte auch hinsichtlich der Anwendung im Ur-Obst®-Bereich ausgewertet werden. Vielleicht können uns wenigstens die Restbestände der heimischen Wildreben noch einen großen Schritt nach vorne bringen.

Wildwachsende Kulturrebe aus Rheinhessen

BROMBEEREN

Allgemeines zur Obstart

Von keiner anderen Obstart stellt uns die Natur eine solche biologische Vielfalt zur Nutzung zur Verfügung wie von den Brombeeren. In Deutschland gibt es davon weit über 300 Wildarten, die sich nicht nur in Wuchs-, Schößlings- und Blütenmerkmalen unterscheiden, sondern auch in Größe, Güte und Geschmack der Früchte. Trotz diesem außergewöhnlichen Reichtum sind faktisch alle im Handel angebotenen Brombeersorten exotischer Herkunft, vor allem aus Nordamerika. Das liegt neben der bei uns üblichen Geringschätzung der heimischen Wildpflanzen vor allem an der Tatsache, daß die Amerikaner schon sehr früh damit begonnen haben, die Beerenfrüchte dieses Halberdteils zu erkunden und in die obstbauliche Nutzung zu überführen. Es ist deswegen für europäische Obstlieferanten und auch -züchter einfacher, die eingeführten amerikanischen Sorten zu übernehmen, als sich vor der eigenen Haustür umzusehen.

Der Verbraucher bekommt diesen Sachverhalt vor allem am Gaumen zu spüren, wenn er nämlich feststellt, daß die angepriesenen großfrüchtigen Kulturbrombeeren leider gar nicht an die Qualitäten der Früchte aus unseren Wäldern herankommen. Dort finden sich in der Tat Köstlichkeiten, die nur darauf warten, von uns entdeckt und genutzt zu werden. Aus der Erfahrung wage ich zu sagen, daß unter den Hunderten heimischer Wildbrombeerarten der Großteil annehmbar schmeckt, ein kleinerer Teil eher unschmackhaft ist und ein anderer kleiner Teil ganz überdurchschnittliche Geschmackserlebnisse verschiedenster Art bietet.

Mit dem Geschmack sind aber die Vorzüge der heimischen Brombeeren noch nicht erschöpft. Im Durchschnitt sind diese frosthärter, weil mit unserem Klima besser vertraut, wuchern lange nicht so stark wie etwa die beliebte Sorte 'Theodor Reimers', die zu dem nichtheimischen *Rubus armeniacus* gehört, und die Früchte neigen nicht zum Faulen oder Schimmeln, sondern trocknen nach einem gewissen Zeitraum einfach ein. Ich selber habe schon mit Genuß trockene Wildbrombeeren verzehrt, die über ein Jahr auf einem Teller ungekühlt in meiner Küche lagen – ohne die geringsten Anzeichen von Verderb oder Schimmelbefall.

Brombeeren haben einen beachtlichen Gehalt an Vitamin C und Mineralien. Früchte und Blätter wurden und werden auch bisweilen zu Heilzwecken genutzt, wobei man sich vor allem die adstringierende Wirkung zunutzemacht, beispielsweise bei Hals- oder Hautbeschwerden.

Für die Anpflanzung im Ur-Obst®-Garten ist zu berücksichtigen, daß Brombeeren überwiegend Waldpflanzen sind. Größtenteils wachsen sie auf neutralen bis leicht sauren Böden und meiden sehr trockene Standorte. Etliche Brombeerarten kommen auch mit sandigen, mageren Standorten gut zurecht.

Die meisten mitteleuropäischen Arten sind wintergrün und nicht an extreme Winter angepaßt. Die laubwerfenden Arten Faltblättrige Brombeere (*Rubus plicatus*), Schottische Brombeere (*Rubus nessensis*) und Furchen-Brombeere (*Rubus sulcatus*) sind offenbar recht frosthart, da auch im Baltikum vorkommend.

Bei den heimischen Brombeeren stehen uns auch ganz verschiedene Wuchstypen zur Verfügung, was unterschiedliche Möglichkeiten für ihren Einsatz im Garten schafft. Grob kann man folgende **Wuchsformen** unterscheiden:

- **aufrecht:** Der Wuchs ist ähnlich den Himbeerruten. Die Triebe wurzeln nicht an der Spitze ein. Hierzu gehören zum Beispiel die eben genannten besonders frostverträglichen Arten.
- **hochbogig:** Dieser Typ entspricht dem der Sorte 'Theodor Reimers', wenn auch nicht so üppig. Die Triebspitzen können einwurzeln, wie auch die der folgenden Wuchstypen. Zu diesem Typ gehören zum Beispiel die Winter-Brombeere (*Rubus winteri*) und die Weinbergs-Brombeere (*Rubus praecox*).
- **flachbogig:** Bei diesem Typ wachsen die Triebe in Bögen, die sich etwa in Knie- oder Hüfthöhe erstrecken und wieder auf dem Boden auftreffen. Zu diesem Typ gehören zum Beispiel die Angenehme Brombeere (*Rubus gratus*) und die Schmuck-Brombeere (*Rubus adornatus*).
- **kriechend:** Die Triebe liegen dem Boden auf. Gärtnerisch gesprochen wachsen sie bodendeckend.

Die aufrechten Arten können gärtnerisch eingefügt werden wie Himbeeren. Die hochbogigen lassen sich am besten mit Großsträuchern verbinden bzw. neben Großsträuchern in Hecken einfügen. Die bogigen Triebe können dort oder auch in Bäumen gut klimmen, und die Früchte wachsen einem dann gleichsam in den Mund. Am Wildstandort konnten wir einmal eine solche perfekte Verbindung an der Winter-Brombeere beobachten, deren Früchte aus älteren Holundersträuchern heraushingen. Die flachbogigen Arten eignen sich entweder für den Gehölzrand, wo sie auch in die Sträucher hineinwachsen dürfen, oder als Kletterpflanzen für Zäune, Pergolen oder ähnliches. Besonders *Rubus laciniatus* 'Thornless Evergreen' läßt sich auf diese Weise elegant ziehen. Kriechende Arten sind grundsätzlich als Bodendecker oder als Kletterer geeignet. Allerdings gibt es aus dieser Gruppe bislang so gut wie keine Obststräucher.

Mit den Himbeeren teilen die Brombeeren die besondere Wuchsform: Die Schößlinge sind nur zweijährig, blühen und fruchten im zweiten Jahr und sterben dann ab. Im Ur-Obst®-Garten kann man sie getrost stehenlassen und dem natürlichen Lauf der Dinge anheimgeben.

Um eine übermäßige Ausbreitung einer bogig wachsenden Art einzudämmen, ist das beste Verfahren, die Triebspitzen, die sich zum Einwurzeln anschicken, zu kappen. Rückschnitte sind wie immer nicht zu empfehlen.

Die Brombeeren sind durchweg selbstfruchtbar.

Sie sind nicht empfindlich für Krankheiten oder Schädlinge. Allenfalls kann die Brombeermilbe Früchte anstechen und an der gleichmäßigen Reife hindern, so daß einzelne Teilfrüchtchen rot bleiben. Oder die Beerenwanze kann manchen Früchten einen unangenehmen Geschmack mitteilen. Bei vielen Arten führt lange Bodentrockenheit dazu, daß sich die Früchte nur unvollständig entwickeln und nicht saftig werden. Das sollte bei der Wahl des Standortes berücksichtigt werden.

Forschungsrichtungen

Die Forschungsaufgabe bei den heimischen Brombeeren ist besonders reizvoll. Es geht darum, die bisher versäumte **Obstauslese** bei der riesigen Fülle der heimischen Brombeerarten nachzuholen. Da gibt es viel zu entdecken, und zwar nicht nur, was Größe und Süße der Früchte betrifft, sondern auch ganz neue Geschmacksrichtungen warten auf uns. Das zeigte sich zum Beispiel schon bei der Schmuck-Brombeere (*Rubus adornatus*) mit ihrer leichten Pfirsichnote. Im Nahegebiet wurde eine der Durchblätterten Brombeere (*Rubus phyllostachys*) nahestehende Form gefunden, deren Früchte nicht nur süß waren, sondern auch eine leichte Weichsel-Geschmacksnote aufwiesen. Es heißt also, in brombeerreichen Gebieten fleißig zu verkosten und die Arten zu bestimmen, was in der Regel ohne Hilfe von Fachleuten nicht möglich ist. Zu beachten ist immer, daß in älteren Brombeergebüschen meistens mehrere Arten durcheinanderwachsen, was die Gefahr von Verwechslungen mit sich bringt.

Eine weitere Aufgabe, auch für den Ziergarten, ist es, Arten mit mäßigem und verträglichem Wuchsverhalten zu finden. Das heißt, die Trieblänge sollte nicht übermäßig sein und die Neigung zum Einwurzeln der Triebspitzen oder zur Ausläuferbildung sich in Grenzen halten, damit im Garten nicht ständige Eingriffe notwendig sind. Es besteht begründete Hoffnung, hier Fortschritte zu machen. Die Schottische Brombeere (*Rubus nessensis*) etwa breitet sich nur sehr mäßig aus. Ein Exemplar der Unterart *scissoides* hat bei uns in etwa zehn Jahren nicht mehr als drei bis fünf Ausläufer gemacht.

Sorten bzw. Arten

Angenehme Brombeere (*Rubus gratus*)

Ihr Name ist sozusagen schon Programm. Sogar die Botaniker, die gewöhnlich mit Aussagen zu Fruchtgeschmäckern sehr zurückhaltend sind, heben den Wohlgeschmack und die Fruchtgröße dieser Art hervor. Ihre Früchte, die von September bis Oktober reifen, sind süß und aromatisch und wachsen in ansehnlichen „Trauben". Die Art wächst flach- bis hochbogig und bevorzugt einen leicht sauren Standort, der nicht sehr trocken sein sollte. Bezüglich des Bodensubstrates scheint die Angenehme Brombeere recht anpassungsfähig zu sein.

Faltblättrige Brombeere 'Hiddensee' (*Rubus plicatus* 'H.')

Sie ist grundsätzlich eine gut gartenverträgliche Art, die nicht invasiv, aber sehr anpassungsfähig an verschiedene Böden ist. Sie hat einen eher aufrechten Wuchs. Sie blüht früher als andere Arten, und die Früchte reifen schon im Juli. 'Hiddensee' ist eine Form mit besonders süßen Früchten.

Schmuck-Brombeere (*Rubus adornatus*)

Diese flachbogige Art ist dank ihren rosenroten Blüten und dem weinroten Blattaustrieb auch zierend, was ihr vermutlich den Namen eingebracht hat. Die Früchte, die etwa im August reifen, sind klein bis mittelgroß, haben dafür aber besondere Geschmacksvorzüge. Sie sind süß-aromatisch mit einer leichten Pfirsichnote. Die Süße ist so ausgeprägt, daß die Früchte sogar im noch nicht voll ausgereiften Zustand schon süß schmecken.

Winter-Brombeere (*Rubus winteri*)

Diese hochbogige, recht starkwüchsige Art leitet ihren Namen nicht von der betreffenden Jahreszeit her, sondern von einem Botaniker. Merkwürdigerweise blüht und fruchtet sie trotzdem besonders spät. Die Blütezeit liegt im Spätsommer, später als bei allen anderen heimischen Brombeerarten. Die Früchte sind mittelgroß, saftig und köstlich säuerlich-süß mit leichter Melonennote.

'Thornless Evergreen' (*Rubus laciniatus* stachellos)

Unabhängig von ihren obstbaulichen Vorzügen ist diese Sorte auch botanisch sehr reizvoll. Sie ist zwar in Nordamerika entstanden, aber leitet sich von den europäischen Brombee-

Angenehme Brombeere (*Rubus gratus*)

Faltblättrige Brombeere (*Rubus plicatus*) 'Hiddensee'

Schmuck-Brombeere (*Rubus adornatus*)

Winter-Brombeere (*Rubus winteri*)

'Thornless Evergreen'

Stachellose Mittelmeerbrombeere (*Rubus ulmifolius* 'Inermis')

Schottische Brombeere (*Rubus nessensis*)

Weinbergsbrombeere (*Rubus praecox*)

ren her. Sie gehört zu der Art Schlitzblättrige Brombeere (*Rubus laciniatus*), die ihrerseits erst in der Kultur entstanden ist, aber mittlerweile auch wild in Brombeergesellschaften vorkommt. Schon seit dem 17. Jahrhundert wird diese Art in Europa angebaut. Die geschlitzten Blätter sind sehr auffällig und haben einen beachtlichen Zierwert.

Die Sorte 'Thornless Evergreen' ist völlig stachellos. Im Gegensatz zu den verbreiteten amerikanischen stachellosen Sorten besitzt sie den aromatischen, säuerlich-süßen Geschmack der europäischen Brombeeren. Sie eignet sich hervorragend zum Beklettern von Zäunen und Spalieren.

Stachellose Mittelmeerbrombeere (*Rubus ulmifolius* 'Inermis')

Diese unbestachelte Sorte der auch in Mitteleuropa wild vorkommenden Mittelmeerbrombeere wurde zwar im Schrifttum beschrieben, aber war lange Zeit unauffindbar. Zum Glück entdeckten wir überraschend am Rande eines Südtiroler Weinberges einen Strauch dieser sehr anbauwürdigen Sorte. Diese Brombeere ist hochbogig und starkwüchsig. Sie ziert durch hellblau bereifte Triebe und lebhaft seidelbastrote Blüten, die im Sommer über eine lange Zeit erscheinen. Die im Herbst reichlich reifenden Früchte schmecken angenehm süß und aromatisch. Mit *Rubus ulmifolius* 'Inermis' haben wir eine zweite stachellose europäische Brombeere mit wohlschmeckenden Früchten.

Schottische Brombeeere (*Rubus nessensis*)

Diese Art wartet gleich mit mehreren Besonderheiten auf. Sie wächst aufrecht, ähnlich wie Himbeeren, breitet sich nur wenig aus (siehe oben), hat violette Stachelchen auf frischgrünem Grund, ist manchmal aber auch fast stachellos und erfreut mit einer leuchtend roten Färbung des Laubes im Herbst. Die Früchte sind anders als bei den anderen Arten schwarzrot, reifen schon im Sommer und haben einen angenehmen Geschmack, der einen Anklang an Himbeeren hat. Die Art bevorzugt etwas feuchtere Standorte, aber kommt mit gewöhnlichen Gartenböden gut zurecht. Im Ur-Obst®-Garten können sie ähnlich wie Himbeeren angesiedelt werden.

Weinbergsbrombeere (*Rubus praecox*)

Diese etwas wärmeliebende Art hat einen ähnlichen hochbogigen Wuchs wie die Armenische Brombeere, aber unterscheidet sich durch reinweiße Blüten und einen kennzeichnend gewellten Blattrand. Die Früchte sind süßer als die der Armenischen Brombeere mit ihrer verbreiteten Sortenbezeichnung 'Theodor Reimers'.

Weitere verheißungsvolle Wildarten

Es sind bislang schon weitere Wildarten bekannt, die besonders wohlschmeckende Früchte haben sollen. Hierzu gehören *Rubus insularis* ssp. *insularis*, *Rubus mollis* (Weiche Brombeere), *Rubus visurgianus* (Weser-Brombeere; wird neuerdings auch zu *Rubus fasciculatiformis* gezogen) und *Rubus galeatus* (Helm-Brombeere). Während *Rubus insularis* und *Rubus galeatus* eher saure Waldstandorte bevorzugen, gehören *Rubus mollis* und *Rubus visurgianus* zu der Gruppe der Haselblattbrombeeren und wachsen auf warmen, gern kalkhaltigen Standorten. Diese Tatsache und der eher kriechende Wuchs machen sie interessant für entsprechende Standorte, vor allem in Süddeutschland, die für die meisten Waldbrombeeren zu trocken und kalkhaltig sind. Leider sind sämtliche zuletzt genannten Arten meines Wissens bislang nicht in Kultur.

Künftige Entwicklungen

Wenn die Nachfrage nach heimischen Brombeeren in Gang kommt, wird es leicht möglich sein, die Zahl der angebotenen Arten zu erhöhen, da sie samt und sonders aus Samen zu ziehen sind. Der Grundstock ist bei Ahornblatt in Mainz schon vorhanden, darüberhinaus haben etliche Botanische Gärten in Deutschland, zum Beispiel Frankfurt/Main und Regensburg, Sammlungen heimischer *Rubus*-Arten angelegt.

Es wird sich dann auch verstärkt lohnen, die Vielfalt der heimischen Brombeerarten auf kulturtaugliche Vertreter zu durchleuchten. Hierbei wird die Hilfe der brombeerkundigen Botaniker, der Batologen, von großer Bedeutung sein.

Abschließend sei noch auf weitere Potentiale der heimischen Brombeeren hingewiesen. Da ist einmal der Zierwert durch die verschiedenfarbigen, oft auch duftenden Blüten, die Blätter und die verschieden gefärbten Schößlinge. Von der Angenehmen Brombeere (*Rubus gratus*) ist in unserer Baumschule ein schlitzblättriger Sämling aufgetreten, der neben den Früchten auch ein beachtliches Zierpotential hat.

Der ökologische Wert der Brombeeren schließlich ist kaum zu überschätzen. Sie bieten Nahrung und Lebensraum für die verschiedensten Kleintiere, Bienen, Hummeln, Schmetterlinge, Käfer und andere Kerbtiere. Nur an wenigen Gehölzen kann man so verschiedenartige Tiere gleichzeitig beobachten wie an Brombeeren.

HIMBEEREN

Allgemeines zur Obstart

Vor allem für die Freunde süßer Genüsse ist die Himbeere eine der köstlichsten Früchte überhaupt. Dazu kommen noch die gesundheitlichen Wirkungen der Himbeere, die mehr und mehr entdeckt werden. In jüngster Zeit werden ihr auch antioxidative und zellschützende Wirkungen nachgesagt. Unbestritten ist ihr beachtlicher Gehalt an den Vitaminen A, B_1, B_9 (Folsäure) und C sowie an Eisen. Nicht zu vergessen ist dabei, daß auch die Blätter traditionell als Heilmittel genutzt werden.

Leider erhält der Kunde, der Obst oder Pflanzen erwirbt, auch bei der Himbeere nicht mehr die heimische Art *Rubus idaeus*, auch wenn das in Baumschulkatalogen behauptet wird. Das ist die Ursache dafür, daß die heutigen Sorten zwar großfrüchtig und transportfest sind, aber in der Regel nicht mehr an Süße und Aroma der heimischen Waldhimbeere herankommen. In den letzten 100 Jahren haben auch bei den Himbeeren amerikanische Herkünfte die Oberhand gewonnen, sei es durch Einkreuzung amerikanischer Arten, sei es durch einfache Übernahme der Sorten aus Amerika. Die alten europäischen Sorten, die auf die heimische Waldhimbeere zurückgehen, sind fast vollständig verdrängt. Vom Standpunkt des Gartenbesitzers und Verbrauchers gibt es dafür keinen vernünftigen Grund. Im Gegenteil; wer hat sich nicht schon einmal über frische oder tiefgefrorene Himbeeren geärgert, die lecker aussehen, sich aber dann als so sauer herausstellen, daß sie eher zur Herstellung eines Gurgelwassers geeignet erscheinen als zum Verzehr. Wie groß ist dagegen das Erstaunen vieler Menschen, wenn sie in unserer Baumschule das erste Mal eine echte europäische Sorte verkosten. Sie hatten schon gar nicht mehr geglaubt, daß es diese duftenden Früchte mit überfließender Süße und Köstlichkeit überhaupt gibt. Diese Sorten wie 'Mainzer Waldfee' oder 'Sucrée de Metz' sind es, die den Namen „Himbeere" wirklich verdienen.

Nur diese Sorten kommen als Ur-Obst® in Frage. Fündig kann man hier werden bei Sorten, die vor 1900 gezüchtet wurden wie 'Sucrée de Metz', oder aber bei europäischen Wildfunden wie 'Lloyd George' und 'Mainzer Waldfee'. Erstere wurde zu Beginn des 20. Jahrhunderts in einem Wald in England gefunden, letztere fiel in einem Wald bei Mainz durch ihre ansehnlichen und reich angesetzten Früchte mit dem arteigenen süßen Wohlgeschmack auf. Zum Glück gibt es Sammlungen, die sich der Erhaltung der alten Beerensorten widmen, wie etwa die Beerensammlung der schweizerischen ProSpecieRara. Ohne solche Sammlungen wären die echten europäischen Sorten wahrscheinlich ganz dem Vergessen anheimgegeben.

Die echten europäischen Himbeeren bilden auch nicht so lange Ruten wie viele Amerikaner. Auch aus diesem Grunde hat die Himbeerkultur an Drähten in einem Ur-Obst®-Garten nichts zu suchen. Schon die Aufpflanzung in Reih und Glied widerspricht dessen Grundgedanken im Kern. Wie weiter oben schon dargelegt, gehören diese Himbeeren ihrem natürlichen Standorte angenähert in lockere Pflanzungen in eher halbschattige Lagen am Gehölz- oder Gebüschrand, wo sie einen humosen, nicht zu trockenen, aber auch nicht nassen Boden vorfinden, der durch liegengebliebenes Laub und andere Pflanzenteile gefördert wird.

Dort können die Himbeersträucher auch gut in Pflanzengemeinschaften wachsen, zum Beispiel mit heimischen Waldstauden. Ein Geheimtipp ist übrigens die bei konventionellen Gartenbesitzern verhaßte Brennessel. Deren Gesellschaft bekommt Himbeeren ausgesprochen gut. Sie sollen dadurch sogar von Krankheiten genesen können. Die Kunst wird dann darin bestehen, die Brennesseln so anzusiedeln, daß die Ernte der Früchte nicht behindert wird.

Keinesfalls dürfen die Himbeeren auf Dauer großer Trockenheit und Hitze ausgesetzt oder auf Rohböden gesetzt werden. Als Flachwurzler mit Waldhintergrund geraten sie dort an den Rand ihrer Möglichkeiten.

Wie auch die Brombeeren haben die Himbeeren zweijährige Ruten, die nach dem Fruchten im zweiten Jahr absterben. Schnitte sollten wie immer beim Ur-Obst® tunlichst unterlassen werden. Auch die alten Ruten können verbleiben, es sei denn, es liege ein erkennbarer Befall mit dem pilzbedingten Rutensterben vor.

Es gibt gewisse Schadorganismen, die Himbeeren befallen können, wie das eben genannte Rutensterben oder die Himbeermade. Das Rutensterben erkennt man daran, daß die Ruten aufplatzen, begleitet von dunkelbraunen bis schwärzlichen Flecken, die sich ausbreiten, was mit dem vorzeitigen Absterben der Rute enden kann. Bei der Wahl widerstandsfähiger Ur-Obst®-Sorten, der Gewährleistung der oben genannten Wuchsbedingungen und einer vielfältigen Umgebung mit heimischen (Wild-) Pflanzen sollten die genannten Schadorganismen nicht zum Problem werden.

Die Himbeeren haben noch die Besonderheit, daß es auch zweimaltragende bzw. Herbsthimbeeren gibt. Zum Glück ist das keine Errungenschaft der Neuzüchtungen, sondern auch bei den alten europäischen Sorten ist diese Eigenschaft schon vertreten. Beispiel dafür sind 'Sucrée de Metz' und 'Surprise d'Automne'.

Forschungsrichtungen

Wir sind in der glücklichen Lage, daß noch einige alte Europäer-Sorten erhalten und auch Wildfunde und eigene Sämlinge vorhanden sind. Trotzdem heißt es, weitere alte Sorten möglichst zu sichern und für die Nutzung zu sichten. Die Erhaltung dieser Vielfalt ist sehr wichtig, weil diese Resistenzen für künftig auftretende Krankheiten bereitstellen kann. In diesem Sinne sind auch Wildbestände sorgfältig zu beachten.

Sorten

'Lloyd George'

Dieser Wildfund von Anfang des 20. Jahrhunderts hat große, dunkelrote Früchte mit süßem Geschmack. Die Sorte trägt wie üblich im Frühsommer, kann aber auch späte Früchte im Herbst hervorbringen.

'Mainzer Waldfee'

Dies ist eine vitale sommertragende Sorte, die im Wald entdeckt wurde. Sie trägt reichlich mittelgroße, rote Früchte mit dem vollen süßen Aroma der Waldhimbeere.

'Gelbe Antwerpner'

Die 'Gelbe Antwerpner' entstand um 1800 und ist wahrscheinlich die älteste noch erhaltene Himbeersorte. Auch ihre gelben Früchte sind von ausgezeichnetem, süßem Geschmack. Sie hat verhältnismäßig lange, hellgrüne Ruten und bildet reichlich Ausläufer. Nach unserer Erfahrung ist sie außergewöhnlich widerstandsfähig. Auch unter schwierigen Bedingungen, im Mitbewerb mit wuchernden Beikräutern und unter verhältnismäßiger Trockenheit harrt sie aus.

'Sucrée de Metz'

Diese lothringische Sorte vom Ende des 19. Jahrhunderts gehört auf jeden Fall zu meinen Lieblingshimbeeren. Ihre Früchte sind recht groß, gelb, in Vollreife mit aprikosenfarbener Tönung. Sie besitzen die süße, aromatische Geschmacksfülle der europäischen Himbeeren in Vollendung. Sie trägt reich im Sommer und kann bis zum Herbst noch Früchte hervorbringen. Sie treibt weniger Ausläufer als die 'Gelbe Antwerpner'.

'Bois blanc'

'Bois blanc' ist eine alte landschaftliche Sorte aus Hochsavoyen. Der Name leitet sich von der weißlichen Tönung der Ruten im Winter her. Die Früchte sind mittelgroß und können außer im Sommer auch im Herbst noch erscheinen. Sie sind im Geschmack säuerlich-süß mit kräftigem, fruchtigem Aroma.

'Violette'

Sie ist eine Auslese einer alten burgundischen Sorte. Der Sortenname kommt von der außergewöhnlichen Farbe der Früchte. Diese reifen verhältnismäßig früh, und auch in der Nachsaison kommen noch Nachzügler. Der Geschmack ist säuerlich-süß mit einem sehr starken Himbeeraroma.

Himbeere 'Lloyd George'

Himbeere 'Mainzer Waldfee'

Himbeere 'Gelbe Antwerpner'

Himbeere 'Sucrée de Metz'

Himbeere 'Bois blanc'

Himbeere 'Violette'

'Surprise d'Automne'

Dies ist die schon erwähnte alte Sorte von demselben Züchter wie 'Sucrée de Metz'. Die Früchte erscheinen bis zum Herbst und sind eher klein, gelb, sehr süß und schmackhaft, sehr gut für den Rohverzehr.

'Winklers Sämling'

Diese Sorte aus dem 19. Jahrhundert bildet verhältnismäßig niedrige aufrechte Sträucher. Die Früchte reifen über eine längere Zeit im Sommer und sind klein bis mittelgroß und hellrot. Der Geschmack ist ausgezeichnet süß und aromatisch. 'Winklers Sämling' gilt manchen als eine der geschmacklich besten Himbeeren. Die Sorte verfügt über eine große Widerstandskraft, was Krankheiten, Trockenheit und Frost anbelangt.

Künftige Entwicklungen

Es bleibt eine sehr wichtige Aufgabe, die letzten erhaltenen echten europäischen Himbeersorten zu erfassen und zu sichten. Dafür ist die Zusammenarbeit mit Sammlern und namentlich der hervorragenden Beerensammlung der ProSpecieRara in Basel sehr wichtig. Auch hier wird wieder die Bedeutung des Ur-Obst®-Konzeptes und des Grundsatzes „Erhaltung durch Nutzung" für die Bewahrung der genetischen Vielfalt der Nutzpflanzen deutlich. Wenn unsere alten Sorten wieder in vielen Gärten

Himbeere 'Winklers Sämling'

stehen und uns ihr Genuß- und Gesundheitswert wieder zuteil wird, dann brauchen wir uns auch keine Sorgen um die Erhaltung dieser Sorten zu machen. Auch bei den Himbeeren wird der Erhaltung der genetischen Vielfalt eine große Bedeutung bei der Abwehr biologischer Invasionen exotischer Schadorganismen zukommen. Sollte die Kirschessigfliege sich weiter ausbreiten, könnten beispielsweise gelbe Himbeersorten eine ganz neue Bedeutung bekommen, da jene Schädlinge rote und dunkle Früchte bevorzugen.

STACHELBEEREN

Allgemeines zur Obstart

Die Geschichte der Stachelbeeren ist eine der traurigsten aus der Welt unserer Obstarten. Die ältesten Sorten der europäischen Stachelbeere (*Ribes uva-crispa*) entstanden wahrscheinlich im 17. oder 18. Jahrhundert. Im 19. Jahrhundert nahm die Stachelbeerkultur einen ungeheuren Aufschwung. Hunderte von Sorten wurden entwickelt, namentlich in England. Bei ihnen erreichten die Früchte eine beachtliche Größe. Sie waren süß und entfalteten eine Vielzahl fruchtiger Aromen, zum Beispiel auch Aprikose oder Pflaume. Auch die Farbenvielfalt war groß. Es gab weiße, grüne, gelbe, rote und fast schwarze Sorten sowie viele Zwischentöne. In England entwickelte sich eine regelrechte eigene Stachelbeerkultur, die auch gesellschaftliche Bedeutung hatte. Liebhaber gründeten die „Gooseberry Clubs", die auch Stachelbeer-Ausstellungen veranstalteten. Zeitweise soll es bis zu 1000 Stachelbeersorten gegeben haben, die alle auf dem unvergleichlichen Geschmack der europäischen Stachelbeere aufbauten, nicht zu vergleichen mit dem, was heute so im gewöhnlichen Handel zu bekommen ist.

Dann aber kam es zu einem Ereignis, das diese Hochblüte radikal beendete und von dem sich die Stachelbeerkultur nie wieder erholt hat: die Einschleppung des hochaggressiven Amerikanischen Stachelbeermehltaus mit Pflanzen dieser Herkunft. Fast alle europäischen Sorten sind diesem Pilz zum Opfer gefallen, der nicht nur die Blätter befällt wie der europäische Mehltaupilz, sondern auch die Früchte ungenießbar macht und Triebe verkrüppeln läßt. Die konventionelle Antwort darauf war die übliche: Hybridisierung mit amerikanischen Wildarten, die dem amerikanischen Pilz gewachsen sind. Diese Hybridisierungen sind aber nicht nur ökologisch bedenklich, sondern sorgen auch dafür, daß der Geschmack der Gartenstachelbeeren sozusagen eine Liga abgestiegen ist. An die Stelle der Süße und reichen Geschmacksnoten der alten europäischen Sorten sind ganz überwiegend eher fade und säuerliche oder auch dickschalige Beeren getreten, so daß die meisten der Gartenmarktkunden bei Stachelbeeren erst einmal abwinken.

Die Antwort der Ur-Obst®-Forschung ist wieder die, Resistenzen in der Vielfalt der europäischen Garten- und Wild-Stachelbeeren zu suchen und zu nutzen. Tatsächlich gibt es diesbezüglich verheißungsvolle Ansätze, die dazu führen, daß wieder geschmacksreiche Europäer angeboten werden können statt fadsäuerlicher Hybriden.

An und für sich sind Stachelbeeren sehr pflegeleicht und haben geringere Ansprüche an den Standort als andere Beerensorten. Nur ausgeprägte Trockenheit und Lagen mit unmittelbarer Sonnenhitze mögen sie nicht. Aus diesem Grunde sind sie im Tiefland auch meist besser in halbschattigen Lagen zu pflanzen.

Am Naturstandort wachsen sie meist an Heckenrändern oder auf Steinhaufen. Im Ur-Obst®-Garten passen sie in niedrige licht beschattete Hecken, an Gehölzränder oder vergesellschaftet mit anderen Beerensträuchern oder heimischen Wildstauden in nicht zu sonnige Bereiche. Seit Ankunft des Amerikanischen Stachelbeermehltaus sind die Stachelbeeren empfindlich gegen Überwachsen oder zu starkes Einwachsen, weil das die Pilzanfälligkeit erhöht. Das muß beim Pflanzen berücksichtigt werden.

Was mögliche Krankheiten betrifft, gibt es bei der Stachelbeere nichts mit dem Amerikanischen Stachelbeermehltau in der Schwere Vergleichbares.

Wie die meisten Beerensorten sind Stachelbeeren selbstfruchtbar. Die Nachbarschaft einer anderen Sorte oder der Wildform kann jedoch den Ertrag erhöhen.

Die heimischen Stachelbeeren sind nicht nur schmackhafte und gesunde Obstpflanzen, sie sind auch ökologisch von großem Wert. Da sie früh austreiben und das Laub lange halten (insgesamt etwa acht Monate) sind sie ein wunderbares Deckgehölz vor allem für Vögel. Die Stacheln halten zusätzlich mögliche Nesträuber fern. Die Blüten erscheinen von März bis April und bieten Bienen und anderen Kerbtieren schon zu dieser frühen Zeit reichlich Nektar.

Forschungsrichtungen

Von alles überragender Bedeutung ist bei den Stachelbeeren die Findung mehltaufester oder mehltauverträglicher Formen der heimischen Stachelbeere *Ribes uva-crispa*. (Die Angabe *Ribes uva-crispa* in Baumschulkatalogen ist fast immer unzutreffend, weil es sich in der Regel um Arthybriden handelt.)

Das ist ein langwieriges und mühevolles Unterfangen, weil die Pflanzen über Jahre beobachtet werden müssen. Befall tritt nämlich sehr unregelmäßig auf, und eine Pflanze, die vier Jahre ohne jedes Anzeichen von Mehltau war, kann im fünften Jahr plötzlich einen starken Befall aufweisen. Stachelbeertypen müssen in unserer Sichtung daher erst lange Zeit frei von zumindest Frucht-Mehltau sein, bevor sie ins Sortiment aufgenommen werden können. Gemäß den Ur-Obst®-Grundsätzen müssen die Pflanzen nicht vollständig frei von Mehltau bleiben. Es ist ausreichend, daß die Früchte nicht nennenswert geschädigt werden und der Strauch nicht stark beeinträchtigt oder in seinem Bestand gefährdet wird.

Wir haben in unserer Baumschule seit Jahren viele verschiedene Europäer-Stachelbeeren in der Sichtung. Dabei fällt auf, daß es große Unterschiede in den Reaktionen der Pflanze auf die Bedrohung gibt. Bei den anfälligsten sind sogar die Früchte von einem Pilzrasen überzogen, so daß sie ungenießbar werden. Die Früchte anderer Typen werden zwar auch mitunter befallen, aber sie besitzen die Fähigkeit, die Befallsstellen einzugrenzen, gleichsam einzukapseln und damit die weitere Ausbreitung des Pilzes zu verhindern. Wieder andere entwickeln zwar Befallsanzeichen an den Trieben, aber über Jahre nie an den Früchten.

Das alles zeigt, daß die Suche nach Resistenzen bei den einheimischen Stachelbeeren (vergleichbar mit den Weinreben) keinesfalls aussichtslos ist. Aber freilich ist das Hernehmen und Einkreuzen von Arten aus den Herkunftsgebieten der Krankheit leichter getan. Nichtsdestotrotz lohnt sich die Suche nach mehltautoleranten einheimischen Stachelbeeren aus den schon genannten Gründen durchaus. Folgende **Ausgangspflanzen** kommen für die Sichtung bei uns in Frage:

- **Alte Gartensorten**, denen eine gewisse Mehltaufestigkeit nachgesagt wird. Dazu gehören zum Beispiel 'Grüne Flaschenbeere' oder 'Early Sulphur'. Besonders hilfreich sind für uns dabei Einschätzungen und Hinweise von Betreuern gut sortierter Beerenobstsammlungen wie etwa der Obstgenbank in Wurzen.
- **Wildfunde**, an denen zur Fruchtzeit kein Mehltau festgestellt wird. Wir haben auf diese Weise schon etliche Wildtypen gefunden, deren Früchte stets mehltaufrei sind. Diese verwenden wir in der Baumschule übrigens auch vorzugsweise als Mutterpflanzen für die Gewinnung gesunder Wild-Stachelbeeren für den Verkauf. Hier haben sich bislang unter anderem Wildherkünfte aus dem Elsaß, aus Franken und von der Mosel hervorgetan.
- **Aussaaten** aus verheißungsvollen alten Gartensorten und Wildfunden. Bei den alten Sorten hoffen wir durch die erneute Auslese die Mehltaufestigkeit weiter zu erhöhen, bei den Wildherkünften erstreben wir daneben die Verbesserung der Fruchtgröße, die ja bei den Wildformen mit etwa Erbsengröße für die Obstnutzung doch zu klein erscheint.

Erfolge stellen sich dabei in Gestalt von Sämlingen mit größerer Resistenz bzw. größerer Fruchtgröße als die Mutter immer wieder ein. Da wir in unserer Baumschule keine Hybridzüchtungen haben, ist die versehentliche Einkreuzung nichtheimischer Arten sehr unwahrscheinlich.

In allen Fällen wird neben der Widerstandskraft natürlich auch die Entfaltung des arteigenen Wohlgeschmacks der Europäischen Stachelbeere angezielt.

Sorten

'Weiße Triumphbeere'

Diese Sorte ist eine der wenigen alten Europäer, die sich im Handel gehalten haben. Entsprechend ihrer Herkunft hat sie sehr aromatische, süß-säuerliche, große Früchte. Die 'Weiße Triumphbeere' ist nicht mehltaugefeit, aber in einigermaßen freiem Stand bleibt sie oft von Befall verschont. Sie gehört zu den mehltauverträglichsten der alten europäischen Sorten.

'Kindelbrück'

Diese weißfrüchtige Sorte stammt aus dem Fundus der Beerengenbank in Wurzen. Sie hat Ähnlichkeit mit der 'Weißen Triumpbeere' und gleicht dieser auch im aromatischen, süßen Wohlgeschmack. Allerdings ist ihre Mehltaufestigkeit viel größer. Sie hat bei uns unter der ungefähr zehnjährigen Beobachtung noch nie Mehltau an den Früchten gehabt.

'Rote Artner'

Die roten ansehnlichen Früchte reifen etwas später und sind von angenehmem süßen und aromatischen Geschmack. Die Sorte ist ausgesprochen mehltaufest.

'Gelbe Steigra'

Das ist ein Wildfund aus einer Straßenhecke in Sachsen-Anhalt, nahe dem gleichnamigen Orte. Diese Sorte hat sich als überraschend mehltaufest erwiesen. Sie hat einen kompakten, niedrigen Wuchs und ist entsprechend ihrer Herkunft nicht anspruchsvoll an den Standort. Ihre Früchte sind klein bis mittelgroß, lebhaft gelb und sehr süß und aromatisch. Sie reifen im Juli. Übrigens ist ihre „Schwester" vom selben Standort, die 'Grüne Steigra', beim Mehltautest durchgefallen.

'Rote Orleans'

Auch die 'Rote Orleans', die in England 'Crownprince' genannt wurde, ist eine alte europäische Gartensorte. Sie ist um 1800 in England entstanden. Bei ihrer Herkunft erstaunlich ist, daß sie eine recht hohe Widerstandsfähigkeit gegen den Amerikanischen Mehltau hat. Sie bildet einen kräftig wachsenden Strauch. Die großen roten Früchte mit mittlerer Erntezeit haben einen süßsauren, nicht sehr ausgeprägten Geschmack. Die Früchte halten sich lange am Strauch.

'Early Sulphur' ('Früheste Gelbe')

Diese Sorte aus dem 19. Jahrhundert gehört zu den Köstlichkeiten der alten Europäer-Stachelbeeren. Die honiggelben Früchte reifen früh, sind dicht mit zarten Borsten besetzt und haben einen honigartigen, süßen Geschmack, der einen Anflug von Aprikose haben soll. Die Sorte gilt als wenig mehltauanfällig und ist bei uns noch im Test. Im Handel werden unter diesem Namen leider auch fälschlich gelbfrüchtige Hybriden verkauft.

'Black Prince'

Auch dies ist eine alte englische Sorte. 'Black Prince' hat einen außerordentlichen Seltenheitswert. Mir ist nur das Vorhandensein eines Strauches in der Beeerensammlung in Wurzen und eines bei Ahornblatt in Mainz bekannt. Auch aus anderen Gründen ist diese Sorte bemerkenswert. Bei uns hat sie über Jahre nie Anzeichen von Mehltau gezeigt. Ihre Früchte sind sehr groß und haben eine außergewöhnliche Farbe, nämlich Schwarzrot. Der Geschmack ist aromatisch und süß-säuerlich.

'Mauks Frühe Rote'

Diese Sorte entstand um 1938 in Deutschland als Sämling der alten Sorte 'Maiherzog'. Nach Martin Frei (in *Früchte, Beeren, Nüsse*, Bern 2011) ist sie wenig mehltauanfällig. Wir beobachten die Sorte bei uns, haben aber noch keine Ergebnisse. Die Früchte sind mittelgroß und weinrot, mit gutem, aromatischem Geschmack.

Stachelbeere 'Weiße Triumph'

Stachelbeere 'Kindelbrück'

Stachelbeere 'Rote Artner'

Stachelbeere 'Gelbe Steigra'

Stachelbeere 'Rote Orleans'

Stachelbeere 'Early Sulphur'

Stachelbeere 'Black Prince'

Stachelbeere 'Grüne Flaschenb.'

Sämling von 'Golden Drop'

'Grüne Flaschenbeere' ('Green Willow')

Diese Sorte vom Beginn des 19. Jahrhunderts zeigt uns, daß es in Sachen Mehltau noch viel zu erforschen gibt. Martin Frei bezeichnet sie als „stark mehltauanfällig", während sie bei uns in acht Jahren Beobachtungszeit ungespritzt (wie alle unsere Sorten) im Topf nur leichte Befallszeichen zeigte, ausgepflanzt dagegen jetzt seit acht Jahren vollständig mehltaufrei ist. Auch in Wurzen wird sie als eher widerstandsfähig eingeschätzt. Die Sorte hat große, etwas längliche grüne Früchte mit süß-säuerlichem Geschmack und gutem Stachelbeeraroma. Sie trägt reich, reift im Juli und sollte unmittelbar bei Vollreife genossen werden.

Jochel- und Jostabeeren

Die Jochel- und Jostabeeren sind der Versuch, die Vorzüge von Stachelbeeren und Schwarzen Johannisbeeren zu vereinen. Zu diesem Zwecke wurden Arten gekreuzt, die sich eigentlich botanisch gar nicht so nahestehen.

Jochelbeere 'Jochina'

Jochelbeere 'Jocheline'

Zunächst einmal muß hier eine weit verbreitete Begriffsverwirrung geklärt werden. Die Bezeichnungen „Jochelbeeren" und „Jostabeeren" sind nicht etwa gleichbedeutend, wie viele meinen, sondern bezeichnen ganz verschiedene Pflanzen. Die Jochelbeere ist eine mitteldeutsche Züchtung aus Schwarzer Johannisbeere und europäischer Stachelbeere. Ihr korrekter botanischer Name lautet *Ribes* x *culverwellii*. Die Jostabeere dagegen wurde in Westdeutschland gezüchtet mit den Kreuzungsgatten Schwarze Johannisbeere, Stachelbeere und amerikanische Worcesterbeere (*Ribes divaricatum*). Der botanische Name dieses Dreifachbastards lautet *Ribes* x *nidigrolaria*, gebildet aus Bestandteilen der lateinischen Artnamen (*Ribes*) *NIgrum*, *DIvaricatum* und *GROssuLARIA*. (*Ribes grossularia* ist eine andere Bezeichnung für die europäische Stachelbeere).

Folgerichtig interessiert uns als Ur-Obst® nur die Jochelbeere, die, jedenfalls echt, viel seltener im Handel ist. Von dieser Art gibt es zwei Sorten, 'Jocheline' und 'Jochina'. 'Jochina' ist am Rande des Verschwindens. Nur mit viel Mühe konnten wir noch Material ergattern. Sie hat eher kleinere, rötlich-schwarze Früchte. In Fruchtgröße und -geschmack überlegen ist die Schwester 'Jocheline' mit ansehnlichen schwarzen Beeren. Diese sind süß und vereinen die Aromen von Stachelbeere und Schwarzer Johannisbeere. Jochelbeeren sind stachellos, haben einen kennzeichnenden etwas geschlängelten Zweigwuchs und übertreffen in der Wuchshöhe ihre Eltern. Mit 2 m muß man durchaus rechnen. Unter ungünstigen Umständen können die Blätter vom Amerikanischen Mehltau betroffen sein, an den Früchten allerdings konnte ich nie Befall feststellen.

Künftige Entwicklungen

Bei den Ur-Obst®-Stachelbeeren ist sehr viel in Bewegung. Sie sind geradezu ein Forschungsschwerpunkt bei Ahornblatt. Alte Sorten wie 'Black Prince' und 'Grüne Flaschenbeere' könnten vielleicht bald zur Vermehrung freigegeben werden. Die Ergebnisse der Mehltausichtungen bei 'Early Sulphur' und 'Mauks Früher Roter' werden mit Spannung erwartet. Andere verheißungsvolle alte Sorten wie 'Rote Frankfurter', 'Red Warrington' und 'Queen of Trumps' werden ebenfalls beobachtet.

Die Aussaaten alter europäischer Sorten bringen offensichtlich auch Fortschritte. Die Sorte 'Golden Drop' zum Beispiel scheint nicht ausreichend mehltaufest zu sein, was auch für die große Mehrzahl ihrer Sämlinge gilt. Ein Sämling allerdings mit gelben, rot gemaserten Früchten wurde bislang von Mehltau nicht nennenswert betroffen.

Auch die Aussaaten von Wildfunden fördern Spannendes zutage. Aus den Sämlingen einer wilden Stachelbeere, die nahe Königsberg in Bayern gefunden wurde, konnten wir jüngst einige Pflanzen mit deutlich größeren, süßaromatischen gelben Früchten selektieren. Ein Sämling trägt gar längliche rote Früchte. Bisher sind keinerlei Anzeichen von Mehltaubefall festzustellen.

JOHANNISBEEREN

Allgemeines zur Obstart

Die Johannisbeeren sind im Ursprung eine Obstkultur des Europas nördlich der Alpen. Diese Obstart ist sehr vielfältig, vor allem deswegen, weil sie sich aus mehreren botanischen Arten ableitet. Im Grunde sind ohnehin die Roten, die Schwarzen und die Alpen-Johannisbeeren verschiedene Obstarten, die sich einander botanisch so fernstehen, daß sie in der Natur keine Blendlinge (Bastarde) untereinander bilden. Das hat übrigens auch zur Folge, daß Schädlinge und Krankheiten oft nur jeweils eine dieser Arten betreffen.

Die (europäischen) Schwarzen Johannisbeeren leiten sich von der Wildart *Ribes nigrum* ab, die vor allem im Ostseeraum wild vorkommt, die Alpen-Johannisbeere ist eine in Mitteleuropa weit verbreitete Art (*Ribes alpinum*), auch wenn der Name eine Zuordnung zu den Alpen nahelegt. Bei den Roten Johannisbeeren liegen die Verhältnisse verwickelter. Sie speisen sich aus drei in Mitteleuropa vorkommenden Arten, der Wilden Roten Johannisbeere (*Ribes rubrum*, syn. *Ribes silvestre*), der Felsen-Johannisbeere (*Ribes petraeum*) und der Ährigen Johannisbeere (*Ribes spicatum*). Die Roten Johannisbeeren sind auch nicht immer rot, sondern können auch weiß oder rosenfarb sein.

Die verschiedenen Ursprünge bedingen auch die bedeutenden Unterschiede im Geschmack dieser Obstarten. Die Roten Johannisbeeren sind durch ihren säuerlichen Geschmack mit typischem Aroma gekennzeichnet. Die Schwarzen Johannisbeeren haben eine besondere, eigentümliche Note, die von manchen Menschen geliebt, von andern aber eher gemieden wird, und die der ganzen Pflanze, vor allem aber den Blättern anhaftet. Die Alpen-Johannisbeeren stechen vor allem durch das Fehlen der Säure hervor, was für Verkoster erst einmal sehr überraschend ist.

Der gesundheitliche Nutzen der Johannisbeeren ist erheblich. Während schon die Roten Johannisbeeren einen beachtlichen Gehalt an Vitamin C aufweisen, sind die Schwarzen noch gehaltvoller, und 50 g von ihnen am Tag sollen ausreichen, um den Vitamin-C-Bedarf zu decken. In der Naturheilkunde wird die Schwarze Johannisbeere gar als Heilpflanze eingesetzt, und zwar die Beeren als Grippemittel und zur Stärkung der Abwehrkraft und die Blätter als harntreibendes Mittel. Nach neueren Studien sollen ihre Wirkstoffe auch die körpereigene Cortison-Ausschüttung erhöhen. Über die Wirkstoffe der Alpen-Johannisbeere ist bisher wenig bekannt.

Auch die **natürlichen Standortansprüche** der drei Arten sind unterschiedlich. Die **Schwarze Johannisbeere** ist der größte Standortspezialist unter ihnen. Sie ist eine Pflanze der Auenwälder, und dementsprechend sind ihre Wasseransprüche hoch. Sie bevorzugt schwere, lehmige, humose Böden in schattiger bis halbschattiger Lage und verträgt sogar Überschwemmungen. Es ist notwendig, ihr im Ur-Obst®-Garten einen Standort zu geben, der diesen Anforderungen nahekommt. Also heißt es Ausschau zu halten nach feuchten Mulden, Ecken, wo das Wasser lange stehenbleibt, oder Gewässerrändern.

Die **Rote Johannisbeere** steht eine Stufe weniger feucht. Sie wächst vornehmlich in feuchten Wäldern und Gebüschen. Also siedeln wir auch sie an einer etwas beschatteten Stelle im Garten an, die nicht zu stark austrocknet. Bei entsprechendem Boden paßt sie gut an den Rand von Hecken oder anderen Gehölzen bzw. in den lichten Baumschatten.

Am anspruchslosesten ist die **Alpen-Johannisbeere**, ja sie ist geradezu ein Ausbund an Anspruchslosigkeit. In der Natur kommt sie typischerweise im Unterwuchs von Laubwäldern vor, auch an dunklen Standorten. Sie kommt dabei fast mit allen Böden zurecht, von Lehm bis Sand, und auch mit Wurzeldruck größerer Gehölze. Sie kann deshalb im Garten an praktisch allen Standorten eingesetzt werden, auch dort, wo es kaum eine Pflanzalternative gibt. Sie ist unter anderem als Unterpflanzung von Gehölzen gut geeignet.

Auch die Unterschiede bei den **Befruchtungsverhältnissen** müssen beachtet werden. Die Roten Johannisbeeren sind grundsätzlich selbstfruchtbar. Bei den Schwarzen Johannisbeeren gibt es selbstfruchtbare Sorten und solche, die auf Fremdbestäubung durch eine andere Sorte oder die Wildform angewiesen sind. Bei den Alpen-Johannisbeeren wird es noch verwickelter. Sie sind unvollständig zweihäusig, das heißt, daß es überwiegend männliche und überwiegend weibliche Pflanzen gibt. Auch männliche Pflanzen können folglich vereinzelte Früchte tragen. Wenn Sie Alpen-Johannisbeer-Fruchtsorten pflanzen, achten Sie darauf, daß ein männlicher Klon in der Nähe ist, wie etwa 'Schmidt' oder 'Green Mound'.

Bedrohliche **Krankheiten oder Schädlinge** halten sich bei den Johannisbeeren sehr in Grenzen. Die Schwarze Johannisbeere kann grundsätzlich vom Amerikanischen Stachelbeermehltau befallen werden, Rote und Alpen-Johannisbeeren höchstens bei extremem Befallsdruck. Die Schwarzen Johannisbeeren kommen im Allgemeinen mit dem Befall besser zurecht als die Stachelbeeren. Die Früchte sind hier nur selten betroffen. Auch gibt es bei Sorten der heimischen Schwarzen Johannisbeere durchaus Resistenzen.

Verhältnismäßig häufig tritt die Johannisbeerblasenlaus auf. Ihre Spuren sind auffällig und für viele erst einmal beunruhigend, aber letzten Endes völlig harmlos. Es handelt sich um blasige Aufwölbungen der Blätter, die auch rot oder gelb verfärbt sein können und vor allem im Frühjahr auftreten. Irgendwelche Abwehrmaßnahmen sind überflüssig.

Insgesamt sind Johannisbeeren eine sehr geeignete Kultur auch für Gartenbesitzer, die in rauheren und niederschlagsreichen Gebieten wohnen. Eigentlich ist es überflüssig zu sagen, daß veredelte Stämmchen-Johannisbeeren in einem Ur-Obst®-Garten nichts zu suchen haben. Außerdem ist ein bißchen Bücken bei der Ernte eine gute Gymnastik.

Unsere Johannisbeeren sind eigentlich noch so dicht an den heimischen Wildformen, das sie fast schon von Hause aus ein Ur-Obst® sind. Allerdings hat auch hier in den letzten Jahrzehnten das Hybridisieren mit nichtheimischen Arten begonnen. Besonders stark sind davon die Schwarzen Johannisbeeren betroffen, so daß heute schon tendenziell die Minderheit der handelsüblichen Sorten wirklich Formen von *Ribes nigrum* sind – auch hier wahrscheinlich völlig unnötig, weil sich die erwünschten Eigenschaften ebenso mit heimischem Material hätten erzielen lassen. Besonders die Russen haben sich in diese Richtung betätigt, so daß so gut wie alle russischen Schwarze-Johannisbeer-Sorten Hybriden sind. Zum Glück gibt es auch noch einen guten Grundstock an heimischen Sorten, die durch Auslesen europäischer Wildformen ergänzt werden, wie zum Beispiel 'Brödtorp'.

Bei den Roten Johannisbeeren stehen zum Glück noch etliche Ur-Obst®-fähige bewährte Sorten zur Verfügung.

Die Alpen-Johannisbeere galt noch bis vor kurzem als nicht obstgeeignete Wildstraucharrt. Ihre Früchte wurden im allgemeinen als fade und kaum genießbar beschrieben, wenn auch nicht als giftig. Durch meine Angewohnheit, alles was an Wildfrüchten wächst, immer mal wieder zu verkosten, gelang es mir, am Anfang dieses Jahrhunderts die ersten wohlschmeckenden Alpen-Johannisbeeren zu entdecken, und zwar auf der Nehrung von Jurmala (Riga-Strand) in Lettland, wo diese Art in Massen aus Samen gefallen wächst. Darunter war eine besonders wohlschmeckende süße Form mit Himbeergeschmack, die nach ihrem Fundort 'Majorenhof' benannt wurde. Anbieter in Mitteldeutschland und in Belgien haben sich offenbar diese Sorte beschafft und bauen sie unter geändertem Namen nach. Später folgten noch andere Funde wie 'Frankfurt', die ich durch Verkostung im dortigen Botanischen Garten entdeckte. Durch diese Funde konnte eine ganz neue Obstart in den Gartenbau eingeführt werden, die überdies außergewöhnlich genügsam und krankheitsfest ist.

Forschungsrichtungen

Bei den **Roten Johannisbeeren** gibt es aus den oben genannten Gründen nicht viel Forschungsbedarf. Von Interesse ist vor allem die Erzielung bzw. Auffindung süßerer Formen (von denen im Schrifttum berichtet wird), solcher mit besonderer Fruchtfarbe oder mit größerer Trockenheitsverträglichkeit.

Bei den **Schwarzen Johannisbeeren** geht es im wesentlichen um nichthybride Sorten, die Geschmacksfülle, Süße und Mehltauverträglichkeit in sich vereinen. (Viele neuere Sorten sind unerträglich sauer.) Erstaunlicherweise finden sich diese Eigenschaften öfter in Sorten, die unmittelbar aus der Wildform entwickelt wurden. Glücklicherweise konnten wir die echte Wildform von *Ribes nigrum* auffinden (in einem entlegenen Gebiet in den Auwäldern der Livländischen Aa in Lettland). Auch sie hat Früchte, die erheblich milder und süßer sind als die große Mehrzahl der modernen Kultursorten. (Ich bin mir freilich dessen bewußt, daß der hohe Säuregehalt neuer Sorten seine Gründe hat, die besonders mit der industriellen Verarbeitung zu tun haben. Für den privaten Nutzer und den Rohverzehr ist das aber sehr unbefriedigend.)

Wünschenswert ist auch, bei dieser feuchtigkeitsliebenden Obstart Sorten zu finden, die mit trockeneren Bedingungen zurechtkommen. Erste Ergebnisse sind diesbezüglich durchaus ermutigend. Die Fundsorte 'Schwarzer Peter' etwa, die aus dem Fundus der österreichischen ARCHE-NOAH-Erhalter stammt, hat bei uns lange ohne Bewässerung auf verhältnismäßig trockenem Standort mit Wurzeldruck ausgehalten.

Bei den **Alpen-Johannisbeeren** gibt es zwar schon erste geschmacklich befriedigende Sorten, aber der Ertrag und insbesondere die Anzahl der Beeren je Fruchtstand sind durchaus noch entwicklungswürdig.

Sorten

Rote Johannisbeeren (rot, weiß oder rosenfarb)

'Rote Vierländer'

Dies ist eine bewährte alte Sorte aus der Zeit um 1900. Die Sorte hat einen kräftigen Wuchs und ist sehr robust. Die mittelgroßen Beeren reifen Anfang Juli und schmecken mildsäuerlich mit kräftigem Beerenaroma.

'Rote Holländer'

Hier ist eine der ältesten Beerensorten auf uns gekommen. Die auch 'Rote Holländische' genannte Sorte wird schon im 17. Jahrhundert erwähnt. Sie wächst ebenfalls kräftig, ist sehr robust und, da sie von der Felsen-Johannisbeere (*Ribes petraeum*) abstammt, auch für Höhenlagen gut geeignet. Allerdings stellt sie einen gewissen Anspruch an die Bodenfeuchtigkeit. Die recht großen Früchte reifen eher spät und sind sehr aromatisch mit dem arteigenen süß-säuerlichen Geschmack.

'Fleischfarbene Champagner' ('Rose de Champagne')

Dies ist eine jahrhundertealte Sorte. Geschmacklich gehört sie ohne Zweifel zu den besten. Die Beeren sind rosenfarb getönt und sehen aus wie große, glänzende Perlen. Sie reifen mittelfrüh. Im Geschmack sind sie köstlich mildsüß und aromatisch. Geschmacklich ist dies eine meiner Lieblingsjohannisbeeren.

'Weiße Versailler'

Die 'Weiße Versailler' ist eine aufrecht wachsende, robuste Sorte aus dem 19. Jahrhundert. Die gelblich-weißen Beeren hängen in langen Trauben und schmecken süß-säuerlich und aromatisch. Die Reife ist mittelfrüh.

'Zitavia'

Das hervorstechende Merkmal an dieser weißen mitteldeutschen Sorte ist ihr ausgezeichneter süßaromatischer Fruchtgeschmack.

'Weiße Transparent' ('Weiße Traube')

Sie ist eine weitere persönliche Lieblingssorte. Die Früchte reifen mittelfrüh und hängen in langen Trauben. Sie sind weißlich-gelb und würzig-süß mit köstlich aromatischem Geschmack. Diese Sorte ist nicht für rauhe Lagen geeignet.

'Aderkaschi'

Dieser etwas abenteuerliche Name ist nur eine Behelfsbezeichnung nach dem kleinen Ort in Lettland, wo wir sie gefunden haben. Dort fanden wir sie in einem alten, verwilderten Garten, wohin sie einmal durch einen baltendeutschen Adligen gelangt sein soll. Es handelte sich um zwei kräftige Sträucher, die trotz völlig fehlender menschlicher Fürsorge strotzend gesund waren und reich trugen. Die Farbe der Beeren war die nächste Überraschung. Aus einer gewissen Entfernung hielt ich die Sorte zunächst für eine Schwarze Johannisbeere, stellte dann aber aus der Nähe fest, daß es sich botanisch um eine Rote Johannisbeere handelte, die wahrscheinlich der Ähren-Johannisbeere (*Ribes spicatum*) nahestand. Die Früchte sind schwarzrot mit einem Hauch von Violett. Der Geschmack ist ausgezeichnet, mildsüß mit etwas Säure und kräftigem Johannisbeeraroma. Die Beeren bleiben lange am Strauch hängen.

Schwarze Johannisbeeren (schwarz oder grün)

'Silvergieters Schwarze'

Das ist eine großfrüchtige, süße ältere Sorte mit kräftigem, aufrechtem Wuchs. Die Beeren hängen in langen Trauben, sind dünnschalig und sehr wohlschmeckend. Eine der besten Sorten zum Rohverzehr, aber auch für die Verarbeitung gut geeignet. Die Sorte ist nicht mehltauresistent, aber wir hatten mit ihr noch keine ernsthaften Probleme.

'Brödtorp'

Diese Sorte stammt aus Skandinavien und geht auf die europäische Wildform zurück. Sie ist sehr robust, widerstandsfähig gegen Frost und gegen Krankheiten. Die Früchte sind mildsüß und sehr aromatisch. Sie halten sich auch nach der Ernte lange Zeit. Die Sorte ist selbstfruchtbar und reift früh.

'Schwarze Neapolitanische' ('Royal de Naples')

Die 'Schwarze Neapolitanische' ist eine mindestens 200 Jahre alte Sorte. Sie ist frosthart und gilt auch sonst als nicht anfällig. Die Früchte sitzen in lockeren Trauben und haben einen aromatischen, süß-säuerlichen Geschmack. Sie reifen zum Teil folgernd.

'Goliath'

'Goliath' ist eine der besten Sorten für den Rohverzehr. Sie stammt aus dem 18. Jahrhundert. Die Früchte, die eine eher späte Reifezeit haben, schmecken wunderbar süß, wie es die meisten Menschen von dieser Obstart gar nicht kennen, und haben ein gutes arttypisches Aroma.

'Noir de Bourgogne'

Dies ist eine Sorte für Menschen, die eher zu der „säuerlichen Seite" neigen. Dabei haben die Beeren einen sehr kräftigen aromatischen Geschmack, so daß die Sorte in Frankreich zum Beispiel zur Herstellung des „Cassis" benutzt wird. Die Sorte gilt nicht als anfällig, ist allerdings selbstunfruchtbar, so daß eine andere Sorte oder die Wildform als Fremdbestäuber benötigt wird.

'Vertti'

'Vertti' ist eine Sorte für Menschen, die das Besondere lieben oder auch Gäste verblüffen möchten. Es handelt sich um eine grünfrüchtige Johannisbeere, die ein zweites Mal durch ihren Geschmack überrascht. Den süßen und aromatischen Geschmack, der sie auch zum Rohverzehr geeignet macht, traut man der grünen Frucht kaum zu. Überdies ist die Sorte widerstandsfähig gegen Mehltau. Sie stammt aus Finnland und ist ein Abkömmling von 'Öjebyn'.

'Typ Treyden'

Hierbei handelt es sich um den in Livland in einem Auenwald gefundenen echten Wildtyp der Schwarzen Johannisbeere. Er ist hier nach seinem Fundort unterhalb der Ordensburg Treyden (lett. Turaida) benannt. Die Früchte sind etwas kleiner als bei den üblichen Gartensorten, aber mild und aromatisch.

Alpen-Johannisbeeren

'Majorenhof'

Die Geschichte dieser ersten Obstsorte der Alpen-Johannisbeere wurde weiter oben schon erzählt. 'Majorenhof' bildet einen aufrechten, eher kompakten Strauch. Die Fruchtstände sind freilich kleiner, als man es von der Roten Johannisbeeere kennt, die Einzelbeeren dagegen erreichen mittlere Größe. Sie sind ohne Säure, schmecken süß mit Himbeernote. Sie reifen im Juli. Die Sorte wird zum Teil unter anderem Namen nachgebaut.

'Rote Vierländer'

'Rote Holländer'

'Fleischfarbene Champagner'

'Weiße Versailler'

'Zitavia'

'Weiße Transparent'

'Aderkasi' ('Aderkaschi')

'Silvergieters Schwarze'

'Schwarze Neapolitanische'

'Goliath'

'Noir de Bourgogne'

'Vertti'

'Typ Treyden'

'Majorenhof'

'Frankfurt'

Diese Sorte wurde im Botanischen Garten in Frankfurt/Main entdeckt. Sie ist im Wuchs etwas breiter als 'Majorenhof'. Die Beeren sind bei 'Frankfurt' noch süßer, aber haben nicht den Himbeergeschmack von 'Majorenhof'.

Für den vollen Fruchtertrag brauchen diese Sorten eine überwiegend männliche Pflanze als Bestäuber. Dafür eignen sich zum Beispiel 'Schmidt' mit starkem, aufrechtem Wuchs und 'Green Mound' mit etwas langsamerem dichten und breiten Wuchs.

Künftige Entwicklungen

Bei den **Roten Johannisbeeren** ist das gegenwärtige Angebot an Ur-Obst®-Sorten im Grunde ausreichend. Das schließt nicht aus, daß noch bemerkenswerte Entdeckungen auftauchen. Immer wieder mal wird behauptet, eine bestimmte Fundsorte habe besonders süße Früchte. Das wird im Einzelfall überprüft. Auf einem (nicht allzu hohen) Berg in Rheinhessen haben wir am Rande einer Roßkoppel einen Sämling gefunden, der noch im September saftige, wohlschmeckende Beeren trug. Auch dieser Typ ist in der Sichtung. Interessante Wildfunde kann man bei Roten Johannisbeeren öfter machen. In einem Sumpf beim osttschechischen Nesovice fanden wir einen Wildsämling mit weißen Früchten. Diese sind klein, süß und hängen in langen Trauben. Die Beeren halten lange am Strauch.

Bei den **Schwarzen Johannisbeeren** gibt es etliche Fundsorten aus alten Gärten, die sich wegen ihres Geschmacks und ihrer Robustheit für das Sortiment eignen. Von der sehr standortverträglichen Sorte 'Schwarzer Peter' war schon die Rede. Auch mit der Fruchtgüte muß sie sich nicht verstecken.

Bei den **Alpen-Johannisbeere** versuchen wir züchterisch, die Eigenschaften von 'Majorenhof' noch zu verbessern und eine Art 'Super-Majorenhof' zu schaffen. Insbesondere besteht das Ziel darin, die Größe der Fruchtstände und den Gesamtertrag zu steigern. Zu diesem Zwecke kreuzen wir 'Majorenhof' mit dem männlichen Sämling eines außerordentlich reichfruchtenden Typs aus dem Oberwallis. Die weiblichen Abkömmlinge dieser Verbindung werden dann nach Fruchtgeschmack und Größe der Fruchtstände (Zahl der Beeren in einem Fruchtstand) bonitiert. Da die Alpen-Johannisbeere erst am Anfang ihrer obstbaulichen Inkulturnahme steht, sind noch beachtliche Entdeckungen und Entwicklungen ihres Potentials zu erhoffen.

'Frankfurt'

ERDBEEREN

Allgemeines zur Obstart

Auch bei den Erdbeeren klaffen unser heutiges Tafelobst und unsere ursprünglichen einheimischen Früchte weit auseinander. Wir essen also ganz andere Erdbeeren als unsere Vorfahren, und die Erdbeeren in den Gemälden der alten Meister sind nicht unsere heutigen. (Dort steht die Erdbeere übrigens als Sinnbild für Sinnenfreude, Lust und Begierde.) Die heutigen großfrüchtigen Gartenerdbeeren sind eine Kreuzung aus einer nord- und einer südamerikanischen Art und werden botanisch als *Fragaria* x *ananassa* bezeichnet. Sie bringen es zu beachtlicher Größe, aber wir alle wissen, daß sie in Sachen Geschmack von jeder heimischen Wald-Erdbeere (*Fragaria vesca*) klar geschlagen werden.

Der „Mangel" der heimischen Erdbeeren ist, daß sie für ein Supermarktregal zu klein und leider oft auch nicht transportfest sind. Aber es gibt Hinweise darauf, daß ihr Gehalt an Aromen und wahrscheinlich auch Vitalstoffen dem der heutigen Anbauzüchtungen deutlich überlegen ist.

Die in Mitteleuropa heimischen Erdbeerarten sind von *Fragaria* x *ananassa* botanisch so weit entfernt, daß sie sich auf natürlichem Wege nicht mit dieser kreuzen können. Unsere wild vorkommenden Erdbeerarten sind die **Wald-Erdbeere** (*Fragaria vesca*), die weit verbreitet ist, die Zimt-Erdbeere (*Fragaria moschata*) und die Hügel-Erdbeere oder Knackelbeere (*Fragaria viridis*).

Besonders die beiden ersten Arten sind wahrscheinlich schon seit Jahrtausenden ausgelesen und im Garten gehegt worden, so daß sich etliche Typen und Sorten herausgebildet haben. Die Sorten der Wald-Erdbeere bilden einen umfangreichen Schatz für den Ur-Obst®-Garten. Manche dieser Sorten werden auch heute noch in Gärtnereien gehandelt.

Bei der **Zimt-Erdbeere** (*Fragaria moschata*) sind die Verhältnisse etwas verwickelt. Sie ist in der Natur weitaus seltener zu finden, stellt etwas größere Anforderungen an den Standort (siehe unten) und hat deutlich größere Früchte als die Wald-Erdbeere. Auch die Pflanzen selbst und die Blüten sind in der Regel größer. Die meisten Zimt-Erdbeeren sind zweihäusig, das heißt entweder weiblich oder männlich, manche allerdings auch zwittrig, so daß sie ohne Fremdbestäubung auskommen. Diese nicht einfachen Befruchtungsverhältnisse haben wahrscheinlich dazu beigetragen, daß der gewerbliche Anbau von Zimt-Erdbeeren bei uns vor etwa 50 Jahren zum Erliegen gekommen ist. Noch heute wundert sich mancher stolze Besitzer einer Zimt-Erdbeere, daß seine Pflanze zwar blüht, aber keine Früchte tragen will. Er weiß nicht, daß er nur ein Geschlecht erwischt hat und aus diesem Grunde leer ausgeht.

Früher wurden Zimt-Erdbeeren durchaus noch neben den amerikanischen Gartenerdbeeren angebaut, zum Beispiel im Alten Land in Norddeutschland. Dieser Stellenwert war berechtigt, da sie nicht nur verhältnismäßig große Früchte haben, sondern diese auch geschmacklich unerreicht sind. Sie besitzen eine schmelzende Süße und besondere Aromen, wenn auch wohl Zimt nicht darunter ist.

Die **Knackelbeeren** (*Fragaria viridis*) stehen bei der Fruchtnutzung eher im Hintergrund. Ihre Früchte sind meistens recht klein und können auch ein wenig trocken sein. Trotzdem soll es Kultursorten geben oder gegeben haben. Der Name „Knackelbeere" rührt übrigens daher, daß sich die Beeren mit einem kleinen Geräuch vom Stiel lösen.

Zu berücksichtigen ist, daß es zwischen sämtlichen heimischen Arten natürliche Blendlinge (Hybriden) gibt, die teilweise auch eine Rolle bei den Gartensorten spielten.

Was die Standorte betrifft, so ist die Wald-Erdbeere (*Fragaria vesca*) am vielseitigsten. In der Natur wächst sie meist an Waldrändern und -wegen oder auf Lichtungen sowie in nicht zu dunklen Gebüschen. Sie gedeiht auf jedem Gartenboden außer reinem Sand oder sehr trockenen und sonnigen Plätzen. Da sie flach bleibt und sich durch Ausläufer ausbreitet, ist sie ein hervorragender Bodendecker, zum Beispiel in oder vor Hecken oder unter Gehölzen, wo sie sozusagen das unterste Stockwerk des naturnahen Gartens übernimmt und für die natürliche Mulchschicht sorgt. Sie ist eine der wenigen Ur-Obst®-Arten, die diese Nische besetzen können.

Die Wald-Erdbeere blüht und fruchtet im Sommer fortlaufend über längere Zeit. In gesteigertem Maße, und zwar bis in den Herbst, tut das die Monatserdbeere (*Fragaria vesca* var. *semperflorens*), die überdies keine Ausläufer bildet. Zur Monatserdbeere gehören mehrere Sorten.

Die Zimt-Erdbeere (*Fragaria moschata*) hat einen deutlich höheren Feuchtigkeitsanspruch als die Wald-Erdbeere. Sie kommt in der Natur sogar in Auenwäldern vor. Wenn sie im Ur-Obst®-Garten erfolgreich pflegefrei gehegt werden soll, braucht sie daher einen Standort, der vor allem im Sommer noch genügend natürliche Bodenfeuchte bietet. Andernfalls werden die Pflanzen zwar vielleicht überleben, aber keine nennenswerte Ernte erbringen.

Bei den Zimt-Erdbeeren darf freilich auch nicht vergessen werden, männliche Pflanzen mit einzubringen. Eine männliche auf etwa fünf weibliche Pflanzen sollte genügen.

Die Knackelbeere (*Fragaria viridis*) ist für den Ur-Obst®-Garten von großer potentieller Bedeutung, weil sie auf trockeneren und sonnigeren Standorten vorkommt, zum Beispiel in lichten trockenen Wäldern oder im sonnigen Saum von Gebüschen, aber auch auf offenen Flächen. Die Verfügbarkeit obstwürdiger Sorten wird also ganz neue Möglichkeiten erschließen und auch dem Besitzer trockenerer Gartenflächen den Anbau wilder Erdbeeren gestatten.

Werden die Erdbeeren standortgerecht gepflanzt, sind keine Krankheiten oder sonstigen Schwierigkeiten zu befürchten.

Forschungsrichtungen

Da es, wie eben gesagt, im Anbau der wilden Erdbeeren keine besonderen Probleme gibt, halten sich auch die Forschungsziele in Grenzen. Zudem haben sich von Wald- und Zimt-Erdbeeren glücklicherweise viele Sorten erhalten bzw. sind in den letzten Jahren wiederentdeckt worden. Auch hier hat sich vor allem bei den Zimt-Erdbeeren das Beerenprojekt von ProSpecieRara sehr verdient gemacht.

Lohnende Forschungsziele beziehen sich auf die Erweiterung möglicher Anbaustandorte. Gibt es Sorten oder Hybriden der Zimt-Erdbeere, die mehr Trockenheit vertragen? Lassen sich Sorten der trockenheitsverträglichen Knackelbeere wiederfinden bzw. obstwürdige Typen in der Natur auffinden?

Sorten

Insbesondere bei der Wald-Erdbeere gibt es eine große Fülle von Sorten. Deshalb können die hier angegebenen nur eine Auswahl sein. Allerdings sei darauf hingewiesen, daß im Gartencenter-Handel angebotene „Erdbeerwiesen-Pflanzen“ mit klangvollen Namen in der Regel künstlich erzeugte Hybriden mit amerikanischen Gartenerdbeeren sind und im Ur-Obst®-Garten nichts zu suchen haben.

Wald-Erdbeeren

'Gartenfreude'
Dies ist eine größerfrüchtige Auslese der Walderdbeere, die über recht lange Zeit Früchte trägt. Sie stammt aus dem Erhalternetzwerk der „Arche Noah“.

'Weiße Monatserdbeere'
Die 'Weiße Monatserdbeere' (*Fragaria vesca* var. *semperflorens* 'Alba') ist eine weißfrüchtige Form mit köstlich süßem Vanillearoma.

'Rügen'
'Rügen' ist eine rankenlose, immertragende Sorte mit aromatischen Früchten. Die Sorte soll samenecht sein.

'Weiße Solemacher'
Diese Sorte stammt von 'Rügen' ab und wurde von Baron von Solemacher gezüchtet. Sie ist ebenfalls rankenlos und immertragend, hat süße, aromatische Früchte und soll samenecht sein.

'Monophylla'
Diese Form (*Fragaria vesca* var. *monophylla*) ist auch ein botanischer Hingucker, denn

'Gartenfreude'

'Weiße Monatserdbeere'

'Monophylla'

'Rosa Perle'

'Bauwens'

'Profumata di Tortona'

sie hat nicht die üblichen dreizähligen Erdbeerblätter, sondern ungeteilte, einfache. Die Früchte sind ein wenig größer als bei der gewöhnlichen Wald-Erdbeere und unregelmäßig geformt. Sie schmecken besonders süß und aromatisch.

'Rosa Perle'

Diese Sorte besticht durch ihre besondere Farbe. Weitere Eigenschaften sind mir bislang nicht bekannt.

Zimt-Erdbeeren

'Capron Royal'

Diese Sorte ist zwittrig und braucht daher nicht unbedingt einen männlichen Befruchter. Die Früchte sind zimterdbeerüblich groß und von süßem, aromatischem Geschmack.

'Bauwens'

Dies ist eine besonders köstliche Sorte, die in der Genbank Dresden-Pillnitz erhalten wurde. Die Früchte sind mittelgroß, violettrot, honigsüß und aromatisch. 'Bauwens' ist eine weibliche Sorte und braucht einen männlichen Befruchter.

'Profumata di Tortona'

Dies ist ebenfalls eine weibliche Sorte. Sie trägt dunkelrote mittelgroße Früchte mit honigartigem Geschmack.

Weitere Zimt-Erdbeer-Typen

Zimt-Erdbeer-Typen, die bei der Verkostung besonders gut abgeschnitten haben, seien im Folgenden nur kurz genannt. 'Typ 4-1-1' stammt aus der Genbank Dresden-Pillnitz, ebenso wie 'Elatior', die ihren Namen von den auffällig über das Laub erhobenen großen Blütenständen hat. Aus derselben Quelle stammen zwei Wildtypen mit überdurchschnittlicher Fruchtgüte, nämlich 'Johnsbach' (weiblich) und 'Landeskrone' (weiblich; es gibt auch einen männlichen Klon dieser Herkunft). Die Beerensammlung der ProSpecieRara hat unter anderem zwei weibliche Sorten aus alten Gärten erhalten, die großfrüchtig und besonders wohlschmeckend sind, nämlich 'Typ Bern'

'Elatior'

'Johnsbach'

'Bern'

und 'Typ Graubünden'. Für die Bestäubung verwendet man am besten einen männlichen Wildtyp.

Künftige Entwicklungen

Wie schon gesagt, ist die Entwicklung obsttauglicher Sorten der Knackelbeere sehr wünschenswert. Zur Zeit ist ein Wildfund aus dem Moselgebiet in der Prüfung. Er stammt aus einem trockenen Buschwald und hat zwar kleine, aber für *Fragaria viridis* ungewöhnlich wohlschmeckende bläulich-rote Früchte. Vielleicht kann die 'Moselperle' bald angeboten werden und das Angebot an heimischen Erdbeeren grundlegend bereichern.

Knackelbeere 'Moselperle'

SANDDORN

Allgemeines zur Obstart

Der Sanddorn (*Hippophae rhamnoides*) ist in mancherlei Hinsicht eine ungewöhnliche Obstart. Zum einen hat seine „Laufbahn" als Obst vor noch nicht so langer Zeit begonnen und hat sich vielleicht auch noch nicht überall herumgesprochen, zum anderen ist er in seiner Genügsamkeit und ebenso in seinem gesundheitlichen Wert schwer zu übertreffen. Sanddornfrüchte enthalten nicht nur 250 µg/100 g Vitamin A, 450 mg/100 g Vitamin C, Cholin und essentielle Fettsäuren (Angaben nach Hans-Joachim Albrecht u. a.: *Anbau und Verwertung von Wildobst*. Braunschweig 1993). Auch das Öl aus Fruchtfleisch und/oder Kernen ist von erheblichem Wert für die menschliche Gesundheit. Es ist in der Lage, Strahlenschäden von Körperzellen zu reparieren, und ist daher nicht nur ein wunderbares Mittel gegen Sonnenbrand, sondern wurde angeblich auch in Tschernobyl an die Arbeiter verteilt, die nach dem Kraftwerksunglück an der Baustelle tätig waren. Tee aus getrockneten, zerkleinerten Sanddornfrüchten hat eine wunderbar belebende Wirkung. Die Früchte können auch roh verzehrt werden oder zu Saft oder Marmelade verarbeitet werden.

Der Sanddorn ist eine Pflanze von Rohböden und wächst in der Natur auf Sand, Schotter oder Kies. Er kommt sowohl im Küstenbereich als auch am Rand der Alpen- und Voralpenflüsse und an ähnlichen Stellen im Binnenland vor. Ähnlich wie die Schmetterlingsblütler besitzt der Sanddorn Wurzelknöllchen mit symbiotischen Bakterien, die den Strauch mit Stickstoff nähren. Böden, die schon nährstoff- oder humusreich sind, meidet er. Für den Anbau heißt das ganz klar, daß dem Sanddorn entsprechende Böden geboten werden sollten und daß der Standort auf keinen Fall mit Kompost, Humus, Dünger oder Mulch angereichert werden darf. Wenn Sie im Garten Rohböden, nährstoffarme Bereiche, Sand oder Kies haben, dann ist das ein Fall für diesen Standortspezialisten. Allerdings ist die Pflanze durchaus anpassungsfähig und gedeiht auch in durchschnittlichem Gartenboden, solange dort kein übermäßiger Nährstoffeintrag stattfindet.

Weiters ist wichtig zu berücksichtigen, daß der Sanddorn offene und sonnige Standorte liebt. In der Mitte einer wüchsigen Hecke etwa wäre er fehl am Platze. Zu bedenken ist auch, daß der Sanddorn dazu neigt, Ausläufer zu treiben. Das macht ihn wiederum als Bodenfestiger sehr geeignet. Manche Fruchtauslesen weisen jedoch eine geringere Ausläuferbildung auf.

Eine Gefährdung durch Krankheiten oder Schädlinge ist beim Sanddorn nicht zu erwarten. Erst neuerdings tritt in norddeutschen Anpflanzungen die Sanddornfruchtfliege (*Rhagoletis batava*) auf. Es ist zu hoffen, daß sie sich nicht weiter ausbreitet.

Allerdings müssen beim Sanddorn die Befruchtungsverhältnisse berücksichtigt werden. Die Art ist grundsätzlich zweihäusig. Eine männliche Pflanze muß für die Bestäubung der Fruchtsorten sorgen. Das geht auch über einigen Abstand. Sanddorne werden nicht von Kerbtieren bestäubt, sondern sind windblütig.

Bis vor kurzem wurden bei uns Sanddornsorten ausschließlich aus den hier vorkommenden Wildformen ausgelesen. Selektionen und Züchtungen stammten dabei vor allem aus Holland und Mitteldeutschland. Die Ur-Obst®-Eignung war damit zwangsläufig gegeben. Aber seit unlängst zieht man auch beim Sanddorn sozusagen in die weite Welt. Die neuesten in Deutschland auf den Markt gebrachten Sorten, die vor allem von Hans-Joachim Albrecht gezüchtet wurden, sind bereits Hybriden mit sibirischen Sanddornen. Diese steuern zum Teil eine größere Fruchtsüße und weniger Dornenbesatz bei, allerdings haben sie in ihrer Anlage auch eine gewisse Empfindlichkeit für mitteleuropäische Temperaturschwankungen und eine größere Anfälligkeit für Holzpilze.

Es ist wohl einleuchtend, daß diese Einführungen der letzten Jahre für den Ur-Obst®-Garten nicht geeignet sind. Zu den alten heimischen Sorten zählen 'Friesdorfer Orange', 'Frugana', 'Dorana', 'Leikora', 'Hergo' und 'Askola', die wir in der Mehrzahl auch Hans-Joachim Albrecht verdanken.

Forschungsrichtungen

Da die Auslese und Züchtung von Sanddorn in Mitteleuropa (im Gegensatz etwa zu Rußland) immer noch in den Kinderschuhen steckt, gibt es noch ein weites Feld für neue Entwicklungen und Fortschritte. Da die bestehenden hiesigen Sorten vor allem für die gewerbliche Verarbeitung gezüchtet wurden, haben sie einen hohen Säuregehalt und recht wenig Süße. Die kann man natürlich leicht durch asiatische Sanddorne einzüchten, aber auch hier ist der naheliegende Weg, erst einmal die genetische Vielfalt der einheimischen Sanddorne zu erkunden. Diese wurde durch den geringen Umfang der bisherigen Züchtungsansätze wahrscheinlich noch nicht einmal angekratzt. Die alpinvoralpine Unterart *Hippophae rhamnoides* ssp. *fluviatilis* wurde wahrscheinlich bislang völlig ausgeklammert. Gebiete mit reichen Sanddorn-Wildvorkommen bieten lohnende Verkostungsfelder für unternehmungslustige Ur-Obst®-Forscher.

Angesichts dessen, daß wilde Sanddornsträucher beachtliche Ausmaße von bis zu 5 m Höhe erreichen können, sind kleinwüchsige Sorten sehr wünschenswert, und zwar weibliche und männliche, damit auch kleinere Gärten nicht ohne Sanddorn bleiben müssen. Die bekannte Sorte 'Dorana' entspricht schon diesem Erfordernis. Weitere Sorten sind in der Erprobung.

Sorten

'Dorana'

Diese deutsche Sorte ist von nur mäßigem, aufrechtem Wuchs und wird etwa 2–3 m hoch. Überdies treibt sie nur wenig Ausläufer und ist somit gut geeignet für beschränkte Platzverhältnisse. Die Früchte reifen von August bis September, sind von tief kresser (orange) Farbe, sind farbbeständig und bleiben lange am Strauche hängen.

'Tytti'

'Tytti' stammt von wildwachsenden europäischen Sanddornen ab und wurde in Finnland ausgelesen. Die Sorte soll nur ungefähr 2 m hoch werden und damit gilt hier auch das bei 'Dorana' zur Garteneignung Gesagte. Die Früchte sind etwas größer als die der Wildform. Die Sorte gilt als sehr krankheitsfest. Die Schwestersorte 'Terhi' ist ähnlich.

'Friesdorfer Orange'

Dies ist eine der ältesten Sanddornsorten. Die Früchte sind deutlich größer als bei der Wildform. Die Sorte soll selbstfruchtbar sein, also weibliche und männliche Blüten haben. Wir konnten das nicht überprüfen, weil unser in der lebenden Genbank ausgepflanztes Exemplar als einziger Sanddorn einging. Das scheint nicht für die Sorte zu sprechen, kann bei dem Einzelexemplar aber auch Zufall sein.

'Askola', 'Frugana', 'Hergo' und 'Leikora'

Die vier Sorten sind vitaminreiche, großfrüchtige Auslesen aus mitteldeutschen Wildbeständen. Es sind ausnahmslos großstrauchige Formen, die 4–5 m Wuchshöhe erreichen. Sie wurden vornehmlich für den Plantagenanbau und die Verarbeitung gezüchtet. Die Sorte 'Leikora' reift besonders spät und ist sehr wüchsig.

Männliche Sorten

'Pollmix (3)'

'Pollmix' ist eine Gruppe verschiedener mitteldeutscher Bestäubungsklone. Mit dem Typ 'Pollmix 3' haben wir gute Erfahrungen gemacht. Er ist schnellwüchsig mit aufrechtem Wuchs, nur wenig bedornt und hat eine verhältnismäßig lange Blütezeit.

'Tarmo'

Wie 'Tytti' und 'Terhi' stammt 'Tarmo' von Wildpflanzen des europäischen Sanddorns ab. Auch er soll deutlich schwächer wachsen als die meisten anderen Sorten und eignet sich dementsprechend als Sanddornbestäuber für kleinere Gärten. Übrigens sind die mittelstrauchigen Sanddorne natürlich auch für Zieranpflanzungen sehr interessant.

'Rudolf'

Auch diese ist eine deutlich niedriger wachsende Bestäubersorte. 'Rudolf' ist eine Kreuzung

Sanddorn 'Dorana'

Sanddorn 'Tytti'

Sanddorn 'Pollmix (3)'

zwischen einer deutschen Sorte und einem finnischen Wildsanddorn.

'Mainzelmann'

Dieser männliche Sanddorn ist ein Wildfund aus der Nähe von Mainz. Er fiel dadurch auf, daß er auch als ältere Pflanze nicht höher als gut 2 m war und außerdem einen ungewöhnlich reichen Blütenansatz hatte. Er scheint also eine wunderbare Ergänzung des bisherigen Sortiments von Bestäubersorten zu sein. Leider ist 'Mainzelmann' noch nicht im Handel.

Sanddorn 'Mainzelmann'

Künftige Entwicklungen

Während, wie eben gesehen, kleinwüchsige Sanddornsorten schon zur Verfügung stehen, bleibt die Entdeckung neuer Geschmacksqualitäten eine Aufgabe. Die Sammlung heimischer wilder Sanddornklone mit entsprechenden Eigenschaften ist dabei sehr wichtig. In Dresden-Pillnitz fiel uns einer der von Hans-Joachim Albrecht gesammelten Typen mit der Bezeichnung H85/324 auf. Er ist großfrüchtig mit kreßgelber Fruchtfarbe, ist im Geschmack zwar sauer, aber besitzt eine deutliche Ananasnote. Dieses Beispiel zeigt wieder, daß in den mitteleuropäischen Wildsanddornen noch beachtliche Potentiale schlummern.

HERLITZEN (KORNELKIRSCHEN, DIRNDL)

Allgemeines zur Obstart

Es kann einem durchaus geschehen, daß man beim Verkosten von Kornelkirschen im Wald von wohlmeinenden Spaziergängern warnend angesprochen wird, man solle sich doch nicht vergiften. Es gibt wahrscheinlich auch immer noch Bücher, in denen von dem Verzehr dieser Früchte abgeraten wird (natürlich völlig zu Unrecht).

Daran wird deutlich, wie unbekannt diese wohlschmeckende und gesunde heimische Obstart noch ist. Dabei vereint sie eine Vielzahl von Vorzügen in sich. Als unverzüchtetes Wildobst gedeiht sie grundsätzlich gut ohne jede Pflege und kennt so gut wie keine Krankheiten. Die Früchte schmecken angenehm säuerlich-süß mit einer leichten Johannisbeernote. Dazu kommen ein hoher Gehalt an Vitamin C und verschiedene Mineralstoffe.

Die Früchte sind eiförmig, meistens glänzend rot und 2–3 cm lang (letzteres bei Obstauslesen). Sie reifen je nach Typ und Sorte zwi-

Urobstfrüchte eignen sich hervorragend für Konfitüren.

schen Ende August und Oktober. Schon bei den Wildformen gibt es Unterschiede in Farbe, Geschmack und Fruchtreife. Es finden sich hellrote, aber auch fast schwarze Früchte. Manche sind recht sauer, aber vor allem die dunklen Früchte können bei Vollreife angenehm süß schmecken. Bei den Gartensorten finden sich auch Formen mit gelben, weißen oder violetten Früchten. Die Früchte sind fest genug, daß sie auch noch nach dem Abfallen vom Strauch aufgelesen und verwendet werden können. Sie eignen sich zum Rohverzehr, aber auch zur Bereitung von Säften und Marmeladen.

Von der Obstnutzung abgesehen, sind Herlitzen auch hervorragende Zierpflanzen. Sie bilden mit der Zeit große Sträucher von mehreren Metern Höhe oder im Alter sogar kleine Bäume. Sie sind beachtliche und auffällige Vorfrühlingsblüher mit lange haltenden gelben Blüten von Februar bis März vor dem Laubaustrieb. Diese erscheinen noch vor denen der nichtheimischen Forsythie und sind im Gegensatz zu dieser sehr wertvoll für besuchende Kerbtiere.

Über die Befruchtungsverhältnisse der Kornelkirschen sind so einige Meinungen im Umlauf. Manche meinen sogar, es gebe männliche und weibliche Pflanzen. Tatsache ist dagegen, daß die Herlitze einhäusig ist, aber der Fruchtertrag bei Anwesenheit eines anderen Klons deutlich reicher ausfällt.

In der Natur wachsen Herlitzen vorzugsweise in lichten, etwas wärmegetönten Laubwäldern, in Buschgesellschaften und Hecken, auf trockenen bis frischen, eher kalkhaltigen bis neutralen Böden. Der Strauch ist lichtliebend, gedeiht aber auch im Halbschatten. In schattiger Lage setzt er deutlich weniger Blüten und Früchte an. In der Natur wächst er oft vergesellschaftet mit Wildrosen, Rainweiden (Liguster) oder Mehlbeeren (*Sorbus*).

Im Garten ist die Herlitze vielseitig verwendbar, zum Beispiel als Teil einer Großstrauchhecke oder als prächtiges Solitärgehölz. Da sie auch auf trockenen Böden gut gedeiht, kann sie dort angesiedelt werden, wo es für manche andere Obstart zu trocken oder sonnenexponiert ist.

Wie schon erwähnt, sind bei den Kornelkirschen kaum Krankheiten bekannt. Wer sie pflanzt, sollte wissen, daß sie in den ersten Jahren sehr langsam wachsen und erst dann stärker zulegen. Dementsprechend kann es bei Sämlingen auch eine Weile bis zum ersten Blust dauern. Dafür ist ihr Holz sehr hart.

Auch bei den Herlitzen ist die Geschichte der Auslese und Züchtung noch nicht lang. Erst seit wenigen Jahrzehnten werden planmäßig Fruchtsorten ausgelesen. Für die Züchtung eröffnen sich viele Möglichkeiten, weil die Art in sich recht vielfältig ist. Das betrifft nicht nur Farbe, Größe und Geschmack der Früchte, sondern auch verschiedene Wuchsformen, zum Beispiel niedrigere, aber auch schmalwüchsige.

Blühende Herlitze

Forschungsrichtungen

Wir verfügen bei den Herlitzen schon über etliche Fruchtauslesen mit größeren und besonders wohlschmeckenden bzw. süßen Früchten. Deshalb gibt es keinen dringenden Forschungsbedarf. Allenfalls bleibt es von Interesse, Fruchttypen mit besonderen Farben sowie auffällig süße Wildtypen im Auge zu behalten.

Eine Ausnahme bildet vielleicht die Frage der Wuchsformen. Da die Herlitzen große Sträucher bilden, bleibt es eine Aufgabe, Sorten zu finden, die sich besser in kleine Gärten einfügen. Echte Säulenformen und kleinerwüchsige Buschtypen sind weiterhin ein wichtiges Desiderat.

Wünschenswert ist auch, eine wurzelechte Vermehrungsform für die Sorten zu finden. Bisher werden sie nur als Okulationen auf fremder Unterlage angeboten.

Sorten

'Jolico'

'Jolico' bringt große rote Früchte hervor, die fast 3 cm lang sein können. Sie haben dreimal so viel Fruchtfleisch wie die Wildform und einen hohen Zucker- und Vitamin-C-Gehalt. Die Sorte stammt aus Österreich.

'Schönbrunner Gourmet-Dirndl'

Diese Sorte wurde an der Forschungsanstalt Wien-Schönbrunn von Dr. Pirc selektiert. Die Früchte sind groß, hellrot und süßaromatisch.

'Flava'

Das Besondere an dieser alten Sorte sind die leuchtend gelben Früchte. Sie sind aromatisch und von mittlerer Süße. Über die Wuchsgröße gibt es ganz verschiedene Angaben. Nach manchen Quellen soll die Sorte nur ungefähr 2,5 m hoch werden, nach anderen ist sie starkwüchsig.

'Macrocarpa'

Die, wie sie übersetzt heißt, „Großfrüchtige" ist eine alte Sorte bzw. Sortengruppe. Die zahlreich gezeitigten Früchte sind etwa doppelt so groß wie die der Wildform und birnenförmig mit einem guten Geschmack. Sie reifen spät. Laut www.kornelkirsche.eu soll die Sorte eher schwachwüchsig sein und nur bis 2,5 m hoch werden. Damit wäre sie ein echter Gewinn für kleine Gärten. Nach der Beschreibenden Sortenliste Wildobstarten 1999 des Bundessortenamtes ist 'Macrocarpa' allerdings eine Sammelbezeichnung für verschiedene alte großfrüchtige Typen.

'Elegantniy'

Dies ist eine ukrainische Sorte mit einigen Besonderheiten. Die Früchte reifen sehr früh, nämlich schon im August, und haften gut am Strauch. Der Strauch soll nur eine Höhe von knapp 2 m erreichen. Das wäre eine Rekordmarke in Sachen Kleinwüchsigkeit bei einer Herlitzen-Fruchtsorte.

Künftige Entwicklungen

Hier seien Punkte genannt, wo Entwicklungen schon im Gange sind oder wo es Ansätze für

'Jolico'

'Schönbrunner Gourmet-Dirndl'

'Flava'

weitere Forschungen gibt. In Sachen kompakte Wuchsformen für beschränkte Räume gibt es außer den gerade genannten kleinerwüchsigen Sorten noch zwei gegenwärtige Sichtungen. Die Sorte 'Pyramidalis' soll schmalwüchsig sein. Beim gegenwärtigen Stand der Sichtung kommen allerdings Zweifel auf, ob die Sorte dieses Ziel erreichen kann. Die buntlaubige Sorte 'Variegata' soll angeblich nur etwa 2 m hoch werden und wohlschmeckende Früchte haben. Bisherige Verkostungen konnten allerdings nicht befriedigen.

Bisweilen findet man an Wildstandorten oder als Zufallssämlinge Herlitzen mit wunderbar süßen, schwarzroten Früchten. Die Inkulturnahme eines solchen Typs wäre sicherlich sehr wünschenswert. Eine alte Pflanze dieser Art steht zum Beispiel im Botanischen Garten Frankfurt/Main.

EDEL-EBERESCHEN (einschließlich anderer *Sorbus*-Arten)

Allgemeines zur Obstart

Jedermann kennt die auffälligen leuchtend kressen (orangefarbenen) Früchte der Eberesche oder Vogelbeere, die manchen gar als giftig gelten, auf jeden Fall aber roh ungenießbar sind, wogegen sie zu Saft oder Marmelade verarbeitet schon lange genutzt werden. Viel weniger Menschen wissen jedoch, daß es auch die süßen Vogelbeeren oder Edel-Ebereschen gibt, die bitterstoffarm oder -frei sind und ganz normal als Obst genutzt werden können, auch zum Rohverzehr.

Die Geschichte dieser Edel-Ebereschen begann zu Anfang des 19. Jahrhunderts, als in Nordmähren bei Spornhau eine süße Vogelbeere entdeckt wurde, die dann als *Sorbus aucuparia* var. *moravica* botanisch eingeordnet wurde. Auch in Osteuropa wurden später süße Formen aufgefunden, und im 20. Jahrhundert begann die züchterische Fortentwicklung, zu der der große russische Obstforscher und -züchter Mitschurin entscheidende Anstöße gab.

Die Inkulturnahme der Eberesche hat die Obstpflanzen des nördlichen Europas grundlegend bereichert, und die Entwicklung dieser Obstart hat erst begonnen. Das wird jeden freuen, der schon einmal die sehr appetitlichen und leckeren herbsüßen Edel-Vogelbeeren im Herbst vom Baum gekostet und ihre wohltuende Wirkung verspürt hat. Dazu kommt, daß diese Früchte eine wahre Schatzkammer wertvoller und gesundheitsfördernder Inhaltsstoffe sind. Sie sind reich an Vitamin C, enthalten auch Provitamin A, beachtliche Mengen an Fruchtsäuren, die Stoffgruppe der Sorbinsäure und wertvolle Antioxidantien sowie sekundäre Pflanzenstoffe. Die Inhaltsstoffe wirken adstringierend, entzündungshemmend, schmerzstillend und antibakteriell.

Was uns bei der Eberesche weiters sehr entgegenkommt, ist die Tatsache, daß sie in Bezug auf ihren Standort außerordentlich genügsam ist. Das gilt einmal für ihre Frosthärte, die sie auch für rauhe Lagen geeignet macht, zum anderen für ihre Anspruchslosigkeit bezüglich des Bodens. Sie kommt sowohl in Mischwäldern vor als auch in Hecken und Feldgehölzen, an Hängen und Halden, in Mooren und Heiden. Sie kommt mit Sonne und (lichtem) Schatten zurecht, mit trockenen und feuchten sowie kalkhaltigen und sauren Böden. So ziemlich das Einzige, was sie nicht mag, sind Stellen, wo sie längere Zeit Hitze und Trockenheit ausgesetzt ist.

Es dürfte also kaum einen Garten geben, wo sich kein geeigneter Standort für dieses wertvolle Wildobst finden läßt. Dazu kommt, daß es auch von der Edel-Eberesche strauchige Formen mit mäßigem Wuchs gibt, die sich beispielsweise gut in eine Obsthecke einfügen lassen.

Bei der Anspruchslosigkeit dieser Pflanze überrascht es nicht, daß sie auch nicht durch Krankheiten oder Schädlinge ernsthaft bedroht wird.

Botanisch gehört die Eberesche zum Kernobst, das heißt, zu den apfelartigen Rosengewächsen. Dementsprechend sind auch die Befruchtungsverhältnisse. Die Ebereschen sind grundsätzlich auf Fremdbestäubung angewiesen, die durch eine andere Gartensorte oder eine wilde Pflanze erfolgen kann.

Durch die Entdeckungen und Züchtungsarbeiten der letzten 100 Jahre und die gegenwärtige Weiterentwicklung öffnet sich ein gewaltiger Schatz, den wir gerade erst angegraben haben. Wir wollen versuchen, das Verständnis davon durch eine gewisse Gliederung zu erleichtern.

Da sind zunächst die vor allem in Mähren und Rußland entdeckten süßen Vogelbeeren und ihre Weiterentwicklungen, die sich innerhalb der Art *Sorbus aucuparia* bewegen. Aus der Mährischen Eberesche wurden beispielsweise in Mitteldeutschland die Sorten 'Rosina' und 'Konzentra' entwickelt. Das russische Gegenstück sind die sogenannten Neweschinsker Ebereschen, aus denen zum Beispiel die Sorten 'Rossica' und 'Rossica Major' bekannt geworden sind. Der Genschatz der Neweschinsker Ebereschen wurde von Mitschurin für Züchtungen benutzt, und bis zum heutigen Tage entstehen hieraus in Rußland neue vielversprechende Sorten.

Mitschurin begann damit, die süßen Ebereschen mit anderen Kernobstarten zu kreuzen, um frostharte, widerstandsfähige Obstsorten mit hohem Ernährungswert zu erhalten. Er benutzte für diese Kreuzungen Apfelbeeren (*Aronia*), Mispeln, (außereuropäische) Weißdorne, aber auch Äpfel und Birnen. Oft handelt es sich um verwickelte Mehrfachkreuzungen. Für den mitteleuropäischen Ur-Obst®-Garten kommen nur die Kreuzungen mit europäischen Arten in Betracht.

Fränkische Mehlbeere (*Sorbus franconica*)

Schließlich gibt es noch andere heimische *Sorbus*-Arten mit potentieller Obstbedeutung. Dazu gehören Zwischenarten von Eberesche und anderen *Sorbi*, vor allem der Echten Mehlbeere (*Sorbus aria*). Diese Ebereschen-Mehlbeer-Zwischenformen sind verheißungsvoll, weil sich in ihnen die süßliche Milde mancher Mehlbeeren und das spritzig-säuerliche Element der Vogelbeeren verbinden kann. Auch von den reinen Mehlbeeren gibt es wohlschmeckende Typen und ebenso von den Zwischenarten von Mehlbeere und Elsbeere (*Sorbus torminalis*), der sogenannten *Sorbus-latifolia*-Gruppe. Die kreßgelbe Fränkische Mehlbeere (*Sorbus franconica*) mit ihren angenehm süßen und leicht aromatischen Früchten kann hier als Beipiel dienen. Auch manche Zwischenformen der Mehlbeere (*Sorbus aria*) und der Zwergmehlbeere (*Sorbus chamaemespilus*) können hier zugeordnet werden. Allerdings sind die Arten, an denen die Eberesche nicht beteiligt ist, eben nicht saftig.

Forschungsrichtungen

Bei den Edel-Ebereschen und ihrer *Sorbus*-Verwandtschaft stehen wir erst am Anfang der Entdeckungen. Die Gattung *Sorbus* ist in Mitteleuropa sehr mannigfaltig entwickelt und dementsprechend warten hier mit großer Wahrscheinlichkeit noch einige obstwürdige Entdeckungen auf uns. Vieles, was in Rußland aus der europäischen Eberesche gezüchtet wurde (und weiterhin wird), ist noch gar nicht zu uns gelangt bzw. sein Vorhandensein ist hierzulande nicht einmal bekannt. Hier wie auch in anderen Obstbereichen rächt sich die bei uns zunehmend betriebene radikale Konzentration auf das Englische, so daß dann beispielsweise die zahlreichen wichtigen Veröffentlichungen in russischer Sprache so gut wie gar nicht mehr zur Kenntnis genommen werden.

Bei den Edel-Ebereschen heißt es also zunächst einmal, das zu sammeln und zu sichten, was es schon irgendwo gibt. Das allein ist schon eine riesige Aufgabe. Von Interesse bei der Sichtung sind natürlich die Bitterstoffarmut der Früchte, deren Rohverzehrseignung samt allgemeinen Geschmackseigenschaften. Dazu kommen wieder gewünschte kompakte Wuchseigenschaften, die beispielsweise in der strauchigen Sorte 'Businka' schon gut verwirklicht zu sein scheinen.

Weitgehend brach liegt bisher das verheißungsvolle Gebiet der Ebereschen-Mehlbeer-Zwischenarten. Wie oben schon beschrieben, ist hier die Aussicht sehr gut, durch die Geschmacksverbindung der beiden Arten gleichsam süße Vogelbeeren durch die Kreuzungsvorgänge der Natur schon fertig vorzufinden.

Die Verwendung solcher wohlschmeckender erbfester Zwischenarten würde auch eine andere Aufgabe lösen, nämlich die wurzelechte Vermehrung von Edel-Ebereschen. Die süßen Vogelbeeren gelten summarisch als nicht samenecht, während die erbfesten Zwischenarten *S. aria/aucuparia* konstanten Nachwuchs in beliebiger Menge liefern könnten. Übrigens muß auch noch planmäßig erforscht werden, ob denn wirklich alle süßen Vogelbeeren ihre Eigenschaften durch Aussaat nicht weitergeben können.

Unsere Sichtung der bisher aus Bayern bekannten erbfesten Ebereschen-Mehlbeer-Zwischenarten (ungefähr ein halbes Dutzend) hat keinen wohlschmeckenden Fruchttyp zutage gefördert. Die Suche geht allerdings weiter, denn bei anderen Herkünften gibt es Erfolge.

Sorbus 'Hačava'

Sorten

'Businka'

Dies ist eine schon roh ausgesprochen wohlschmeckende Sorte mit großen, saftigen, säuerlich-süßen, gewürzten Früchten von reinroter Farbe, die von Ende August bis Anfang September reifen. Da die Sorte nur 2–3 m hoch werden soll, eignet sie sich hervorragend für nicht zu hohe Wild- und Ur-Obst®-Hecken.

In manchen Büchern wird 'Businka' fälschlich als Sorbaronia, also eine Kreuzung mit der Apfelbeere (*Aronia*) eingeordnet. In Wirklichkeit ist die Sorte aber eine reine Eberesche (*Sorbus aucuparia*).

'Dörings Findling'

Diese Sorte ist selbst keine Edel-Eberesche, sondern hat die bitteren Früchte der gewöhnlichen Wildart. Sie ist allerdings gut als Bestäuber zusammen mit 'Businka' zu verwenden, weil sie ebenfalls nur ungefähr 3 m hoch wird.

'Milde Berg-Vogelbeere'

Sie ist eine Auslese eines am Fuße des Bisamberges bei Wien gefundenen Strauches der Berg- oder Gebirgs-Vogelbeere (*Sorbus aucuparia* ssp. *glabrata*). Die 'Milde Berg-Vogelbeere' trägt mild-säuerliche Früchte, die auch frisch schmackhaft sind, in großen Dolden. Auch sie ist ein guter Ebereschenbestäuber in mittelhohen Hecken, weil sie ebenfalls einen gedrungenen, strauchigen Wuchs aufweist. Als zusätzlichen Vorzug hat sie eine leuchtend rote Herbstfärbung.

'Rosina'

Das ist eine reichtragende mitteldeutsche Sorte, die Bäume mit mäßiger Höhe bildet. Die Früchte reifen im September in großen Dolden. Der Geschmack ist angenehm süß und aromatisch. Der Name der Sorte deutet auf die Verwendung als Trockenfrucht hin. Auch für andere Verwendungszwecke ist sie geeignet.

Edeleberesche 'Businka'

'Milde Berg-Vogelbeere'

Sorbaronia 'Saule'

Sorbus Kleiner Hörselberg

Eisenacher Mehlbeere (*Sorbus isenacensis*)

Süße Mehlbeere (*Sorbus aria* f. *longifolia*)

'Sorbinka'

'Sorbinka' ist eine weitere Sorte mit beschränkter Wuchshöhe. Die großen, scharlachroten Früchte sind süß-säuerlich, saftig und wohlschmeckend.

'Vefed' und 'Dotsch Kubovoj'

Die russischen Auslesen 'Vefed' und 'Dotsch Kubovoj' sollen nur eine Wuchshöhe von 2–3 m erreichen und sehr wohlschmeckende Früchte haben. Leider sind diese Sorten bislang in Deutschland nicht zu bekommen.

Auch die Forschungsanstalt in Klosterneuburg hat verschiedene Typen der Edel-Eberesche ausgelesen, die mir aber nicht aus eigener Anschauung bekannt sind.

'Rubinovaja'

Diese Sorte ist eine Gattungskreuzung zwischen Eberesche und Birne. Die Sträucher werden 2–2,5 m hoch, und ihr Laub färbt sich im Herbst auffallend dunkelrot. Die Früchte reifen im September und sind mittelgroß, von dunkelrubinroter Farbe. Sie sind saftig und säuerlich-süß, eignen sich für Rohverzehr und Verarbeitung. Sie sind sogar über einige Monate haltbar. Der Erstertrag tritt bei dieser Sorte manchmal verhältnismäßig spät ein.

'Saule'

Diese vielversprechende Sorte ist ein Wildfund durch die lettische Forscherin Inese Drudze von der Obstforschungsanstalt in Pure. Die Pflanze wuchs in einem Wald in Kurland. Es handelt sich offensichtlich um eine Naturhybride zwischen der Eberesche und der in Lettland oft verwilderten Mitschurin-Apfelbeere (*Aronia mitschurinii*) (siehe unten). Die Sorte trägt große violette Früchte mit einem süßen und aromatischen Geschmack. Der Strauch soll nicht höher als 2–3 m werden. Das lettische Wort „Saule" bedeutet „Sonne". Die Sorte ist auch bei uns erhältlich.

Sorbus 'Kleiner Hörselberg'

Diese Bastardmehlbeere wächst als einzelner

Edel-Eberesche 'Rubinovaja', Herbstfärbung

großer Baum am Fuße des Kleinen Hörselberges bei Eisenach in Thüringen. Die Früchte sind groß, rot, wohlschmeckend mit marzipanartiger Süße. Es ist wohl die wohlschmeckendste Mehlbeere, die ich je verkostet habe. Die botanische Zuordnung des Baumes ist bislang unklar. Möglicherweise handelt es sich um einen Mehrfachbastard in einer neuen, noch unbekannten Kombination. Die Blätter sind leicht gelappt und eigenartig gedreht. Erbfest ist der Typ nicht, wie Aussaatversuche ergeben haben.

Eisenacher Mehlbeere (*Sorbus isenacensis*)

Diese Mehlbeere wächst auf der Höhe des Großen Hörselberges bei Eisenach in einem großen Bestand kleinerer Bäume. Sie trägt reichlich rote Früchte von ansehnlicher Größe und mit leicht apfelartigem, süßem Wohlgeschmack. Die Pflanze gehört in die Zwischengruppe von Mehlbeere und Elsbeere (*Sorbus-latifolia*-Gruppe). Ursprünglich als eigene Art angesehen, wird sie von einem neueren Aufsatz als (nicht erbfeste) Primärhybride der beiden genannten Elternarten eingestuft. Ich bezweifle allerdings, daß das letzte Wort hier schon gesprochen ist. Leider ist diese bemerkenswerte Mehlbeere bislang nicht im Handel erhältlich.

Sorbus 'Hačava'

Dies ist eine strauchige Mehlbeere mit Anteilen von Eberesche und Echter Mehlbeere (*Sorbus aria*), die in der *Sorbus*-Sammlung in Pruhonitz bei Prag aufgepflanzt ist. Die Früchte sind klein und dunkelrot. Sie schmecken herbsüß mit einer würzigen Note.

Süße Mehlbeere (*Sorbus aria* f. *longifolia*)

Diese besondere Form der Echten Mehlbeere ist schon in der ersten Auflage von Hegis *Flora von Mitteleuropa* aufgeführt. Sie hat einige besondere botanische Merkmale: Die Blätter sind verhältnismäßig schmal und lang, die Früchte auffällig groß und ebenfalls länglich, von hell kresser (orange), nicht roter Farbe. Sie haben viel Fruchtfleisch, das süß und angenehm aromatisch schmeckt. Der Baum trägt reich in großen Dolden.

Wir waren jahrelang auf der Suche nach dieser verheißungsvollen Wildobstpflanze, unternahmen sogar eine Suchfahrt nach Graubünden zu den bei Hegi angegebenen Standorten, leider ohne wirklichen Erfolg; wir fanden nur Näherungsformen, die zugegebenermaßen auch gut schmeckten. Durch Zufall entdeckten wir die echte *Longifolia* dann in der gerade erwähnten *Sorbus*-Sammlung im tschechischen Pruhonitz.

Künftige Entwicklungen

Zuvörderst wird es darum gehen, diese Obstart und ihre Vorzüge weiter bekanntzumachen. Dann wird es auch wirtschaftlich möglich sein, mehr Sorten zu vermehren und anzubieten.

Die meisten Typen werden bisher noch durch Veredelung vermehrt. Es muß untersucht werden, in welchem Maße wurzelechte Stecklingsvermehrung möglich ist. Um wurzelechte Pflanzen zu erhalten, muß auch verstärkt auf samenechte Formen geachtet werden. Von den süßen Vogelbeeren zum Beispiel wird behauptet, sie seien nicht samenfest und könnten deshalb nicht generativ vermehrt werden. Wir versuchen, das durch Aussaaten näher zu untersuchen.

Wir sichten zur Zeit Aussaaten zweier verschiedener Typen der süßen Eberesche (*Sorbus aucuparia* var. *edulis*), nämlich der Sorte 'Rossica' und eines in Böhmen bei Battelau besammelten Alleebaumes. Von 'Rossica' läßt sich schon sagen, daß die Geschmackseigenschaften und die Bitterstofffreiheit nicht durchgehend vererbt werden. Unter den Sämlingen finden sich eindeutig auch solche mit bitteren Früchten. Die Ergebnisse für den Battelauer Typ, der vermutlich zur Mährischen Eberesche gehört, stehen noch aus.

Fortschritte gibt es auch in Sachen samenechte wohlschmeckende Ebereschen-Mehlbeer-Zwischenformen. In Agram (Zagreb)/Kroatien fanden wir in einer Aufpflanzung eine solche Zwischenform mit Geschmackseigenschaften, die denen der süßen Vogelbeere gleichen. Der Baum steht der Österreichischen Mehlbeere (*Sorbus austriaca*) nahe, die ja mittelbar oder unmittelbar Eberesche und Echte Mehlbeere zu ihren Vorfahren zählt. Die Sämlinge dieser Pflanze sehen bislang einheitlich aus, was auf Samenbeständigkeit hindeutet, aber das erste Fruchten muß noch abgewartet werden.

Auch *Sorbi*, die keinen Anteil der Eberesche enthalten, können ja wohlschmeckende Früchte hervorbringen. Ein Typ von *Sorbus* x *ambigua* (*Sorbus aria* x *chamaemespilus*) beispielsweise trägt reichlich recht große, angenehm süß schmeckende Früchte. Auch hier wird gerade durch Aussaat die Erbfestigkeit überprüft.

Schon an diesen Beispielen wird deutlich, daß es bei den Ebereschen und Mehlbeeren unserer Pflanzenwelt auch in Sachen Obsteignung noch viel zu erkunden gibt. Deswegen empfiehlt sich die verstärkte Erforschung von Mannigfaltigkeitszentren unserer an *Sorbus*-Arten ohnehin sehr reichen mitteleuropäischen Pflanzenwelt. Solche Mannigfaltigkeitsgebiete sind zum Beispiel Thüringen, der pfälzische Donnersberg und das südburgenländische Steinstückl bei Bernstein.

Auf dem Donnersberg zum Beispiel kommen sowohl Mehlbeere, Eberesche als auch Elsbeere vor sowie Blendlinge (Bastarde), an denen zwei oder gar drei dieser Arten beteiligt sind.

MAULBEEREN

Allgemeines zur Obstart

Nicht wenige verwechseln die eben dargestellten Mehlbeeren mit den Maulbeeren. Aber trotz der klanglichen Ähnlichkeit haben beide Obstarten nichts miteinander zu tun, ja sie sind noch nicht einmal entfernt miteinander verwandt. Der nächste bei uns wachsende Verwandte der Maulbeere ist die Feige. Von den Maulbeeren finden sich bei uns vornehmlich zwei Arten, die **Schwarze Maulbeere** (*Morus nigra*) und die **Weiße Maulbeere** (*Morus alba*). Die erstere wird spätestens seit dem 16. Jahrhundert in Mitteleuropa angepflanzt und stammt ursprünglich wahrscheinlich aus Westasien. Sie wird schon im *Capitulare de villis* Karls des Großen erwähnt. Sie diente bei uns hauptsächlich der Fruchtnutzung, auch zur Herstellung und zum Färben von Wein.

Ab dem 18. Jahrhundert hatte die Weiße Maulbeere, die aus Ostasien stammt, ihre große Zeit, als aufgeklärte Landesfürsten durch deren Anpflanzung hofften, landeseigene Seidenraupen zu züchten. Also waren bei dieser Art in der Kultur zunächst einmal die Blätter von Interesse.

Heute sind beide Arten bei uns vertreten, aber verhältnismäßig selten. Die Schwarze Maulbeere findet sich vor allem in Gebieten mit Weinbauklima, zum Beispiel in Rheinhessen und der Pfalz, aber auch in Südtirol und dem östlichen Österreich. Die Weiße Maulbeere ist weiter verbreitet und verwildert auch eher als die Schwarze.

Oft kommt es, auch im Baumschulhandel, zu Verwechslungen zwischen den Arten, weil viele Menschen meinen, eine Maulbeere mit schwarzen Früchten müsse die Schwarze Maulbeere (*Morus nigra*) sein. Tatsache ist allerdings, daß *Morus alba*, die Weiße Maulbeere, Früchte in ganz verschiedenen Farben haben

Weiße Maulbeere in Rheinhessen

kann, vor allem Weiß, Lila, Rot oder eben auch Schwarz. Ob eine schwarzfrüchtige Maulbeere auch die echte *Morus nigra* ist, läßt sich nur an anderen Merkmalen feststellen, zum Beispiel an den Blättern.

Die Blätter der Weißen Maulbeere sind meist hellgrün, verhältnismäßig dünn und oberseits glatt. Bei der Schwarzen Maulbeere ist das Laub dunkelgrün, dicker und oberseits rauh behaart. Nur wenn diese Merkmale erfüllt sind, ist eine schwarzfrüchtige Maulbeere auch eine Schwarze Maulbeere.

Über den Geschmack der Maulbeeren hört und liest man vielerlei Behauptungen. Manche sagen, die Früchte der Weißen Maulbeere seien fad und nicht schmackhaft. Ich persönlich kann das nicht bestätigen. Die Weißen Maulbeeren sind meist sehr süß, haben zwar wenig Säure, aber das heißt noch nicht, daß sie nicht aromatisch wären. Wer gern süße Früchte mag, ist bei den Weißen Maulbeeren genau richtig. Übrigens sind sie (wie auch die Schwarzen) auch getrocknet eine Köstlichkeit und werden in Asien zudem in der Volksheilkunde genutzt. Schwarze Maulbeeren haben neben der Süße einen deutlichen Säureanteil und einen kräftigeren Geschmack. Der Saft der Früchte ist stark färbend und diese liefern hervorragende Marmeladen und Getränke. Freilich ist auch der Rohverzehr nicht zu vernachlässigen, aber Obacht auf die Kleidung!

Was den Standort betrifft, sind beide Maulbeerarten recht anspruchslos. Sie mögen lediglich keine Nässe und lieben die Sonne. Die Schwarze Maulbeere ist die frostempfindlichere der beiden. Sie mag das Weinbauklima oder zumindest einen geschützten Standort. Weiße Maulbeeren dagegen besitzen, wenn sie erst einmal der Kinderstube entwachsen sind, eine beachtliche Frosthärte. Im Ur-Obst®-Garten sind die Maulbeeren folglich so gut wie nur im Einzelstand zu halten, in rauheren Lagen möglicherweise geschützt durch eine nordostwärtige Mauer. Weiße Maulbeeren bilden meist stattliche Bäume von 8–15 m Höhe, Schwarze sind etwas kompakter.

Maulbeeren sind selbstfruchtbar. Die Früchte reifen im Juli oder August. Viele Typen reifen folgernd über mehrere Wochen. Besondere Krankheiten sind bei Maulbeeren nicht bekannt. Da es aber Sammler und Vermehrer gibt, die ungehemmt die verschiedensten Maulbeeren aus der ganzen Welt einführen, ist es wohl nur eine Frage der Zeit, wann sich das ändern wird.

Da die Maulbeeren in Mitteleuropa immer nur eine Randkultur waren und auch in der Natur kaum eingebürgert sind, bleiben als Ur-Obst®-Anwärter vor allem alte bewährte landschaftliche Formen, die sich vor allem in den Weinbaugebieten entwickeln konnten. Bei der Weißen Maulbeere kommen grundsätzlich auch verwilderte Typen in Frage.

In Niederösterreich sind anscheinend einige landschaftliche Formen der Schwarzen Maulbeere zu finden. Noch reicher an solchen ist wohl Südmähren, vor allem das Gebiet um Göding (Hodonin). Nach der Darstellung von Václav Tetera u. a. (*Ovoce Bílých Karpat*, Veselí nad Moravou 2006) hat vor allem Ostmähren eine Vielfalt von Sorten der Weißen Maulbeere. Es werden Sorten mit weißen, schwarzen, violetten, rötlichen und rosenfarbenen Früchten beschrieben.

Forschungsrichtungen

Die Suche gilt vor allem Maulbeersorten und -typen, die erwiesen haben, daß sie an mitteleuropäische Verhältnisse voll angepaßt sind. Das heißt, gesucht sind alte hiesige Kulturformen und Verwilderungen. Bisher ist es uns noch nicht gelungen, echte verwilderte, subspontane Bestände einer der beiden Maulbeerarten zu finden.

'Oberwalliser Schwarze Maulbeere'

'Oberwalliser Schwarze Maulbeere'

Hingegen haben wir ausgerechnet bei der Schwarzen Maulbeere ganz unerwartet einen glücklichen Kulturfund gemacht. Im Rottental im schweizerischen Oberwallis gibt es noch Exemplare eines offensichtlich alten landschaftlichen Typs der echten *Morus nigra*. Dieser muß früher mehr verbreitet gewesen sein, wurde aber offenbar wegen der farbstarken Früchte und deren Spuren aus den „modernisierten" Gärten verbannt.

Wünschenswert bleibt eine gründlichere Nachforschung in Südmähren, wo es sicher noch Maulbeerschätze zu heben gibt.

Ein Desiderat sind bei der erheblichen Wuchsgröße der Maulbeeren freilich auch kleinerwüchsige, strauchige Formen. Auch so etwas scheint es in Südmähren zu geben.

Sorten

'Göttingen'

Diese Sorte stammt von einem alten Baum in der gleichnamigen niedersächsischen Stadt, der offensichtlich schon viele Winter gut überstanden hat. Die Sorte bringt von Juli bis Oktober große, schwarze Früchte mit gutem Aroma. Sie steht wahrscheinlich *Morus alba* nahe, kann aber auch hybriden Ursprungs sein.

'Thüringen'

Ähnlich wie die vorige Sorte stammt dieser Typ von einem alten, wettererprobten Baum, aber diesmal in Thüringen. Die großen, schwarzen Früchte schmecken süß. Auch hier, wie bei vielen Zufallsfunden, läßt sich die botanische Zuordnung nicht ohne weiteres ermitteln, da es viele schwer bestimmbare Hybriden gibt.

'Oberwalliser Schwarze Maulbeere'
Diese Fundsorte wurde oben schon erwähnt. Da sie im oberen Rottental zwischen Leuk und Brig auf ungefähr 640 m Meereshöhe zu Hause ist und in offenen Lagen wächst, muß sie einige Winterhärte besitzen. Das ist für eine echte Schwarze Maulbeere (*Morus nigra*), die sie unzweifelhaft ist, sehr bemerkenswert. Die Früchte reifen im Juli und August, sind groß und schwarz, sehr saftig und besitzen neben der Süße eine kräftige Säure mit guter arteigener Würze.

'Tyrnauer Maulbeere' (*Morus trnaviensis, Morus nigra* var. *trnaviensis*)
Diese Maulbeere, die in der Nähe von Tyrnau (Trnava) in der Westslowakei gefunden wurde, zeigt schon in ihrem Namen ihre spannende botanische Geschichte und die Rätsel, die uns viele europäische Maulbeeren aufgeben. Zuerst wurde sie für eine Hybride zwischen der Schwarzen (*M. nigra*) und der (amerikanischen) Roten Maulbeere (*M. rubra*) gehalten, mit möglicher Beimengung anderer Arten. Spätere Botaniker kamen zu dem Ergebnis, daß der Typ in wesentlichen Merkmalen doch *Morus nigra* entspreche. Die Früchte sind bei gut genährten Exemplaren dieser Sorte ungewöhnlich groß, von purpurner bis schwarzroter Farbe. Sie sind zunächst recht sauer, bauen bei Vollreife aber noch beachtliche Süße auf. Sie sind sehr saftig und von kräftigem Geschmack.

Strauchige Maulbeere aus Göding

Künftige Entwicklungen

Eine wichtige Aufgabe wird die Nachsuche in Gebieten mit alter Maulbeerkultur sein. Allein schon Südmähren verheißt hier wichtige Funde. Auch die Frage der kleinwüchsigen Maulbeeren könnte so einer Lösung näherrücken. Laut Mitteilung von Prof. V. Řezníček von der Universität Brünn wurde bei Göding (Hodonin) ein strauchiger Typ gefunden. Es wird sehr spannend sein, diesen Typ im Auge zu behalten.

FELSENBIRNEN

Daß die blauen Früchte der Felsenbirnen (*Amelanchier*) eßbar sind, beginnt sich allmählich herumzusprechen. Sie werden mitunter als Wildobst angeboten, und es gibt auch schon Fruchtauslesen auf dem Markt. Alle diese angebotenen Sorten haben allerdings den Haken, daß sie zu amerikanischen Arten gehören. Von der echten Europäischen (gemeine) Felsenbirne (*Amelanchier ovalis*) gab es bis vor kurzem keinerlei besondere Fruchtsorten.

Das änderte sich, als wir an einem Hang im Oberwallis bei dem Städtchen Leuk eine Echte Felsenbirne entdeckten, die einen auffälligen reichen, fast traubenartigen Fruchtbehang aufwies. Ein gedankenverloren naschender Siebenschläfer schien dem Strauch noch eine besondere Bedeutung zu geben. Die einzelnen Früchte waren deutlich größer als bei der uns bekannten Wildform und zudem schmeckten sie außergewöhnlich saftig und süß. Das war der Anfang der ersten Obstsorte der Europäischen Felsenbirne. Sie erhielt nach dem Fundort den schlichten Namen 'Leuk' und wurde von der Baumschule Ahornblatt in den Markt eingeführt.

Felsenbirnen haben mit den Birnen nichts zu tun. Sie bilden eine eigenständige Gattung der Rosengewächse. Wenn man von der Botanik absieht, erinnern die Früchte am ehesten an süße Heidelbeeren. Sie reifen im Juli.

Für die Anpflanzung von Felsenbirnen ist es wichtig zu wissen, daß sich die echte Europäische Felsenbirne (*Amelanchier ovalis*) sowohl was Wuchsgestalt als auch was die Standortansprüche betrifft grundlegend von den praktisch ausschließlich im Handel befindlichen „Amerikanern" unterscheidet. Die amerikanischen Arten, vor allem die Ährige Felsenbirne (*Amelanchier spicata*) und die Kupfer-Felsenbirne (*Amelanchier lamarckii*) haben einen sehr kräftigen, (manchmal senkrecht) aufstrebenden Wuchs und können Höhen von 10 m erreichen. Sie sind meist Arten saurer, feuchter Laubwälder und mögen dementsprechend nicht allzu viel Trockenheit.

Die Europäische Felsenbirne (*Amelanchier ovalis*) ist ein Strauch trockener Felshänge mit voller Besonnung und lichter Trockenwälder. Sie bildet lichte, sparrige Sträucher von ungefähr 2 m Höhe. Gegensätzlicher könnten die Pflanzen eigentlich kaum sein.

Gemeine Felsenbirne, Blüte

Felsenbirne 'Leuk'

Blüten von *Amelanchier spicata* (links) und *A. ovalis* (rechts)

Die Europäische Felsenbirne samt der Sorte 'Leuk' paßt im Ur-Obst®-Garten in helle Mittelstrauchhecken oder vergesellschaftet mit Kleinsträuchern oder einzeln auf eher trockeneren Böden in der Sonne. Sie darf nicht mit wuchsstarken Gehölzen zusammengepflanzt werden, die sie dann ausschatten würden. Was die Pflanze nicht mag, sind Nässe oder Schatten.

Bei der Ansiedlung im Garten bedenken Sie, daß die Europäische Felsenbirne langsam wächst und insbesondere in der Anfangszeit manchmal schier nicht vom Fleck kommen will. Und verschonen Sie sie mit Mulch oder Dünger.

Hier noch das botanisch hieb- und stichfeste Unterscheidungsmerkmal von amerikanischen und europäischen Felsenbirnen zur Entlarvung von Baumschulware: Bei allen amerikanischen Arten sind die Griffel in der Blüte deutlich länger als die Staubbeutel und ragen etwas aus dem Blütenkelch heraus. Bei der Europäischen Felsenbirne sind die Griffel höchstens so lang wie die Staubbeutel.

Felsenbirne 'Leuk' mit Siebenschläfer

Die Felsenbirnen sind ausgezeichnet für den Frischverzehr geeignet, vermutlich auch zum Trocknen. Die Sträucher sind selbstfruchtbar und in der Regel frei von Krankheiten oder Befall.

BLAUE HECKENKIRSCHEN (LENZBEEREN, MAIBEEREN)

Ebenso wenig wie die Felsenbirnen etwas mit Birnen zu tun haben, sind die Heckenkirschen Kirschen. Sie sind vielmehr mit dem Geißblatt verwandt. Die Früchte der allermeisten Arten gelten als leicht giftig, aber nicht so die der Blauen Heckenkirsche (*Lonicera caerulea*). Deren zeitig reifende blaue, saftige Früchte sind ungiftig, wenn auch bei einigen Wildtypen ungenießbar bitter. Die Blauen Heckenkirschen sind im weiteren Sinne eine ganze Artengruppe mit einem riesigen Verbreitungsgebiet von den kühlen Gegenden Europas bis nach Nordostasien.

Die Russen waren es wohl, die den Obstwert von bitterstoffarmen Typen dieser Wildobstart erkannten und anfingen, großfrüchtige und schmackhafte Sorten zu selektieren. Sie verwendeten dazu nordosteuropäisch-sibirische Unterarten, die in der Regel daran zu erkennen sind, daß Blätter und Zweige viel stärker behaart (oder regelrecht filzig) sind als die in Mitteleuropa vorkommende Spielart *Lonicera caerulea* var. *caerulea*. Da sich auch in diesem Falle kein Obstforscher die Mühe machte, die heimischen Wildpflanzen nach Fruchteigenschaften zu sichten, ging man allgemein davon aus, daß nur die östlichen Unterarten obstfähig seien.

Durch einen Hinweis aus dem Südtiroler Tauferertal erfuhren wir von einem Vorkommen wohlschmeckender Blauer Heckenkirschen in einem Hochtal in der Nähe. Unsere Nachsuche bestätigte diesen Hinweis. Durch Selektion aus diesem Wildvorkommen entwickelten wir die ersten Obstsorten der heimischen Blauen Heckenkirsche. Sie erhielten die Namen 'Bergsaphir' und 'Südtiroler Freiheit' und werden jetzt von Ahornblatt angeboten.

Die Früchte sind leicht länglich und erinnern in Aussehen und Geschmack an Kultur-Heidelbeeren. Sie sind saftig und schmecken je nach Sorte säuerlich-süß bis herbsüß. Alle anderen „Lenz-" oder „Maibeer-Sorten" auf dem Markt sind bis heute asiatischen Ursprungs.

Ein großer Vorteil der Blauen Heckenkirschen gegenüber den Heidelbeeren sind ihre geringeren Ansprüche an den Standort. Während

Blühende Blaue Heckenkirsche

Blaue Heckenkirsche 'Südtiroler Freiheit'

Blaue Heckenkirsche 'Bergsaphir'

Heidelbeeren ein saures Substrat brauchen, stellen die Blauen Heckenkirschen an den pH-Wert des Bodens keine besonderen Ansprüche. Nur eine ausreichende Bodenfeuchte ist für ihr Gedeihen wichtig. In warmen Tieflagen sollte man diesen kältegewohnten Pflanzen lieber einen halb- oder lichtschattigen Standort geben, weil sie Trockenheit und Sonnenhitze gar nicht mögen.

Da die Blauen Heckenkirschen nur etwa 1,5 m hoch werden, sind sie im Ur-Obst®-Garten ausgezeichnet in niedrigen beschatteten Hecken einzusetzen, ebenso vergesellschaftet mit Beerenobst wie Johannisbeeren und Himbeeren. Wie Schwarze Johannisbeeren sind Blaue Heckenkirschen nässeverträglich und können an dementsprechenden Stellen angepflanzt werden, die den meisten anderen Obstarten nicht zusagen würden. Blaue Heckenkirschen sind äußerst frosthart und können sogar in ausgesprochenen Gebirgslagen angepflanzt werden.

Neben dem Nutzen für den Menschen sind Blaue Heckenkirschen auch von großem ökologischen Wert. Zum Beispiel sind die hellgelben Blütenglöckchen, die schon im März erscheinen, eine sehr wichtige frühe Nahrungsquelle für Bienen und Hummeln.

APFELBEEREN (ARONIA)

Auch die Geschichte der Obstkultur der Apfelbeeren ist noch keine 100 Jahre alt. Im westlichen Europa sind sie gar erst in den letzten Jahren als Obst bekannt geworden. Dafür werden ihr jetzt besondere gesundheitliche Vorzüge nachgerühmt. Der auffällige schwarzviolette, stark färbende Saft zeigt schon durch seine Farbe den Gehalt an antioxidativ wirkendem Anthocyan. Weiters sind die Vitamine B_2, B_9, C, E und P sowie Jod enthalten. Wegen der botanischen Verwandtschaft und der Gestalt der Früchte wird die Apfelbeere übrigens auch

Mitschurin-Apfelbeere (*Aronia mitschurinii*)

als Schwarze Eberesche bezeichnet. Allerdings sind die Apfelbeeren mittelhohe Sträucher mit ungeteilten Blättern.

Besonders kluge Köpfe werden sich vielleicht wundern, was ein (ursprünglich) amerikanisches Wildobst beim Ur-Obst® zu suchen hat. Um der Antwort näherzukommen, müssen wir uns kurz die Geschichte dieser Obstart anschauen. Die wilden Vorfahren sind die beiden nordamerikanischen Wildarten *Aronia melanocarpa* und *Aronia prunifolia*. Deren Früchte wurden zwar schon von den Indianern genutzt, aber wie ihr englischer Name „chokeberries", das heißt „Würgebeeren", zeigt, ist ihre Fruchtnutzung wohl eher der Not geschuldet als einem angenehmen Geschmackserlebnis.

Im 20. Jahrhundert nimmt die Entwicklung der Gattung eine ganz neue Wendung. Dabei spielen Saatgut aus einer Berliner Baumschule und russischer Züchterfleiß eine besondere Rolle. Am Ende dieser Entwicklung steht eine Apfelbeere, die sich, in Europa entstanden, deutlich von den amerikanischen Vorfahren unterscheidet. Sie wurde deshalb auch von russischen Forschern als eigene Art *Aronia mitschurinii* beschrieben. Deren Früchte sind deutlich größer, rundlicher (oft vorne abgeplattet) und saftiger. Überhaupt ist der Strauch in allen Teilen größer und kann bis 3 m Höhe erreichen, gegenüber 1,5–2 m bei den vorgenannten Arten. Zweige, Blätter und zum Teil auch die Früchte sind flaumig behaart. Die Winterhärte soll größer als bei den oben genannten Arten sein. Oft sind die Früchte der Mitschurin-Apfelbeere nicht nur saftig, sondern auch ausreichend süß, so daß sie mit Genuß roh verzehrt werden können.

Die Mitschurin-Apfelbeere hat vor allem im nordöstlichen Europa und in ganz Rußland beachtliche Bedeutung als Obst- und sogar als Heilpflanze erlangt. Sie eignet sich auch zur Saft- und Marmeladengewinnung sowie zum Trocknen. Für mich liegt ihr großer Vorzug gegenüber anderen Apfelbeeren wirklich in der Möglichkeit des Rohverzehrs unmittelbar vom Strauch sowie in der Verwendung des Saftes in ungesüßter Form.

Pflanzen von *Aronia mitschurinii* zu bekommen, ist nicht allzu einfach. Fast alle bei uns geläufigen Sorten gehören zu *Aronia melanocarpa* (roh praktisch ungenießbar) oder *Aronia prunifolia* (schwankende Fruchteigenschaften). Ahornblatt beschäftigt sich mit der Selektion von *Aronia-mitschurinii*-Formen.

Apfelbeeren sind selbstfruchtbar. Bedrohliche Schädlinge oder Krankheiten gibt es bei ihnen nicht. Apfelbeeren stellen an den Standort keine besonderen Ansprüche. Ein idealer Standort wäre wahrscheinlich ein bodenfeuchter Wald. Sie gedeihen auch allgemein gut auf etwas feuchten Sandböden. Was sie nicht mögen, ist Sonnenhitze mit Trockenheit.

Im Garten stehen sie dementsprechend gut am Gehölzrand, in lichtem Schatten und als Teil von Mittelstrauchhecken. Da die Mitschurin-Apfelbeere besonders frosthart ist, kann sie gewiß auch in Höhenlagen angebaut werden.

Bei den Apfelbeeren besteht eine gewisse Verwilderungsgefahr, vor allem im norddeutschen Tiefland, wo sie besonders günstige Bedingungen vorfinden. Das ist bei der Anpflanzung zu bedenken. Allerdings darf nicht vergessen werden, daß die Mitschurin-Apfelbeere keine nichtheimische Wildart ist, sondern eine neue, in Europa entstandene Kulturart.

SCHLEHEN

Die Schlehen mit ihren weißen Blütenschleiern im März oder April und den zusammenziehend herben blauen Früchten im Herbst sind ja allgemein bekannt. Wenige nur wissen allerdings, daß die Schlehe (*Prunus spinosa*) eine sehr vielgestaltige Art oder vielleicht sogar Artengruppe ist. Bei dieser Vielfältigkeit verwundert es nicht, daß es auch Unterschiede im Fruchtgeschmack gibt.

Deswegen sind wahrscheinlich schon seit uralten Zeiten Formen mit einem angenehmeren Geschmack ausgelesen worden. Bereits bei Hildegard von Bingen ist eine „Gartenschlehe" erwähnt. Erstaunlicherweise sind keine alten Sorten der Gartenschlehe auf uns gekommen. Vielleicht haben sie nie mehr als örtliche Verbreitung erlangt. Das ist sehr bedauerlich, weil roh verzehrbare Sorten der Schlehe ein wertvoller Bestandteil des Ur-Obstes® wären. Außer Fruchtsäuren, Gerbstoffen und (antioxidativen) Farbstoffen enthalten Schlehenfrüchte wertvolle Mineralstoffe, reichlich Vitamin C sowie die Vitamine B_1 und B_2 sowie Carotin. Mit ihren zusammenziehenden Wirkstoffen sind sie frisch eine gute „Erste Hilfe" gegen Halsschmerzen. Das Elixier aus Schlehenfrüchten gilt als gutes Tonikum und Stärkungsmittel. Die glykosidhaltigen Blüten und Triebspitzen werden in der Homöopathie als Herzmittel sowie bei Erkrankungen der Harnwege verwendet. Dazu ist die Schlehe auf vielfältige Weise mit der Volksmythologie verbunden.

Die Schlehe kommt weit verbreitet (außer in Gegenden mit stark saurem oder nassem Boden) in Hecken und Buschgesellschaften vor, wo sie durch ihre ausgeprägte Fähigkeit, Ausläufer zu treiben, große Gebüsche bilden kann. Übrigens wird die Ausläuferbildung durch Schnittmaßnahmen deutlich verstärkt.

Wer die Schlehe im Garten anpflanzen möchte, sollte ihr einen sonnigen Platz bieten und wegen der Ausläuferbildung nur Einzelsträucher setzen. Unabhängig von der Fruchtnutzung ist die Schlehe von großem ökologischen Wert für die heimische Tierwelt.

Von Krankheiten ist die Schlehe kaum bedroht. Bei feuchter Witterung kann ein Pilz auftreten, der die Früchte zu grünen Schoten verformt, den sogenannten Narrentaschen. Wenn man vielen Obstbauverantwortlichen glaubt, dann ist die Schlehe wie auch andere Wildgehölze geradezu eine Brutstätte von Krankheiten, die den Obstbau bedrohen. Ich dagegen habe eher den Eindruck, daß ein naturferner Obstbau selbst für die Verbreitung von Krankheiten und Schädlingen sorgt. In Gebieten ohne gewerblichen Obstbau weisen in der Regel auch die Wildobststräucher viel weniger Befallsanzeichen auf.

Nun bleibt die entscheidende Frage, wo man Ur-Obst®-taugliche Gartenschlehen herbekommt. Einige Baumschulen haben Auslesen auf den Markt gebracht, die oft zwar größere Früchte haben, aber nicht unbedingt einen

Süße Schlehe

Süße Schlehe

Süße Schlehe

rohverzehrsgeeigneten Geschmack. Manchmal handelt es sich auch um Blendlinge mit Pflaumen („Schlehenpflaumen"), die wir unter die Pflaumen gefaßt haben. Viele solcher Auslesen verschwinden auch schnell wieder vom Markt.

Es gibt zur Zeit keine Sorte, die wir uneingeschränkt empfehlen könnten. Aber wir arbeiten daran. Leider haben schon einige Typen die Sichtung nicht bestanden und mußten ausgeschieden werden, weil der am Ursprungsstandort festgestellte Fruchtgeschmack sich als nicht beständig erwies. Allerdings sind noch etliche in der Erprobung, so daß die Einführung geeigneter Sorten wohl nur eine Frage der Zeit ist.

TRAUBENKIRSCHEN

Die einheimische Traubenkirsche (*Prunus padus*) ist sicher gelegentlich besammelt worden, hat bei uns aber sonst keine Tradition als Ur-Obst®-Gehölz. Die Bäume wachsen vor allem in feuchten Wäldern und Hecken, haben duftende weiße Blütentrauben im April oder Mai und kleine schwarze Früchte im Spätsommer. Die Art darf nicht verwechselt werden mit der von der Forstwirtschaft aus Nordamerika eingeführten Spätblühenden Traubenkirsche (*Prunus serotina*), die sich bei uns als schädliche Invasivpflanze entpuppt hat, was vorauszusehen war. Diese hat glänzende Blätter und wächst eher auf trockeneren, gern sandigen Standorten.

Prunus padus 'Obelisk'

Es ist altbekannt (seit der Steinzeit), daß die Früchte der Traubenkirsche eßbar sind, wobei die Wildform wenig Fruchtfleisch aufweist. Bei Kostproben in der freien Natur fällt auf, daß die Geschmacksunterschiede zwischen verschiedenen Bäumen groß sind. Die wohlschmeckendsten Typen sind beachtlich süß (mit der herben Wildfruchtnote) und können reizvolle vielfältige Fruchtgeschmacksnoten entwickeln. Unangenehme Fruchttypen dagegen sind sehr herb und haben einen unerfreulichen Beigeschmack, der an Schneeballfrüchte erinnert (für die Zeitgenossen, die von denen schon einmal „genascht" haben).

Die Auslese von Ur-Obst®-Sorten steht bei der Traubenkirsche noch ganz am Anfang. Der russische Züchter Mitschurin hat zwar ausgiebig mit Traubenkirschen gezüchtet und seine sogenannten *Cerapadus*-Sorten entwickelt. Aber diese entstammen Kreuzungen aus nordamerikanischen und nordasiatischen Arten und Spielarten und sind somit als Ur-Obst® nicht geeignet.

Es bleibt also nichts anderes übrig, als verschiedene Traubenkirschen, auch in der Natur, zu verkosten, um die verheißungsvollen ausfindig zu machen. Immerhin haben wir bei der schmalerwüchsigen Ziersorte 'Obelisk' festgestellt, daß die Früchte einen angenehmen Geschmack haben.

Traubenkirschen sind in der Regel Bäume von 8–15 m Höhe. Es gibt allerdings eine kleinwüchsige, strauchige Sorte namens 'Nana' und die Unterart *Prunus padus* ssp. *borealis*, die Felsen-Traubenkirsche, mit mittel- bis großstrauchigem Wuchs. Von beiden ist hinsichtlich der Fruchtgüte bislang nichts bekannt.

Wer im Garten mit einer nutzbaren Traubenkirsche anfangen möchte, kann nach dem Gesagten zunächst die Sorte 'Obelisk' versuchen. Sie soll nur ungefähr 3 m breit werden. Geeignet sind feuchtere, zum Teil auch schattige Stellen. In Einzelstellung kommt die Traubenkirsche mit ihren duftenden Blüten und der gelben Herbstfärbung gut zur Geltung, und die Vitamin-C-haltigen und mineralstoffreichen Früchte können besser geerntet werden.

Der einzige Schädling, der bei einer standortgerecht gepflanzten Traubenkirsche nennenswert in Erscheinung treten kann, ist die Gespinstmotte, deren Raupen im äußersten Falle einen Baum völlig kahlfressen können. Das ist allerdings höchstens ein Problem für den Betrachter, nicht für die Pflanze, die sich von dem Schaden vollständig erholt.

Süßfrüchtige Traubenkirsche in Niederösterreich

Traubenkirschen sind in der Regel selbstfruchtbar.

SPEIERLINGE

Der Speierling (*Sorbus domestica*) ist ein in Süddeutschland bzw. dem südlichen Mitteleuropa selten vorkommender Baum, der 15–30 m Höhe erreicht. Im Laub sieht er der Eberesche zum Verwechseln ähnlich, aber die Früchte unterscheiden sich stark. Sie sind mit einem Durchmesser von 2–4 cm recht stattlich, haben Apfel- oder Birnenform und eine grün-gelbbraune Färbung.

Die bekannteste Nutzung der Früchte ist wahrscheinlich der Zusatz ihres Mostes zu Apfel- oder Birnenmost, um Geschmack, Haltbarkeit und Aussehen zu verbessern. In der Frankfurter Gegend wird er traditionell dem Äbbelwoi (Apfelwein) zugesetzt.

Allerdings wenig bekannt ist die Tatsache, daß es große Geschmacksunterschiede bei dieser Frucht gibt, vor allem, was den Rohverzehrswert betrifft. Allgemein heißt es, die Speierlingsfrüchte seien erst im durch Frost mürben Zustand eßbar. In Wirklichkeit gibt es Typen, die in Vollreife vom Baume eßbar und durchaus wohlschmeckend sind. Ihre Bitterstoffe halten sich in Grenzen, und sie besitzen Süße und Aroma.

Leider befindet sich die Sortenentwicklung bei den Speierlingen noch in den Anfängen, so daß es meines Wissens keine auf Rohverzehrseignung ausgelesene Sorten gibt. Aus anderen Gründen bemerkenswert ist die englische Sorte 'Rosie', die kleinkronig sein soll und damit

Speierling

einen echen Fortschritt für die Ansiedlung des Speierlings in Gärten brächte.

Der Speierling ist ein ausgesprochener Einzelgänger und kommt in der Natur auch nur vereinzelt vor, und zwar vor allem in warmen, lichten Laubwäldern, in Hecken und Buschwäldern. Er liebt trockene, kalk- und nährstoffreiche Böden und warme und sonnige Standorte.

Nur wer ihm in seinem Garten einen solchen Standort bieten kann, kann den Baum erfolgreich ansiedeln. Er eignet sich für den Einzelstand, wo er durch die Blüten und Früchte sowie die im Herbst leuchtend rotgelb (kreß) verfärbten Blätter auch ein Zierbaum ersten Ranges ist, ebenso wie einzeln in einer sonnigen Großstrauch- bis Baum-Hecke.

Die Früchte können vom Boden aufgelesen und roh verzehrt oder zur Mostbereitung verwendet werden.

Standortgerecht gepflanzt, ist der Speierling nicht anfällig für Krankheiten.

WEISSDORNE

Weißdorne sind bei uns als Obstpflanzen so gut wie unbekannt. In Nordamerika dagegen gibt es etliche Arten, die ein schmackhaftes Wildobst liefern. Auch im Mittelmeerraum und im Nahen Osten sind einige Weißdorne bekannt, die als Obst genutzt werden, wie etwa der Azaroldorn (*Crataegus azarolus*) mit seinen äpfelchenartigen Früchten.

Von unseren mitteleuropäischen Weißdornen ist nur bekannt, daß ihre Früchte in Notzeiten zum Strecken des Mehles dienten. Als Heilpflanze dagegen ist der Weißdorn allgemein anerkannt, und zwar als Herzstärkungsmittel.

Gewiß schmecken die Früchte der meisten einheimischen Weißdorne trocken und fad. Aber Mitteleuropa hat eine so reichhaltige und vielfältige *Crataegus*-Flora, daß es nicht aussichtslos erscheint, auch bei uns wohlschmeckende Typen zu entdecken. Es lohnt sich also, sich draußen ein wenig durch die Hecken zu kosten. Auf diese Weise fanden wir in Meran in Südtirol einen Strauch des Eingriffligen Weißdorns (*Crataegus monogyna*) mit kleinen, aber sehr wohlschmeckenden und angenehm süßen Früchten. Er wuchs als stattliches Einzelgehölz in der Nähe des Tappeinerweges. Es ist für unseren Umgang mit Sträuchern, vor allem Rosengewächsen, kennzeichnend, daß diese Pflanze schon ein halbes Jahr nach ihrer Entdeckung verschwunden war, weil sie offensichtlich irgendjemandem im Wege war. Zum Glück konnte ich durch Wühlen in der Erde noch ein überlebensfähiges Wurzelstück finden, aus dem sich bei uns in Mainz in der Zwischenzeit ein ansehnlicher Strauch entwickelt hat.

Von einer Markteinführung haben wir bisher abgesehen, weil die Früchte doch sehr klein

Süßfrüchtiger Weißdorn aus Meran

Süßfrüchtiger Weißdorn aus Meran

sind. Aber es könnte sich lohnen, mit diesem Weißdorn weiterzuzüchten.

Verheißungsvoll könnten auch Großfrucht-Weißdorne (*Crataegus macrocarpa*) sein, die recht ansehnliche, bis zu mehr als 1,5 cm lange Früchte haben können und unter denen uns auch schon recht wohlschmeckende begegnet sind. Nebenbei bemerkt, teile ich aus vielfältiger Anschauung samt Aussaatversuchen nicht die herrschende Botaniker-Meinung, es handle sich beim Großfrucht-Weißdorn grundsätzlich um einen zufällig entstandenen Primärbastard. Jedenfalls werden wir uns bis zur Markteinführung heimischer Ur-Obst®-Weißdornsorten noch etwas gedulden müssen. Aber das Ziel kann bei einiger Anstrengung durchaus erreicht werden. Bis dahin müssen wir uns mit den schönheitlichen und ökologischen Vorzügen dieses Gehölzes begnügen. Für Tee allerdings lassen sich fast alle Weißdornfrüchte gut verwenden, vor allem in Mischung mit fruchtig-säuerlichen Geschmäckern. Auch hier gibt es noch viel Stoff zum persönlichen Experimentieren.

HEIDELBEEREN UND PREISELBEEREN (KRONSBEEREN)

Auch bei den **Heidelbeeren** haben wir wieder das vertraute Bild. Bei der heimischen Art (*Vaccinium myrtillus*) hat keinerlei Sortenauslese stattgefunden, und unsere Heidelbeerkultur stützt sich ausschließlich auf die Abkömmlinge nordamerikanischer Arten. Diese bilden recht stattliche Sträucher, ihre Früchte sind verhältnismäßig groß, innen grün (nicht rot) und reichen an das Aroma unserer kleinen Waldheidelbeere nicht heran.

Diese ist ein 20–50 cm hohes Sträuchlein, das in sauren Wäldern und Heidemooren wächst. Die Ernte je Strauch ist nicht groß, aber die geschmacksstarken Früchte mit ihrem dunkelroten Saft lohnen die Mühe. Die Beeren schmecken frisch vom Strauch, aber auch als Saft oder Marmelade. Ihr Gehalt an Vitaminen und Antioxidantien ist bekannt ebenso wie ihre heilsame Wirkung auf das Auge.

Wie schon erwähnt, gibt es kaum Ansätze einer züchterischen Entwicklung. Bemerkenswert ist, daß I. S. Isaeva in ihrem Buch *Sad XXI veka* (Moskau 2005) vom Vorhandensein zweier verschiedener wilder Rassen der Waldheidelbeere ausgeht, einer schwarzfrüchtigen und einer bereiften blaufrüchtigen, die sich auch in ihrem Wirkstoffgehalt sowie in Blüte- und Fruchtzeit unterscheiden sollen. Wir müssen wahrscheinlich vielmehr auf die biologische Vielfalt innerhalb unserer Waldheidelbeere achten.

Wir versuchen seit Jahren, Heidelbeeren in Kultur zu nehmen, die in der Natur vergesellschaftet mit kalkliebenden Pflanzen wachsen. Auf diese Weise hoffen wir einen Typ mit einer gewissen Kalkverträglichkeit zu finden, denn die Bedingung saurer Wälder und Moore können wir der Heidelbeere bei uns in Rheinhessen kaum bieten. Hierbei hat sich eine fränkische Herkunft herauskristallisiert, die jetzt schon viele Jahre auf unserem gewöhnlichen Kalkboden wächst und auch fruchtet. Wir beginnen gerade mit einer bescheidenen Vermehrung.

Mit der heimischen **Preisel- oder Kronsbeere** (*Vaccinium vitis-idaea*) sieht es hinsichtlich Auslesezucht etwas besser aus. Es gibt einige wenige Sorten mit besonders auffälligem Fruchtschmuck (bekannt etwa 'Koralle'). Aber diese züchterischen Entwicklungen dienen vor allem Zierzwecken. Für die Obstnut-

Kronsbeere (Preiselbeere) 'Erntesegen'

Heidelbeere mit kalkliebender Essigrose am selben Standort in Franken

zung bringen sie kaum Vorteile, vor allem was den Fruchtgeschmack betrifft.

Einen großen Fortschritt brachten die in den siebziger und achtziger Jahren in Deutschland ausgelesenen 'Ernte'-Sorten, namentlich 'Erntesegen', deren reichlich gezeitigte große Früchte einen milden Geschmack haben und sich auch zum Rohverzehr eignen. Wer den passenden (sauren) Boden für Kronsbeeren hat, sollte sich diese Sorte gönnen. Sie ist wüchsig und liefert ansehnliche Mengen herb-süßlicher, aromatischer Früchte, die sich neben dem Rohgenuß auch für Konfitüre, Kompott, Gebäck und die Beigabe zum Beispiel zu Milcherzeugnissen eignen. Für die Verarbeitung kommen selbstverständlich auch die Wildform und andere Sorten in Frage.

Saft und Früchte der Preiselbeere wirken desinfizierend auf die Harnwege und sollen eine tonisierende Wirkung haben und Kopfschmerzen beseitigen können. Die Russen verwenden die Pflanze auch zur Blutdrucksenkung.

Die Kronsbeere bewohnt ähnliche Lebensräume wie die mit ihr verwandte Heidelbeere, steht im Allgemeinen aber trockener. Die Sträuchlein werden nur 10–30 cm hoch und sind wintergrün. Die festen herb-aromatischen Beeren reifen von August bis Oktober. Auf geeigneten Standorten wachsen die Pflanzen dicht bodendeckend.

Aus dem Gesagten wurde schon erkennbar, daß Heidelbeere und Preiselbeere Standortspezialisten sind. Sie bevorzugen kühlere und feuchtere Klimate und brauchen saure, durchlässige Böden und ähneln darin dem Rhododendron. Wer diese Standorte bieten kann, kann beide Arten an halbschattigen Standorten ansiedeln, ohne weiteres auch als Unterpflanzung. Sind diese Bedingungen an sich nicht vorhanden, kann man möglicherweise vor allem der Preiselbeere auch geeignete Wuchsbedingungen durch etwa Nadelhumus schaffen. Eine oberflächliche Versauerung des Bodens dürfte zum Gedeihen reichen.

SAUERDORNE (BERBERITZEN)

Der heimische wilde Sauerdorn (*Berberis vulgaris*) ist nur recht selten anzutreffen. Häufiger sieht man asiatische Verwandte als Gartensträucher. Diese haben aber für die Fruchtnutzung keine Bedeutung.

Der heimische Sauerdorn ist ein 2–3 m hoher Strauch lichter Wälder und Hecken. Er trägt schmale, gerade Dornen, die oft zu dreien angeordnet sind, was ihm den Namen Dreifaltigkeitsdorn einbrachte. Von April bis Mai erscheinen die ansehnlichen leuchtend gelben Blütentrauben, denen von August bis September die länglichen roten Früchte folgen.

Der Name „Sauerdorn" verrät schon, daß die Früchte in der Regel sauer schmecken. Allerdings gibt es darüber hinaus eine gewisse Bandbreite bei den Geschmäckern der wildwachsenden Beeren. Manche von ihnen sind einfach (erfrischend) sauer, bei anderen tritt noch eine sehr bittere Note bzw. ein eher unangenehmer Eigengeschmack hinzu. Das Anteilsverhältnis zwischen Fruchtfleisch und Kernen kann recht unterschiedlich sein.

Für den Anbau als Ur-Obst® ist also die Verfügbarkeit geeigneter Auslesen entscheidend. Offensichtlich gab es solche in früheren Zeiten. Namentlich werden in Veröffentlichungen immer wieder die Sorten 'Dulcis' (süße Früchte) und 'Asperma' (kernlos) genannt. Leider sind diese Sorten offensichtlich reine Papierphantome, da längst verschollen. Das gleiche gilt wohl für die Siebenbürger Sorte 'Schäßburger Ägrisch'. Meines Wissens ist es bisher niemandem gelungen, eine der alten Sauerdornsorten wiederzufinden. Auch Gerüchte, daß solche noch in Frankreich existierten, haben sich nicht bestätigt.

Es bleibt uns also wohl nichts anderes übrig, als aufs Neue in der Natur zu suchen und neue Auslesen zu entwickeln. In der Ukraine soll es einen Züchter geben, der neue Sorten von *Berberis vulgaris* entwickelt hat, unter anderem eine gelbfrüchtige. Wir selbst haben in einem lichten, trockenen Laubwald in der Südrhön einen Sauerdorn entdeckt, der in seinen Fruchteigenschaften an die alten Sorten erinnert. Die Beeren sind deutlich größer, haben wenig Kerne und einen angenehmen säuerlichen Geschmack ohne herbe Beinote. Der Typ erhielt den Namen 'Rhönzitrone' und ist bei Ahornblatt in der Sichtung.

Sauerdornfrüchte sind vielseitig verwendbar. Geeignete Sorten eignen sich zum erfrischenden Rohverzehr. Frisch oder getrocknet sind sie im Morgenland Zutat zu vielen Gerichten, vor allem mit Reis. Sie können auch zur Saftgewinnung verwendet und Gelee oder Konfitüre zugesetzt werden.

Die Sauerdornbeeren enthalten reichlich Fruchtsäuren, Mineralien und Vitamin C. Die Wurzelrinde des Strauches spielt eine wichtige Rolle in der Naturheilkunde. Sie enthält stark antibiotische Wirkstoffe und wirkt unter anderem gegen Magenbakterien. Wegen der enthaltenen Alkaloide sollte man aber von eigenen Zubereitungen dieser Teile absehen.

Der heimische Sauerdorn ist ein sehr genügsamer Strauch, der sich leicht im Garten halten läßt. Er bevorzugt eher trockenen Boden, liebt Kalk, aber ist darauf nicht zwingend festgelegt. Er mag einen sonnigen bis halbschattigen Standort. Er paßt sehr gut in Mittelstrauchhecken, gern vergesellschaftet mit heimischen Wildrosen, Felsenbirnen, Schlehen oder strauchigen Edel-Ebereschen.

Sauerdorn 'Rhönzitrone'

Sauerdorne sind nur beschränkt selbstfruchtbar. Deshalb ist es besser, mehr als einen Strauch zu pflanzen (nicht von derselben Sorte).

Es sind zwar keine Krankheiten bekannt, die den Sauerdorn ernsthaft schädigen können, aber die Art ist Zwischenwirt des Getreiderostpilzes und sollte deswegen nicht neben Getreidefeldern angepflanzt werden.

ESSKASTANIEN (MARONEN, KÄSTEN)

Die Eßkastanien sind vor allem aus zwei Gründen nicht schon im 5. Hauptstück dieses Buches besprochen worden: Erstens sind sie unter gewöhnlichen Umständen keine roh verzehrbaren Früchte (auf die wir uns hier in der Regel beschränken) und zweitens bilden sie große Bäume, die im Hausgarten selten Platz finden.

Allerdings hat die Käste (*Castanea sativa*), nicht zu verwechseln mit der nicht verwandten Roßkastanie (*Aesculus hippocastanum*), im südlichen Teil des deutschen Sprach- und Kulturraumes eine lange Geschichte als wichtige Nahrungspflanze. Hildegard von Bingen zum Beispiel schätzte sie sehr und empfahl das Kästenmehl als Nahrungs- und auch Stärkungsmittel.

Die meisten Menschen bei uns machen mit der Eßkastanie höchstens in Gestalt der heißen Maronen auf Weihnachtsmärkten Bekanntschaft, aber Kästenmehl gibt es im Naturkosthandel auch heute zu kaufen. Die Kästen sind nicht nur nahrhaft wegen ihres Fett- und Eiweißgehaltes, sondern enthalten auch viel Kalium und wirken im Körper basisch.

Leider muß auch bei der Eßkastanie das traurige Lied von der aus anderen Erdteilen einge-

Eßkastanie als Gartenbaum

schleppten tödlichen Krankheit angestimmt werden. Im 20. Jahrhundert wurden gleichsam alle Bestände der Amerikanischen Kastanie (*Castanea dentata*), die dort bedeutende Wälder gebildet hatte, durch einen Pilz vernichtet, der mit aus Asien eingeführten Japanischen Kastanien (*Castanea crenata*) eingeschleppt worden war. Mittlerweile ist dieser sogenannte Kastanienkrebs auch in Europa angekommen und setzt hier sein Vernichtungswerk fort. Wer zum Beispiel die abgestorbenen uralten Kästenhaine in Südtirol gesehen hat, dem werden sicher die Tränen in die Augen steigen.

Es scheint zum Glück auch resistente Typen der heimischen Eßkastanie zu geben. Aber leider sieht die Antwort des konventionellen Obstbaus auf das Problem wie üblich so aus, daß mit dem Unheilsboten, der Japanischen Kastanie, gekreuzt wird, um deren Resistenz gegen den Kastanienkrebs auf die so erzielten Hybriden zu übertragen. Das heißt dann ökologisch nichts anderes, als daß man die Europäische Kastanie, eine uralte und ehrwürdige Kulturpflanze, als Art dem Aussterben überantwortet. Die Hybriden tragen so klangvolle Namen wie 'Bournette', 'Marigoule' oder 'Marsol'.

Für die Anpflanzung im Ur-Obst®-Garten sollte eine echte *Castanea-sativa*-Sorte verwendet werden, wenn möglich eine mit Widerstandskräften gegen den Kastanienkrebs. Zum gegenwärtigen Zeitpunkt kann ich leider noch keine klaren Empfehlungen aussprechen. Die steirischen 'Ecker'-Auslesen sollen Resistenzen besitzen.

Angesichts dessen, daß die wilde Eßkastanie bis zu 30 m hoch werden kann, ist die Suche nach kleinbleibenden Sorten wichtig. Die bisher kompakteste ist 'Vincent van Gogh', die nur 4 m Höhe erreichen soll. Eine zweite in dieser Hinsicht empfehlenswerte Sorte ist 'Marron de Lyon', die nach 15 Jahren nur 8 m Höhe mißt. Sie bringt rötliche wohlschmeckende Früchte hervor. Zumindest diese Sorte ist selbstfruchtbar, trägt allerdings wie üblich besser bei Anwesenheit einer anderen Käste.

Die Eßkastanie wächst in wärmeren Lagen, zum Beispiel mit Weinbauklima, und liebt tiefgründigen, durchlässigen, leicht sauren Boden. Die Pflanze an sich ist frosthart, aber in Gegenden mit zu kurzer Sommerwärme-Zeit kann sie keine Früchte ausbilden.

Im Ur-Obst®-Garten kann man die kleinerwüchsigen Sorten durchaus in kräftigeren Hecken unterbringen (zur Erinnerung: mit „Hecken" sind in diesem Buch grundsätzlich schnittfreie Hecken gemeint) oder als Einzelgehölz pflanzen, das durch das Laub und die üppigen, langen rahmweißen Blütenstände sehr zierend ist.

SÜSSEICHELN

Die süßen Eicheln sind ein etwas geheimnisumwittertes Ur-Obst®, von dem man mehr munkelt als weiß. Aus alten Berichten weiß man, daß süße, das heißt bitterstoffarme Eicheln in frühen Zeiten durchaus eine Rolle in der Ernährung gespielt haben und vielleicht sogar in der Nähe von Dörfern eigens gehegt wurden. Offensichtlich gab es eine frühe Form der züchterischen Auslese. Leider ist nach allem, was wir wissen, keine dieser süßen Auslesen auf uns gekommen.

Wer den Fortschritt jener Auslesen ermessen will, möge in eine gewöhnliche Eichel beißen; dann wird ihm das unmittelbar einleuchten. Die gewöhnlichen Eicheln unserer heimischen Arten sind zwar an sich sehr nahrhaft, aber so randvoll mit bitteren Gerbstoffen, daß sie nicht nur ungenießbar, sondern auch unbekömmlich sind. Wenn sie der menschlichen Ernährung dienen sollen, müssen sie in einem längeren Vorgang entbittert werden. Leider können hier einstweilen keine Sortenvorschläge süßer Eicheln gemacht, aber wenigstens hoffnungsvolle Ansätze beschrieben werden.

Es gibt auch bei unseren Eichen Mannigfaltigkeitsgebiete, in denen eine beachtliche Anzahl von Arten, Unterarten und verschiedenen Typen vorkommt. Besonders eindrücklich waren für mich südliche Teile der Hundsheimer Berge an der Grenze zwischen Niederösterreich und dem Burgenland. Hier gibt es eine geradezu verwirrende Vielfalt von Eichen.

Besonders fiel uns ein Typ auf, der wohl in den Umkreis der Flaumeiche (*Quercus pubescens*) gehört. Die schon recht alten Bäume mit beachtlichem Stammumfang hatten einen strauchigen Wuchs und waren nicht höher als 4–5 m. Eine Eichelkostprobe ergab einen deutlich milderen Geschmack als übliche Eicheln, ohne daß man schon wirklich von einer „süßen Eichel" sprechen konnte. Aber damit war erwiesen, daß es bei mitteleuropäischen Eichen grundsätzlich erhebliche Schwankungen im Geschmack und Gerbstoffgehalt geben kann und die Suche nach süßen Eicheln nicht aussichtslos ist.

Im Eingangsbereich des Ahrtales im Rheinland gibt es ein sehr beachtenswertes Wald- und Buschwaldgebiet, in dem wild etliche Ur-Obst®-Formen wachsen, darunter Mispeln, großfrüchtige Waldhaselnüsse und Johannisbeeren (leider beeinträchtigt durch Entbuschungsmaßnahmen und Ziegenbeweidung). In just diesem Gebiet fand sich ein Bestand von Eichen, deren Früchte die mildesten waren, die wir bislang finden konnten. Ein Rohverzehr war in Maßen durchaus möglich. Ähnliche Hinweise gibt es auch aus anderen Teilen Deutschlands.

Strauchige Eiche mit milden Früchten in den Hundsheimer Bergen

Aus Südtirol gibt es Meldungen, daß die mittelmeerische Steineiche (*Quercus ilex*) nun dort schon vereinzelt wild auftaucht. Die Steineiche ist hier deswegen von besonderem Interesse, weil sie potentiell süße Eicheln trägt, also zumindest bestimmte Typen von ihr. Es wird sehr spannend sein, die Südtiroler Vorkommen darauf zu prüfen. Leider gibt es also noch keine gartenfähigen Ur-Obst®-Eicheln, aber der Einblick in den Stand der Forschung macht Hoffnung.

ZÜRGELBEEREN

Zürgelbeeren werden sicher die wenigsten unter uns schon gegessen haben. Sie sind die Früchte des Zürgelbaumes (*Celtis australis*), eines 10–25 m hohen Baumes, der in Mitteleuropa nur in Südtirol vorkommt und mit den Ulmen verwandt ist. Die Zürgelbeeren sind violettschwarze Steinfrüchte mit ungefähr 1 cm Durchmesser. Sie schmecken angenehm süß, sind aber wenig saftig. In Österreich gibt es laut der Exkursionsflora von Fischer u. a. (Linz 2005) für den Zürgel die Bezeichnung „Zuckererbsenbaum". Über Speiseverwendungen außer Rohverzehr ist mir nichts bekannt. Heilkundlich wurden die Früchte bei zu starken Monatsblutungen, Magengeschwüren und Ruhr verwendet.

Offensichtlich hat bei den Zürgelbeeren bislang keinerlei Auslese oder Sortenentwicklung stattgefunden. Leider gibt es zu einer solchen Sortenentwicklung bis jetzt auch keinen Ansatz.

Dazu wäre es notwendig, die Bestände des wilden Europäischen Zürgelbaumes gut zu durchmustern. In diesem Zusammenhang wäre es auch wünschenswert, kleinerwüchsige, strauchige Formen aufzufinden, damit der

Zürgelbaum mit Beeren

Zürgelbaum für Hausgärten erst richtig bedeutsam werden kann. Die gelblich-purpurnen Früchte des häufiger angepflanzten Amerikanischen Zürgelbaumes (*Celtis occidentalis*) sind übrigens nicht eßbar.

Wer sich entschließt, den wilden Zürgelbaum in seinem Garten anzusiedeln, braucht außer dem für einen solchen Baum nötigen Standraum eine warme, sonnige Lage und einen eher trockenen und durchlässigen Boden.

GRANATÄPFEL

Der Granatapfel (*Punica granatum*) wird seit Urzeiten kultiviert und ist sicher eine der ältesten Kulturpflanzen überhaupt. Seine genaue Heimat ist nicht bekannt; als ursprüngliche Wildart kommt er nirgends vor. Mit dem Apfel hat der Granatapfel botanisch ganz und gar nichts zu tun. Sein einziger Verwandter, der Urgranatapfel *Punica protopunica*, wächst auf dem Eiland Sokotra im Indischen Ozean.

Der Granatapfel war im Altertum ein bedeutsames Sinnbild, das für Leben und Fruchtbarkeit stand. Die Säulenknäufe des salomonischen Tempels in Jerusalem hatten die Gestalt von Granatäpfeln.

Der Granatapfel hat in den letzten Jahren einen beachtlichen Aufschwung bei uns erlebt. Die Früchte liegen in vielen Obstgeschäften aus, aber vor allem neu entdeckte medizinisch bedeutsame Eigenschaften des Granatapfels haben seine Beliebtheit gesteigert. Als Nahrungsergänzungsmittel gilt er als vitalisierend, zell- und gefäßschützend.

Die Granatäpfel enthalten in ihrer ledrigen Hülle ein sehr saftiges blutrotes Fruchtfleisch und darin eingebettet viele Kerne, die auch verzehrt werden können. Das Innere der Frucht kann roh ausgelöffelt oder gepreßt werden. Granatapfelsaft ist erfrischend und läßt sich vielseitig verwenden.

Die Granatäpfel können außen verschieden gefärbt sein, von blaßgelb bis kräftig rot. Beim Geschmack der Früchte gibt es große Unter-

Granatapfelblüte, gefüllte Form

Wildwachsender Granatapfel in Südtirol

schiede. Es gibt Typen mit sauren, aber auch solche mit angenehm süßen Früchten.

Die nördlichsten verwilderten Vorkommen des Granatapfels finden sich in Südtirol, vor allem um Bozen, und im Wallis. In Südtirol gedeiht und fruchtet die Pflanze prächtig. Auch in Rheinhessen und der Pfalz wächst, blüht und fruchtet der Granatapfel. Nur in Ausnahmewintern friert er zurück. In unserer Lebenden Genbank in Mainz auf offenem Nordosthang hat eine Pflanze seit sieben oder acht Jahren ohne Winterschutz überlebt. In unserer Baumschule wächst seit Jahren ein Granatapfel zwischen dem Topfbestand gleichsam als „Unkraut". Alle eben genannten Pflanzen stammen aus Südtiroler Wildsaatgut.

Die Wildvorkommen oberhalb von Bozen sind eindrucksvoll. Die Granatapfelsträucher fruchten dort auch gut und machen einen gesunden Eindruck. Offensichtlich sind sie an das Klima gut angepaßt und überstehen die Winter ohne großen Schaden. Diese Bestände sind gewiß ein genetischer Schatz für die Entwicklung mitteleuropäischer Granatapfelsorten. Erste Pflanzen dieses Wildtyps werden demnächst verfügbar sein. Über den Fruchtgeschmack ist noch nichts bekannt.

Vereinzelt werden auch Typen angeboten, die in verschiedenen Gebieten Mitteleuropas ihre Winterfestigkeit bewiesen haben, sei es durch größere Winterhärte im Holz oder durch die Fähigkeit, aus dem Boden neu auszutreiben und im selben Jahr den Strauch wieder aufzubauen und Blüten und Früchte zu erbringen. Jedenfalls können wir davon ausgehen, daß der Granatapfel sich in Mitteleuropa erfolgreich im Freiland kultivieren läßt, zumindest im Weinbauklima. Vorteilhaft ist dabei ein sonniger und etwas geschützter Standort. Am Rhein gibt es prächtige Exemplare, die in Innenhöfen angepflanzt sind.

Überhaupt ist der Granat unbedingt auch ein prächtiger Zierstrauch. Die großen Blüten in auffälligem Granatrot (nach dieser Pflanze benannt) sind ein unübersehbarer Blickfang. Ähnliches gilt für den Fruchtschmuck im Herbst. Die Sträucher werden in unserem Klima meist 2–3 m hoch.

KAKIS

Auch die großen leuchtend roten Kakifrüchte werden bei uns immer bekannter. Wenn sie richtig ausgereift sind, haben sie ein köstlich süßes Fruchtfleisch, das nur in Schalennähe einen etwas zusammenziehenden Geschmack haben kann.

Die Kaki-Gattung *Diospyros* hat ihren Schwerpunkt in den Tropen, und so ist es überraschend, daß es überhaupt Arten gibt, die bei uns winterhart sind. Bei drei Arten ist dies bekannt, der Lotuspflaume (*Diospyros lotus*), der Virginischen Dattelpflaume oder Persimone (*Diospyros virginiana*) und der eigentlichen Kaki (*Diospyros kaki*).

Ausgerechnet die wärmeliebendste von ihnen, nämlich *Diospyros kaki*, ist die einzige, die mitteleuropäische Sorten hervorgebracht hat. Verwilderungen der Lotuspflaume (*Diospyros lotus*) soll es am Südrand unseres Gebietes angeblich geben, was ich aber bislang nicht bestätigen kann.

Aus eigener Erprobung können wir die 'Steiermark-Kaki' empfehlen, die auf einen ungefähr 70 Jahre alten steirischen Mutterbaum zurückgeht, der auf 400 m Meereshöhe steht. Das legt eine ausgeprägte Frosthärte nahe. Bei uns konnten wir bislang keinerlei Frostschäden beobachten. Allerdings waren die fraglichen Winter auch nicht besonders hart.

Die 'Steiermark-Kaki' trägt reichlich große Früchte, die auch ohne Fremdbestäubung ausgebildet werden. Gewöhnlich sind Kakis auf Fremdbefruchtung angewiesen. Die Fähigkeit, unbefruchtete Früchte auszubilden, nennt man Jungfernfrüchtigkeit oder Parthenokarpie. Bei den Kakis unterscheiden sich die auf diese Weise hervorgebrachten Früchte deutlich von den aus Befruchtung entstandenen. Sie enthalten mehr Gerbstoffe und können deshalb nicht unmittelbar vom Baum verzehrt werden, sondern müssen noch wenige Wochen nachgelagert werden, bis sie ihre Süße erreicht haben (Ausnahme ist die in Israel gezüchtete 'Sharon', die auch jungfernfrüchtig und im nicht vollreifen Zustand gerbstoffarm ist).

Steiermark-Kaki

Wir ernten die 'Steiermark-Kakis' im November und lassen sie noch zwei bis drei Wochen nachreifen. Das sind erste Befunde, die natürlich abhängig von der Dauer der Sonneneinstrahlung am Baume sind.

Kakis werden zum Verzehr am besten waagrecht durchgeschnitten und dann ausgelöffelt. Sie enthalten unter anderem reichlich Vitamin A und C sowie Jod.

Kakis stellen keine großen Ansprüche an den Boden. Achten muß man nur auf ein ausreichendes Maß an Feuchtigkeit, wobei sie Nässe auch nicht mögen. Nach unserem gegenwärtigen Wissensstand ist ein Anbau außerhalb des Weinbauklimas noch als Wagnis zu betrachten. Die Bäume, die 10–12 m Höhe erreichen können, lieben einen sonnigen bis höchstens halbschattigen Standort.

ÖLWEIDEN

Genausowenig wie die Granatäpfel mit dem Apfel haben die Ölweiden etwas mit Weiden zu tun. Stattdessen sind sie mit dem Sanddorn verwandt. Mit diesem teilen sie die oft silbrigen oder schülfrigen Blätter, die Fähigkeit im Boden Stickstoff zu binden sowie die ebenfalls beschülferten beerenartigen Früchte in leuchtender Farbe.

Nennenswert genutzt werden in Mitteleuropa bislang fast nur die laubwerfenden Ölweidenarten, die aus Nordamerika oder Asien stammen. Sie werden wegen ihrer Salzverträglichkeit und Unempfindlichkeit für Luftverschmutzung oft an Fernstraßen angepflanzt. Es gibt auch Anbauversuche mit dem Ziele der Fruchtnutzung.

Verwilderungen werden hier bis jetzt nur von der Schmalblättrigen Ölweide (*Elaeagnus angustifolia*) gemeldet, die aber saftarmes Fruchtfleisch hat und sich überdies durch ihre reichliche Ausläuferbilung als invasiv erwiesen hat.

Es gibt auch einige immergrüne Arten der Ölweide, die naturgemäß frostempfindlicher sind. Sie haben auch ein anderes Fruchtbildungsverhalten. Sie blühen im Herbst und fruchten im Frühjahr. Vereinzelt werden sie als immergrüne Ziergehölze in Städten angepflanzt, vor allem in bunt- bzw. gelblaubigen Sorten. Hier handelt es sich vornehmlich um die Dorn-Ölweide (*Elaeagnus pungens*) und ihren Blendling *Elaeagnus* x *ebbingei*.

Dornige Ölweide (*Elaeagnus pungens*)

Erstaunlicherweise setzen diese Pflanzen nur ganz spärlich Früchte an. Die Vermutung lag nahe, daß das an der winterlichen Fruchtreifezeit und dadurch bedingter Frostanfälligkeit liege. Zwei Befunde haben das jüngst widerlegt. Im Botanischen Garten Mainz beobachtete ich, daß eine Pflanze der Dorn-Ölweide nach dem Blust reichlich Fruchtansatz gebildet hatte. Dieser verkümmerte aber schon im Herbst weitgehend, noch deutlich vor ersten Frösten. Die Unfruchtbarkeit konnte also nicht an mangelnder Winterhärte liegen. Mit Hilfe eines weiteren Hinweises wurde mir klar, daß diese Ölweidenarten auf Fremdbefruchtung angewiesen sind. Der zweite Befund bestätigte das. In Südtirol wurde vor noch nicht langer Zeit eine umfangreiche Verwilderung der Dorn-Ölweide (*Elaeagnus pungens*) bekannt, und zwar im Etschtal zwischen Meran und Bozen. Ich hatte Gelegenheit, diesen Bestand in Augenschein zu nehmen, glücklicherweise zur Fruchtzeit im Frühling.

Die Dorn-Ölweiden wachsen dort in ganz natürlicher Weise zerstreut im Unterwuchs eines Flaumeichenwaldes auf einer beträchtlichen Fläche. Besonders bemerkenswert für unsere Zwecke war die Tatsache, daß die Pflanzen einen reichen Behang mit reifen Früchten aufwiesen. Hier gab es offenbar keinerlei Schwierigkeiten mit der Fruchtbildung. Die leuchtend roten Früchte waren saftig und schmeckten spritzig-süßsauer, deutlich süßer als Sanddornbeeren. Sie schienen ein körperliches Wohlgefühl auszulösen. In der Tat werden sie wohl gegenwärtig auf eine mögliche zellschützende Wirkung untersucht.

Sämlinge dieses Bestandes wachsen seit drei Jahren ohne Probleme in unserer Baumschule. Gespannt sehen wir dem ersten Blühen und Fruchten entgegen.

Erst einmal sollte man die Dorn-Ölweide vorsichtshalber in Gebieten mit Weinbauklima versuchen. Abgesehen davon sind die Pflanzen sehr anspruchslos. Am Standort in Südtirol wachsen sie als Unterwuchs vor allem unter Flaumeichen, also eher halb- bis lichtschattig, und der Boden hat in der Hanglage einen guten Wasserabzug. Eine besondere Einsatzmöglichkeit der Dorn-Ölweide ist die Bepflanzung von nährstoffarmem Rohboden. Ihr Gedeihen als Unterwuchs ermöglicht auch einen Einsatz in Baum- und Waldgärten.

Am Südtiroler Standort zeigten sich Unterschiede im Fruchtgeschmack, vor allem der Süße, bei verschiedenen Pflanzen. Es wird eine lohnende Aufgabe sein, durch Auslese Typen mit verbessertem Fruchtgeschmack und größeren Früchten zu entwickeln.

KÜNFTIGE PERSPEKTIVEN DES UR-OBST®-KONZEPTES

Die Entwicklung und Erprobung des Ur-Obst®-Konzeptes erstreckt sich zunächst auf Gärten und Anpflanzungen für den Eigenbedarf. Schon in diesem Bereich ist es revolutionär genug. Zweifellos steckt in diesem Konzept aber auch eine Perspektive für alternative Ansätze im Erwerbsanbau. Eine große Hürde hierbei werden allerdings neben berufsständischem Beharrungsdenken die engen behördlichen Vorgaben und Reglementierungen in diesem Bereich sein.

Ein Einsatzfeld wird vielleicht noch verhältnismäßig leicht zugänglich sein. In den letzten Jahren werden veranlaßt durch Umweltverbände und gefördert vom Staat wieder verstärkt Streuobstwiesen angelegt. Diese dienen der Erhaltung vieler alter Obstsorten und schaffen wertvollen Lebensraum für bedrohte Tierarten. Dabei ist nicht zu vergessen, daß die Streuobstwiese eine geschichtliche Kulturform ist, die ihre Grundlage in einer bestimmten Wirtschaftsweise hatte. Zu dieser gehörten zum Beispiel Selbstversorgung, verfügbare Arbeitskraft, bestmögliche Ausnutzung durch Gleichzeitigkeit von Obsterzeugung und Nutzen für die Viehhaltung (Weide, Heugewinnung). Die Streuobstwiesen hat es nicht immer gegeben, sondern nur in einer bestimmten, wenn auch langen Kulturepoche. Warum nicht im 21. Jahrhundert neben den Streuobstwiesen ein neues Konzept versuchen, das in mancherlei Hinsicht besser in die Zeit paßt und ökologisch vielleicht noch wertvoller ist: Ur-Obst®-Haine und -Hecken.

Es ist den Fachleuten und Aktivisten bekannt, daß ein begrenzender Faktor für Streuobstwiesen oft der Gesichtspunkt der langfristigen Pflege ist, deren veredelte Obstbäume meist bedürfen. Ur-Obst®-Haine würden hier eine erhebliche Erleichterung bringen. Die Pflege beschränkte sich nach der Anwachsphase auf das gelegentliche Mähen umgebender Wiesenbereiche und vielleicht die gezielte Entfernung unerwünschter Gehölzsämlinge. Mit Sicherheit werden auch solche Ur-Obst®-Haine sehr vielen Tierarten (aber auch Pflanzenarten) einen ausgezeichneten Lebensraum bieten, zumal wenn sich erst einmal Totholz gebildet hat. Der meist strauchige Wuchs der Ur-Obst®-Gehölze mit Beastung auch in Bodennähe wird zusätzlich zahlreichen Vogelarten Unterschlupf bieten, die ihre Nester in Bodennähe anlegen, wie Nachtigall und Zaunkönig.

Vielfältiges Gewüchs aus verschiedenen Brombeerarten

Die weniger Wasser speichernden und oft am Baum eintrocknenden bzw. von Vögeln gerne verzehrten Früchte des Ur-Obstes® vermeiden Schwierigkeiten mit Bergen verrottenden Fallobstes oder schimmelnder Früchte. Trotzdem liefern Ur-Obst®-Haine hohe Erträge einer noch größeren Vielfalt an Früchten. Auch ist der zusätzliche Vorteil zu bedenken, daß die strauchigen Pflanzen viel leichter beerntet werden können als Hochstämme.

Man kann also von vornherein Ur-Obst®-Haine anlegen, wo diese Form geeigneter erscheint als eine Streuobstwiese. Außerdem kann man beide Konzepte miteinander auch verbinden, indem man eine Streuobstwiese durch eine Ur-Obst®-Hecke oder entsprechende Strauchgruppen ergänzt. In diesem Fall muß nur verstärkt darauf geachtet werden, daß die Büsche bei Mäharbeiten nicht angefahren und beschädigt werden.

Eine weitere segensreiche Wirkung solcher Ur-Obst®-Haine läßt sich erahnen. Wenn diese verstärkt angelegt werden, wird endlich auch die Wertschätzung unserer Buschwälder und Hecken in der Landschaft wieder steigen, die ja unschätzbare Lebensräume und Schatzkammern biologischer Vielfalt sind. Gegenwärtig werden diese Landschaftsbestandteile ja von allen Seiten angegangen und dezimiert, als angeblich nutzlose Gebüsche, als Hindernisse für maschinelle Land- und Forstwirtschaft oder auch – das muß man leider hinzufügen – als vermeintliche Feinde von Trockenrasen und Orchideen. Ob das Vernichtungswerk dabei durch neue, hocheffiziente Hobel- und Mähmaschinen betrieben wird oder durch Ziegenherden ist ein gradueller Unterschied.

Sehr einleuchtend ist die Nähe des Ur-Obst®-Konzeptes zur Permakultur. Bei beiden geht es um die naturgemäße Entfaltung genutzter Pflanzen in einem beständigen Lebensgefüge. Ein grundlegender Unterschied ist allerdings, daß die Väter der Permakultur vor allem den kleinökologischen Gesichtspunkt ihres Gartens im Blick haben, die Auswirkungen der dortigen Pflanzen auf umgebende Ökosysteme aber ausklammern. Anders kann man es nicht deuten, daß sie die Verwendung von Pflanzen aus nichtheimischen Ökosystemen propagieren.

Mehltaufreie wildwachsende Weinrebe

Das muß selbstverständlich Auswirkungen auf die Tier- und Pflanzenwelt des jeweiligen Gebietes haben, die bei einer gesamtökologischen Betrachtung in die Erwägungen einbezogen werden müssen.

Dessen ungeachtet bleibt es bei der Tatsache, daß das Ur-Obst® eine hochgeeignete Quelle für die Ausstattung von Permagärten ist. Vielleicht wird auch die Verwendung exotischer Arten zurückgehen, wenn erst einmal der Schatz bodenständiger pflegefreier Obstarten bekannt wird.

Daß zwischen dem konventionellen Obstbau und dem Ur-Obst®-Konzept Welten liegen, ist selbstredend. Aber auch der biologische Obstbau hat einen gewissen Nachholbedarf in Sachen kreative neue Ansätze. Zwar verzichtet dieser auf künstliche Dünge- und Bekämpfungsmittel, und es gibt beispielsweise verheißungsvolle Ansätze von Mischkulturen, auch mit Wildpflanzen. Aber in manch anderer Hinsicht werden die Wege des konventionellen Anbaus kaum verlassen (was in weiten Teilen sicherlich auch durch behördliche Vorgaben bedingt ist). Auch im biologischen Anbau gibt es noch zu viel Monokulturen und werden neugezüchtete, oft hybride Sorten eingesetzt, die dann in veredelter Form gepflanzt und mit der Schere gestutzt werden. Der Rückgriff auf alte, gar urtümliche Sorten und eine naturgemäßere Anbauweise, vorzugsweise auf eigener Wurzel, könnte dem biologischen Obstbau ganz neue Anstöße geben und die kulinarischen Erwartungen alternativ ausgerichteter Verbraucher besser befriedigen. Mir persönlich ist es fast gleichgültig, ob ich eine fadsäuerliche Resistenzzüchtung aus konventionellem oder biologischem Anbau vor mir habe.

Der konventionelle Anbau schließlich huldigt der Illusion, er könne naturferne Obstpflanzen unter naturfernen Bedingungen wie Monokulturen und Schnitt- und Düngestress ungestraft zu Produktionshöchstleistungen zwingen und diese Bestände dann klinisch rein von jedem potentiellen Schaderreger halten. Ein solcher Kampf mit der Natur verschlingt ungeheure Kräfte und Kosten. (Der letzte Punkt ist wahrscheinlich hauptverantwortlich dafür, daß dieses System auch wirtschaftlich erwünscht ist.) Die erzeugten Früchte schließlich befriedigen dann zwar quantitativ, aber nicht unbedingt qualitativ.

Mir ist bewußt, daß die Obstbauern dabei in ungeheure Sachzwänge eingespannt sind und man sie keinesfalls zu Sündenböcken machen darf. Aber die Zuständigen, vor allem die zuständigen Forschungsanstalten, sollten prüfen, ob sie nicht aus dem Ur-Obst®-Konzept ganz neue Problemlösungen entwickeln können. In gewisser Hinsicht geht zum Beispiel die Obstforschungsanstalt im belgischen Gembloux hier mit gutem Beispiel voran.

Der gewerbliche Obstbau könnte sowohl gegenständlich als auch gedanklich vom Ur-Obst®-Konzept profitieren. Gegenständlich liefert das Ur-Obst® eine Fülle widerstandsfähiger Pflanzentypen, die nicht fortgesetzter Hybridisierung, sondern der Erkundung der heimischen Pflanzenwelt entspringen. Diese Pflanzentypen könnten entweder als solche oder aber im Rahmen der weiteren Züchtung genutzt werden. Das würde die biologische und genetische Vielfältigkeit des Ausgangsmaterials gewaltig vergrößern, weit mehr als die herkömmlichen Hybridisierungen. Beispiele hierfür sind unzählig. Urtümliche Apfelsorten etwa können die Apfelallergie bei Betroffenen ausschalten; urtümliche Pflaumensorten können solche ungewöhnlichen Eigenschaften wie Schildlausresistenz mitbringen. Allerdings können solche Schätze nur genutzt werden, wenn sie bekannt sind und solange sie noch existieren. Zu beidem wird der Ur-Obst®-Anbau beitragen.

Die gedanklichen Ansätze des Ur-Obst®-Konzeptes werden auf höhere Hürden stoßen. Der Abschied von der Sichtweise der Natur und der Lebewesen als Melkkuh oder als Feind unter den Gesichtspunkten von Ausbeutung bzw. Bekämpfung wird sehr schwerfallen.
Viele Schwierigkeiten lassen sich wahrscheinlich eher durch Koexistenz mit Lebewesen beheben als durch deren Bekämpfung. Dazu bedarf es des Abschiedes von der Vorstellung der klinisch reinen Nutzpflanze, was nicht heißen soll, daß man bei Gütestandards kapituliert und die madige Kirsche zur Normalität werden soll. Aber viele sogenannte Schadorganismen haben nicht so tiefgreifende Auswirkungen auf die Güte der Früchte, daß eine Kriegführung gegen sie gerechtfertigt wäre.

Ein heißes Eisen sind die Virosen, also der Virusbefall von Obstsorten. Es ist unbestreitbar, daß gewisse Viren, wie etwa das Scharkavirus bei Pflaumen und Aprikosen, große Schäden anrichten können. Aber schon aus dem Vorhandensein eines beliebigen Virus zu schließen, daß es bekämpft und ausgemerzt werden müsse, ist vielleicht doch überzogen. Himbeeren zum Beispiel, die als virusfrei geliefert wurden, ziehen sich fast zwangsläufig irgendwann irgendwelche Viren zu. Auch wir Menschen koexistieren mit Viren, die uns keine unheilbaren Schäden zufügen, wie etwa das Herpes-Virus.

Es heißt also bei (vermeintlichen) Krankheitsgefahren viel mehr differenzieren und nicht grundsätzlich auf alles mit Kanonen schießen, das Virus, Bakterium oder Schadinsekt heißt. Wir leisten uns damit einen Bärendienst, weil wir damit auch die Möglichkeit von Pflanzen vernichten, Resistenzen für das kontrollierte Miteinander mit „Schadorganismen" zu entwickeln. Das Ur-Obst®-Konzept regt an, damit anders umzugehen.

Im Gebüsch rankende wildwachsende Rebe ohne Mehltaubefall

In diesem Zusammenhang muß auch die gewohnheitsmäßige Diskriminierung von Wildpflanzen als Gefahrenbrutstätten für Nutzpflanzen aufhören. Im Zusammenhang mit der Ausbreitung der eingeschleppten Kirschessigfliege (*Drosophila suzukii*) heißt es aus Fachkreisen schon wieder, wilde Holunder, Schlehen oder Brombeeren seien Trittsteine für die Ausbreitung des Schädlings in Kulturen hinein oder bildeten dessen Rückzugsgebiet. Die praktische Antwort darauf ist vorhersehbar: Weg mit dem gefährlichen Gestrüpp! Auseinandersetzungen mit biologischen Invasionen werden aber nicht durch Beseitigung der biologischen Vielfalt gewonnen, sondern durch deren Förderung und Nutzung. Vielleicht befindet sich unter den verhaßten Wildbrombeeren, die mit dem Bagger weggeschoben werden, gerade die mit einem Resistenzgen gegen die Kirschessigfliege.

Die Globalisierung spricht nicht gegen die Pflege der heimischen Pflanzenschätze, sondern im Gegenteil. Zur Zeit vergeht wahrscheinlich kein Jahr, ohne daß neue Schadorganismen aus fremden Erdgebieten eingeschleppt werden. Nur eine große genetische Vielfalt der heimischen Wild- und Kulturpflanzen wird die Voraussetzungen schaffen, den Schaden in Grenzen zu halten. Man denke nur an die berühmten Aussaatversuche der Obstforschungsanstalt in Müncheberg, die unter einer Million Sämlingen der Europäischen Weinrebe einen (!) mit Resistenz gegen die amerikanische Reblaus (*Viteus vitifoliae*) zutageförderten.

Lassen Sie uns über den offiziellen Lobreden und Absichtserklärungen zur Biodiversität nicht die schlichte Tatsache vergessen: Die biologische Vielfalt ist eine Voraussetzung für das Überleben der Menschheit. Ihre Erhaltung und Pflege schafft die Grundlagen für die Lösung der Probleme von morgen.

Sie selbst können mit der Anpflanzung von Ur-Obst®, der Anlage eines Ur-Obst®-Gartens einen wertvollen Beitrag zur Erhaltung der Biodiversität der Nutzpflanzen leisten, der sich auch für Sie und Ihr Wohlbefinden auszahlt. Zum einen tragen Sie entsprechend dem Konzept „Erhaltung durch Nutzung“ durch die Anpflanzung zur Bewahrung dieser Ur-Obst®-Sorten bei. Zum anderen wird das Beispiel Ihres Ur-Obst®-Gartens zur Nachahmung anregen und auf diese Weise Kreise ziehen und die Wirkung verstärken. Sie selbst können einen kleinen Nachhall des Paradieses genießen, wo die Früchte ohne Mühe in den Mund wachsen, können sich an den Blüten und Früchten erfreuen sowie an dem Tierleben, das sich einstellen wird.

Zum Abschluß soll noch eine weitere wichtige Frage angeschnitten werden: Was muß ich beim Beschaffen der Ur-Obst®-Pflanzen beachten? Sie brauchen hierzu sehr viel Hartnäckigkeit und kritische Vorsicht. Denken Sie immer daran, daß im Pflanzenhandel mit Echtheitsaussagen oft sehr großzügig umgegangen wird. Man wird versuchen, Ihnen irgendwelche alten Obstsorten oder beliebige Wildobstarten als „Ur-Obst®" zu verkaufen. Man wird Ihnen irgendeine amerikanische Felsenbirne anbieten, wenn Sie die europäische Art wollen. Bleiben Sie hartnäckig und machen Sie keine Kompromisse. Benutzen Sie beim Kauf von Obstsorten die Listen und Angaben in den jeweiligen Abschnitten dieses Buches. Bleiben Sie wachsam bezüglich Falschlieferungen, Verwechslungen und Schummeleien. Finden Sie heraus, welchen Lieferanten Sie vertrauen können. Diese Mühe und Folgerichtigkeit zahlt sich aus, weil die richtige Pflanzenauswahl eine der beiden Säulen für den Erfolg des Ur-Obst®-Gartens ist. Die zweite Säule hängt dann nur noch von Ihnen selbst ab: die weise, zurückhaltende und achtungsvolle Pflege nach dem oben beschriebenen Ur-Obst®-Konzept.

ÜBER DEN AUTOR

Dr. Norbert Kleinz ist seit den 1980er-Jahren in der Naturgartenbewegung tätig. 1993 gründete er mit einigen Mitstreitern die Baumschule Ahornblatt in Mainz, die sich der Vermehrung und dem Verkauf der vielfältigen heimischen Gehölze, der Naturgartenberatung und -planung sowie der Sichtung und Selektion von urtümlichen heimischen Obstarten widmet, für die er die Bezeichnung Ur-Obst® prägte.

DEUTSCHLAND

Ahornblatt GmbH
Untere Zahlbacher Straße 1a
55131 Mainz-Zahlbach
Postfach 1125
55001 Mainz
+49 (0) 6131/72 354
Nachricht@Ahornblatt-Garten.de
www.ahornblatt-garten.de

Ahrens+Sieberz GmbH & Co KG
Hauptstraße 440
53721 Siegburg
+49 (0) 1805/14 05 15
info@as-garten.de
www.as-garten.de

Baumgartner Baumschulen
Hauptstraße 2
84378 Nöham
+49 (0) 8726/205
baumgartner@baumgartner-baumschulen.de
www.baumgartner-baumschulen.de

Baumschule Anding GbR
Apeldoorner Straße 3
28259 Bremen
+49 (0) 4452/91 97 987
Kontakt@Baumschule-Anding.de
www.baumschule-anding.de

Baumschule Brenninger
Hofstarring 2
84439 Steinkirchen
+49 (0) 8084/25 99 01
info@baumschule-brenninger.de
www.baumschule-brenninger.de

Baumschule Hachmann
Brunnenstraße 68
25355 Barmstedt
+49 (0) 4123/20 55
info@hachmann.de
www.hachmann.de

Baumschule Hager
Schulstraße 25
17089 Bartow
+49 (0) 39991/30 260
info@baumschule-hager.de
www.baumschule-hager.de

Baumschule Horstmann GmbH & Co. KG
Schäferkoppel 3
25560 Schenefeld
+49 (0) 4892/89 93-400
info@baumschule-horstmann.de
www.baumschule-horstmann.de

Baumschule Ritthaler
Dietschweiler Straße 20
66882 Hütschenhausen
+49 (0) 6372/58 80
Info@BaumschuleRitthaler.de
www.baumschuleritthaler.de

Baumschule Walsetal
Kreisstraße 13
37318 Dietzenrode-Vatterode
+49 (0) 36087/90 060
laesker-bauer@baumschule-walsetal.de
www.bs13.baumschule-walsetal.de

Baumschulen Oberdorla GmbH
Burgstraße 57
99986 Vogtei OT Oberdorla
+49 (0) 3601/75 14-0
kontakt@baumschulen-oberdorla.de
www.baumschulen-oberdorla.de

Bioland Baumschule & Obstgarten
Dr. Ute Hoffmann
Uepser Heider 1
27330 Asendorf
+49 (0) 4253/80 06 22
ute.hoffmann@hoffmann-obst-baumschule.de
www.hoffmann-obstbaumschule.de

Eggert Pflanzenhandel
Baumschulenweg 2
25594 Vaale
+49 (0) 4827/93 26 27
verkauf@eggert-baumschulen.de
www.eggert-baumschulen.de

Ganter OHG Markenbaumschule
Baumstraße 2
79369 Wyhl am Kaiserstuhl
+49 (0) 7642/10 61
info@ganter-baden.de
www.ganter-baden.de

GartenBaumschule Fuhs
Alfterer Straße 210
53347 Alfter-Gielsdorf
+49 (0) 2222/92 34 345
verkauf@baumschule-fuhs.de
www.gartenbaumschule-fuhs.de

Gartenbaumschule Krämer
Bielefelder Straße 204
32758 Detmold
+49 (0) 5231/30 80 550
info@gartenbaumschule-kraemer.de
www.gartenbaumschule-kraemer.de

Gärtner Pötschke GmbH
Beuthener Straße 4
41564 Kaarst
+49 (0) 1805/ 86 11 00
info@poetschke.de
www.poetschke.de

Gärtnerei Christoph Kruchem
Gartenweg 6
37136 Waake
+49 (0) 5507/14 47
Christoph.Kruchem@hortensis.de
www.hortensis.de

Gärtnerei Naturwuchs
Bardenhorst 15
33739 Bielefeld
+49 (0) 521/98 81 778
info@naturwuchs.de
www.garden-shopping.de

Gustav Schlüter GmbH
Bahnhofstraße 5
25335 Bokholt-Hanredder
+49 (0) 4123/20 21
versand@garten-schlueter.de
www.garten-schlueter.de

Kiefer Obstwelt GmbH
Allmendgrün 20
77799 Ortenberg
+49 (0) 781/93 22 500
info@kiefer-obstwelt.de
www.kiefer-obstwelt.de

Kräuter- und Wildpflanzen-Gärtnerei Friedhelm Strickler
Lochgasse 1
55232 Alzey-Heimersheim
+49 (0) 6731/38 31
info@gaertnerei-strickler.de
www.gaertnerei-strickler.de

Lubera AG
9470 Buchs SG, Lagerstrasse
+41 (0) 81/75 63 033
info@lubera.com
www.lubera.com

Lubera GmbH
Im Vieh 8
26160 Bad Zwischenahn OT Ekern
+49 (0) 4403/98 47 590
info@lubera.com
www.lubera.com

Manufactum GmbH & Co. KG
Hiberniastraße 5
45731 Waltrop
+49 (0) 2309/93 900
info@manufactum.de
www.manufactum.de

Naturgarten-Oase
Ombornstraße 6
37075 Göttingen
+49 (0) 551/82 09 91 60
cwerner@naturgarten-oase.de
www.naturgarten-oase.de

Pflanzen-Körner
Poppenbütteler Chaussee 92
22397 Hamburg
+49 (0) 40/60 76 91-0
info@pflanzen-koerner.de
www.pflanzen-koerner.de

Pflanzmich GmbH
Elbchaussee 136
22763 Hamburg
+49 (0) 4101/37 80 10
service@pflanzmich.de
www.pflanzmich.de

Raritätengärtnerei Manfred Hans
Roosenwegg 2
17039 Sponholz OT Rühlow
+49 (0) 39606/29 441
info@manfredhans.de
www.manfredhans.de

Sandorado – Der SanddornShop
Lange Straße 160
26919 Brake (Unterweser)
+49 (0) 4401/93 00 63
info@sandorado.de
www.sandorado.de
(www.sanddorn.at)

Späth'sche Baumschulen Handel GmbH
Späthstraße 80/81
12437 Berlin
+49 (0) 30/63 90 03-0
info@spaethsche-baumschulen.de
www.spaethsche-baumschulen.de

Vorpommersche Baumschulen GmbH & Co. KG
Baumschulstraße 21
17121 Klein Zetelvitz
+49 (0) 39998/10 627
info@vorpommersche-baumschulen.de
www.vorpommersche-baumschulen.de

ÖSTERREICH

ARCHE NOAH
Obere Straße 40
3553 Schiltern
+43 (0) 2734/86 26
info@arche-noah.at
www.arche-noah.at

Baumschule Pernerstorfer
Kremser Straße 11
3542 Gföhl
+43 (0) 2716/6456
pernerstorfer@aon.at
www.pernerstorfer.at

Baumschule Raninger
Hofstetten 6
4724 Neukirchen am Walde
+43 (0) 7278/30 97
flora@speed.at
www.baumschule-raninger.at

Kober & Kohlfürst Reben
Hauptstraße 17
2542 Kottingbrunn
+43 (0) 2252/76 118
ohrenberger@rebschule-kober.at
www.rebschule-kober.at

Praskac Pflanzenland GmbH
Praskacstraße 101–108
3430 Tulln
+43 (0) 2272/62 460
office@praskac.at
www.praskac.at

Starkl
Gartencenter Aschbach
Neubrunn 1
3361 Aschbach Markt
+43 (0) 7476/76 565-21
pflanzen@starkl.at

Gartencenter Frauenhofen
Gärtnerstraße 4
3430 Frauenhofen/Tulln
+43 (0) 2272/64 242
office.tulln@starkl.at

Gartencenter Pottendorf
Alfred-Weber-Straße 17
2486 Pottendorf-Landegg
+43 (0) 2623/72 282
office.pottendorf@starkl.at

Gartencenter Vösendorf
Konsumstraße 6–8
2331 Vösendorf
+43 (0) 1/69 92 761
office.voesendorf@starkl.at

Gartencenter Wien
Paul-Heyse-Gasse 5
1110 Wien
+ 43 (0) 1/76 74 840
office.wien@starkl.at
www.starkl.at

Waldviertler Bio-Baumschulbetrieb Artner
Reichenau am Freiwald 9
3972 Bad Großpertholz
+43 (0) 2857/2970
artner@biobaumschule.at
www.artner.biobaumschule.at

SCHWEIZ

Füglister AG
Hagackerstrasse 9
8953 Dietikon
+41 (0) 44/746 56 56
info@fueglister.ch
www.fueglister.ch

Hauenstein AG
Landstrasse 42
8197 Rafz
+41 (0) 44/879 11 22
info@hauenstein-rafz.ch
www.hauenstein-rafz.ch

NIEDERLANDE

De Smallekamp (NL)
Hardenbrinkweg 24
8071 SM Nunspeet
+31 (0) 6/53 81 78 90
info@desmallekamp.nl
www.desmallekamp.nl/en

PlantenTuin Esveld
Rijneveld 72
2771 XS Boskoop
+31 (0) 172/21 32 89
info@asveld.nl
www.esveld.nl/duits

Paradies für Selbermacher -
Nix gibt's, wås net gibt
... und das ist Ihr Ansatz & Schnaps!
holzeis
Messgeräte
Flaschen
Gärzubehör
Reinzuchthefen
Von kleinst bis ganz groß!
www.holzeis.com
holzeis Kellereibedarf GmbH
Hauptstraße 1 I 3052 Innermanzing / direkt an der Abfahrt Altlengbach A1/A21
Tel +43 2774 / 20470 I info@holzeis.com

NeemAzal®-T/S
(Enthält: 1% Azadirachtin A)
SCHUTZ
INSEKTIZID gegen saugende, beißende & blattminierende Insekten.
Anwendungsbereiche:
• Kernobst
• Kartoffelanbau
• Viele Gemüsearten
• Zierpflanzenbau
• Weinbau (nicht im Ertrag stehende Anlagen)
Ihre Vorteile:
• Für den ökologischen Landbau zugelassen
• Schneller Fraß- u. Entwicklungsstopp
• Mischbarkeit mit vielen anderen Produkten
• Im Obstbau keine Wartezeiten
• Im Gemüseanbau geringe Wartezeiten
• Hohe Wirtschaftlichkeit aufgrund eines breiten Wirkungsfeldes
Aus natürlichen Rohstoffen
NeemAzal®-T/S ist sowohl für Profianwender, als auch für die Anwendung im Heim- und Kleingarten zugelassen (Zul.-Nr. 024436-00). Aktuelle Informationen zu Bezugspartnern erhalten Sie direkt auf unserer Homepage:
www.trifolio-m.de
Trifolio-M GmbH
Dr.-Hans-Wilhelmi-Weg 1
D-35633 Lahnau | Germany

VIERKA
Der gute Weingeist

Aus unserem Programm

ISBN 978-3-7020-1298-4

ISBN 978-3-7020-1259-5

ISBN 978-3-7020-1333-2

ISBN 978-3-7020-1515-2